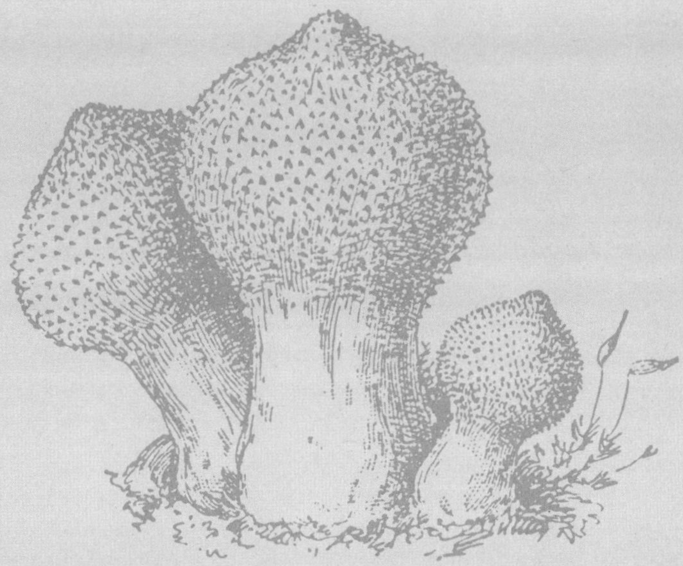

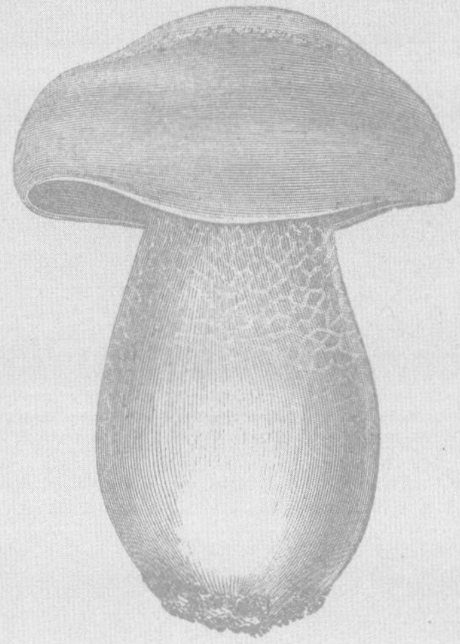

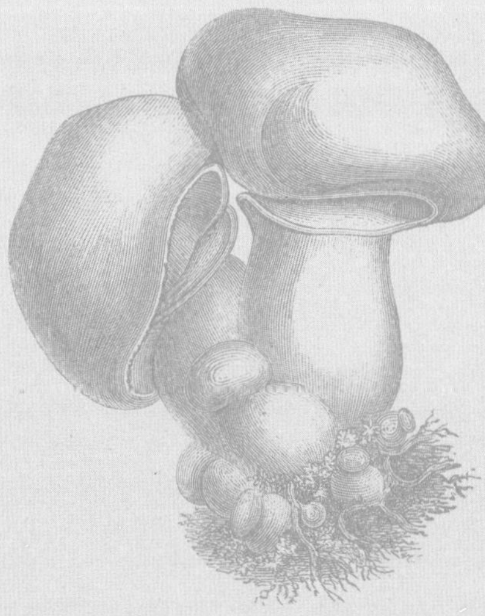

Das große Buch der Pilze

Unser Verlagsprogramm finden Sie unter www.christian-verlag.de

Übersetzung aus dem Französischen: **Christine Frauendorf-Mössel**
Textredaktion: **Markus Mössel**
Korrektur: **Dr. Michael Schenkel**
Satz: **Martin Feuerstein, Wigel**
Umschlaggestaltung: **Caroline Daphne Georgiadis, Daphnedesign**

Die Originalausgabe mit dem Titel *Champignons de Nos Régions*
wurde erstmals 2010 im Verlag Larousse, Paris veröffentlicht.

Die Deutsche Nationalbibliothek verzeichnet diese Publikation in der Deutschen Nationalbibliografie; detaillierte bibliografische Daten sind im Internet über http://dnb.d-nb.de abrufbar.

Printed in Spain by Gráficas Estella

ISBN 978-3-86244-082-5

Christian Verlag
Postfach 400209
80702 München
E-Mail: lektorat@verlagshaus.de

Das große Buch der Pilze

Herkunft
Bestimmung
Merkmale

CHRISTIAN

Die Autoren

Guillaume EYSSARTIER ist wissenschaftlicher Mitarbeiter des *Muséum national d'histoire naturelle*, dem staatlichen französischen Naturkundemuseum in Paris, und Mykologe, also Pilzwissenschaftler. Abgesehen von seiner wissenschaftlichen Tätigkeit, die er im Wesentlichen der Beschreibung von Pilzen in gefährdeten Lebensräumen widmet, ist er Koautor zahlreicher populärwissenschaftlicher Werke auf unterschiedlichen naturwissenschaftlichen Gebieten.

Gilles TRIMAILLE ist Dozent an der Fakultät für Recht und Politologie der Universität von Dijon. Nachdem er Die faszinierende Welt der Pilze im Alter von 15 Jahren in seiner Heimatregion, dem Jura, für sich entdeckt hatte, begann er 1980, Blumen und Pilze zu fotografieren. 2004 beschloss er, Pilze in ihrem natürlichen Lebensraum nicht mehr zu fotografieren, sondern sich auf die Erstellung von Bildtafeln zu beschränken. Zu diesem Zweck hat er seine eigene Fototechnik entwickelt.

VORWORT

Die Welt der Pilze stellt sich uns als ein Universum von ungewöhnlichem Artenreichtum dar. Vorliegendes Werk hat es sich zur Aufgabe gemacht, dem Leser diese Welt einmal aus einem ganz anderen Blickwinkel zu eröffnen. In diesem Sinne fügt sich dieser Band mit der außergewöhnlichen Qualität seiner Bildtafeln in eine Reihe ein mit *L'Herbier des plantes sauvages*' (deutscher Titel: *Faszinierende Wildpflanzen. Ein Herbarium*) von Pierre und Délia Vignes und *Petite collection d'insectes de nos regions* von Sonia Dourlot. Dabei möchte dieses Buch keine umfassende und vollständige Enzyklopädie der Pilze sein. Ziel des Werkes ist es vielmehr, dem Leser einen tieferen Einblick in das Reich der Pilze und der Mykologie zu ermöglichen, indem es sich auf eine Auswahl repräsentativer Arten konzentriert und diese bildhaft und einprägsam vor ihm ausbreitet. Und keine Pilzart wäre ausschließlich durch ihren Wert für den Menschen – wie gut oder schlecht, giftig oder parasitär – treffend definiert. Denn die Pilze, die auf unseren Wiesen und Feldern und in den Wäldern wachsen, und die der Pilzfreund, aus welchen Gründen auch immer, sammelt, fotografiert oder dokumentiert, sind weit über ihren kulinarischen Wert hinaus interessant und wichtig. Wir wollen mit vorliegendem Band neugierig machen und den Leser in die bewegte Geschichte der Pilze, ihre Klassifizierung und die Arbeit des Mykologen einführen und ihn nebenbei mit unserem heimischen Pilzreichtum vertraut machen.

Um all diese Ansprüche zu erfüllen, haben wir die traditionellen Piktogramme zur Genießbarkeit der Pilze diesen Zielen untergeordnet. Natürlich wurden traditionelle Bezeichnungen der Merkmale wie »tödlich«, »giftig« oder »essbar« beibehalten. Dabei haben wir uns nicht darauf beschränkt, kulinarisch unbedeutende Pilze, von unappetitlicher Konsistenz oder unscheinbarem Wuchs nur mit negativen Etiketten zu versehen. Wir haben es vorgezogen, eine Bezeichnung zum Beispiel mit dem Symbol eines Auges zu ergänzen, um deutlich zu machen, dass der Wert des Pilzes auf einer anderen Ebene liegt. Pilze sind nicht immer nur die reinste Gaumenfreude. Pilzgourmets kommen dennoch in jedem Fall auf ihre Kosten.

Die Herausgeber

DIE MYKOLOGIE: WAS WILL SIE – WAS BEDEUTET SIE?

Der französische Botaniker Jean-Jacques Paulet hat 1795 den Begriff der Mykologie geprägt, um die Wissenschaft der Pilze zu definieren. Die Mykologie ist also eine verhältnismäßig junge Wissenschaft, die aufgrund der Entwicklungen im Bereich der Molekulargenetik ganz nebenbei tief greifende Veränderungen erfahren hat. Dabei ist der Laie angesichts der wissenschaftlichen Leidenschaft der Mykologen immer wieder verblüfft. Fragt doch der Unbeteiligte häufig nach dem Nutzen dieser Wissenschaft. In diesem Fall allerdings hat er offenbar die Bedeutung der Pilze für die Wissenschaft, die Chemie, die Medizin sowie die Ökologie noch nicht begriffen. Schon seit langer Zeit extrahieren Schamanen wie moderne Chemiker aus Pilzmyzelen Stoffe, welche die Medizin revolutioniert haben oder revolutionieren werden. Aber davon einmal abgesehen, geht es auch um eine urmenschliche Anlage: die Neugier – oder wie es Jean Giono ausdrückte: Vielleicht bleibt derjenige ewig jung, der sich einen Rest Leidenschaft für das Nutzlose bewahrt …

Guillaume Eyssartier

INHALT

110 Kurzporträts häufig oder selten vorkommender heimischer Arten geben einen repräsentativen Querschnitt durch die wichtigsten Pilzfamilien und ihr Spektrum der Formenvielfalt.

Jedes Pilzporträt enthält:

- Eine ganzseitige Farbbildtafel mit drei bis sechs Abbildungen eines Pilzes aus unterschiedlichen Blickwinkeln (von unten, von oben und von der Seite) und in unterschiedlichen Wachstumsphasen. Die großformatigen Nahaufnahmen bilden auch die kleinsten Details sowie Form und Farbe naturgetreu ab.
- Einen kurzen Steckbrief, nebst Etikett mit Angaben zu Klassifizierung, Saison, Lebensraum, Verbreitung sowie Genießbarkeit.
- Kleine Abbildungen im Text, welche die Beschreibungen ergänzen und den betreffenden Pilz oder verwandte Arten in ihrem natürlichen Lebensraum zeigen.
- Detaillierte Angaben zu den Merkmalen, die eine exakte Bestimmung ermöglichen und gleichzeitig Informationen über Lebensstrategie und Art der Vermehrung des Pilzes liefern.

DIE FASZINIERENDE WELT DER PILZE

Lange wurden Pilze der Pflanzenwelt zugerechnet, dabei bilden sie ein eigenes Reich, das den Tieren näher steht als den Pflanzen. Fortschritte in der Biologie haben das Bild dieser umfangreichen Gruppe tiefgreifend verändert.

WEDER TIER NOCH PFLANZE

Pilze wurden traditionell den Pflanzen zugeordnet, auch wenn schon immer klar war, dass sie eine Besonderheit im Reich der Lebewesen darstellen. Und selbst in neueren Schulbüchern hält sich diese Definition häufig hartnäckig. Wissenschaftler haben seit den frühen 1970er-Jahren Analyseverfahren entwickelt, die es erlauben, kurze DNA-Abschnitte aus unterschiedlichen Organismen zu vergleichen. Dabei wurde festgestellt, dass Pilze wenig mit Pflanzen gemein haben. Dementsprechend werden gegenwärtig die Lebewesen in fünf Reiche unterteilt, wobei die am höchsten entwickelten Reiche die der Tiere, Pflanzen und Pilze sind.

Prokaryoten sind einzellige Organismen ohne Zellkern: Die meist zirkulär angeordneten DNA-Moleküle (Bakterienchromosomen) liegen frei im Inneren der Zelle. Ein Großteil der Prokaryoten sind Bakterien, die lange vor den ersten Eukaryoten und Vielzellern im Präkambrium (älteste nicht gesicherte Nachweise ca. 3,5 Milliarden Jahre) entstanden.

Eukaryoten, zu denen auch Pilze zählen, umfassen ein- und mehrzellige Organismen mit jeweils einem, durch eine Kernmembran differenzierten Zellkern mit den Chromosomen. Die ersten eukaryotischen Zellen erschienen vor etwa 2 Milliarden Jahren.

Die im Einzellerstadium verharrenden Eukaryoten wurden in der großen Gruppe der Protisten zusammengefasst. Dort finden sie sich zusammen mit ein und wenigzelligen Algen (z. B. Kieselalgen), Protozoen (tierische Einzeller wie z. B. Amöben), Schleimpilzen *(Eumycetozoa)* und Eipilzen *(Peronosporomycetes)*, die lange Zeit als Pilze betrachtet wurden. Zu den vielzelligen Eukaryoten gehoren Algen, Tiere, Pflanzen und Pilze.

WAS IST EIN PILZ?

Pilze sind Organismen mit sieben charakteristischen Merkmalen:

- **Sie sind Eukaryoten.**
- **Sie bilden ein Myzel:** Das ist der vegetative Teil der Pilze (Pilzmutter oder -lager), der aus verzweigten oder vernetzten, meist unterirdischen, fadenförmigen, strähnigen oder röhrigen Pilzfäden, den sogenannten Hyphen besteht.
- **Sie sind heterotroph (unselbstständig):** Da sie nicht über das grüne Pigment der Pflanzen (Chlorophyll) verfügen, können sie keine Nahrung aus anorganischer Substanz bilden und beziehen ihre Nahrung daher aus vorhandener organischer Materie.
- **Sie absorbieren Nahrung:** Im Gegensatz zu den Tieren, die in der Lage sind, größere Nahrungsportionen aufzunehmen, können sie Nahrung nur in Molekülgröße über ihre Zellmembran aufnehmen und werden daher absorbotroph genannt.
- **Sie vermehren sich durch Sporen:** Im Gegensatz zu den Samen der höheren Pflanzen, zum Beispiel der Bohne, die eigentlich eine Pflanze im Kleinformat ist (ein einziger Samen enthält alle Zutaten für die Entwicklung einer kompletten Pflanze), benötigt der Pilz unter normalen Bedingungen zwei Sporen zur Entwicklung des Myzels auf einem Substrat (siehe S. 12).
- **Sie haben unbewegliche Sporen:** Pilzsporen besitzen keine Geißel (mit Ausnahme der Töpfchenpilze *Chytridiomycetes*) und können sich daher nicht fortbewegen.

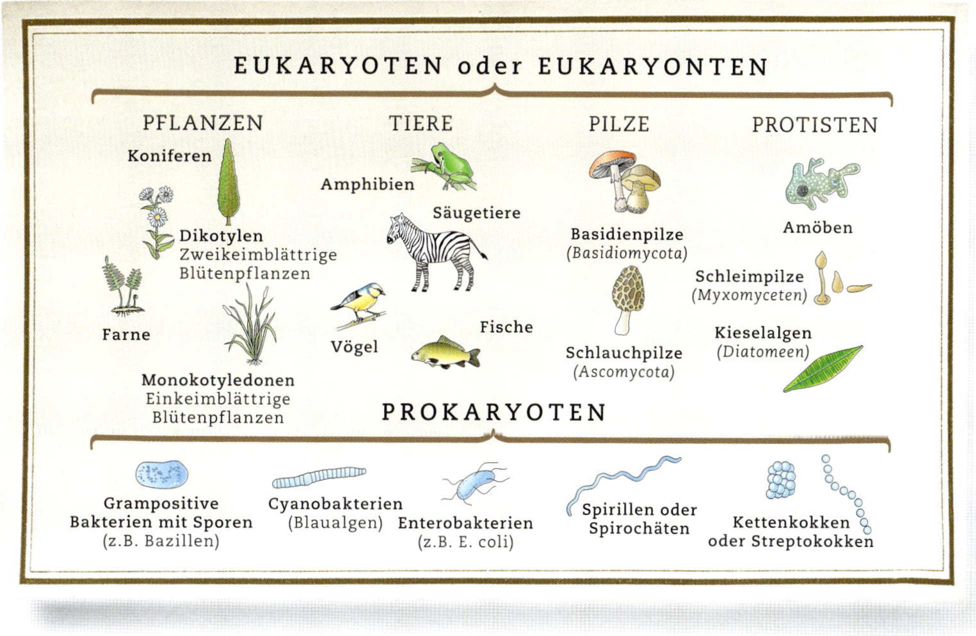

• **Ihre Zellwand besteht aus Chitin:** Chitin ist ein Polysaccharid, das den Hauptbestandteil der Zellwand der Pilze bildet. Aus Chitin besteht auch das harte Außenskelett der Arthropoden oder Gliederfüßer (Insekten, Krebse, Spinnen, etc.). Chitin unterscheidet sich chemisch von Pektin und Zellulose aus denen pflanzliche Zellwände aufgebaut sind.

»Echte« Pilze

Das Reich der Pilze *(Fungi)* umfasst gegenwärtig fünf große Gruppen, die nach der besonderen Struktur ihres Myzels und die Art der Sporenbildung unterschieden werden. Die nachfolgend angeführten Zahlen über den Bestand der beschriebenen Arten dürften weit unter den tatsächlichen liegen, da der Gesamtbestand auf circa 1 bis 1,5 Millionen Arten geschätzt wird.

Töpfchenpilze (*Chytridiomycetes*; 1000 Arten)

Sie gelten als die primitivsten Pilze und sind, wie bereits erwähnt, die einzigen Pilze mit beweglichen Sporen (dank einer Geißel). Mikroskopisch klein leben sie meist in Gewässern und vor allem im Süßwasser, einige jedoch auch in sehr nassen Böden. Sie sind meist Saprobionten (das heißt, sie ernähren sich von verrottenden, organischen Stoffen). Seltener führen einige Töpfchenpilze eine parasitische Lebensweise in Pflanzen und Tieren. So verursacht *Synchytrium endobioticum* zum Beispiel Kartoffelkrebs.

Jochpilze (*Zygomycetes*; 900 Arten)

Diese Pilze leben im Boden oder von organischen Stoffen. Einige sind Parasiten von Pflanzen, Insekten und kleinen Tieren, während andere symbiotische Beziehungen mit Pflanzen unterhalten. Außerdem befallen sie Lebensmittel: Der Gemeine Brotschimmel oder die Weichfäule bei Erdbeeren gehen beide auf den Jochpilz *Rhizopus nigricans* zurück. Vergleichende genetische Analysen ergaben, dass Jochpilze keine natürliche Verwandtschaftsgruppe sind. Sie wurden in mindestens drei unterschiedliche Gruppen eingeteilt – unter anderem in die der arbuskulären Mykorrhizapilze *(Glomeromycetes)*.

Die AM-Pilze (*Glomeromycetes*; 200 Arten)

Bis vor kurzem zählte diese Gruppe zu den Jochpilzen, bildet jetzt jedoch eine unabhängige eigene Abteilung. Früher als Zygomycetes klassifiziert, spielen sie eine wichtige ökologische Rolle, da sie mit zahlreichen Pflanzen – von Moosen bis Bäumen – eine besondere Form der Mykorrhiza, die arbuskuläre Mykorrhiza bilden.

Schlauchpilze (*Ascomycetes*, 52.000 Arten)

Sie repräsentieren zusammen mit Basidienpilzen die höchste Entwicklungsstufe unter den Eumycetes. Schlauchpilze sind die bei weitem artenreichste Pilzabteilung. Kennzeichnend ist, dass sich die Sporen (Ascosporen) innenbürtig, in einem schlauchähnlichen Sporenträger (Askus) entwickeln und durch Risse in der Trennwand oder

Kein Brot und kein Wein … ohne Schlauchpilze

Spricht man von essbaren Schlauchpilzen, denkt man sofort an Trüffeln und Morcheln. Dabei verwöhnen uns zahlreiche andere, wesentlich unscheinbarere Schlauchpilze jeden Tag, ohne dass wir uns dessen bewusst sind. Brot, Käse und Wein – ein charakteristischer Teil der Esskultur in Europa – würde es ohne diese kleinen Pilze nicht geben: Sie sind das Triebmittel im Hefeteig, bilden Rinde und »Schimmel« der Käsesorten und bringen z. B. den Saft der Trauben und andere Flüssigkeiten zur Gärung!

Auflösungsprozesse des Schlauchs entlassen werden. Morcheln, Trüffeln, Becherlinge (*Peziza*) oder Holzkeule (*Xylaria*) sind Schlauchpilze. Zu dieser Gruppe gehören auch zahlreiche so genannte Schimmelpilze wie *Penicillium*, das von Sir Alexander Fleming im Jahre 1928 entdeckt wurde und als Penicillin am Anfang der Entwicklung der Antibiotika steht. Der Blauschimmel der Zitrusfrüchte und – wesentlich beliebter natürlich – des Roqueforts sind ebenfalls *Penicillium*-Pilze. Mehrere *Aspergillus*-Arten führen zu schweren Lungenentzündungen. Viele Hefen sind einzellige Schlauchpilze. Hinter *Saccharomyces cerevisiae* versteckt sich die berühmte Bier- oder Bäckerhefe (siehe auch Flechten, S. 10 f.).

Basidienpilze oder Ständerpilze (*Basidiomycetes*, 17.000 Arten)

Zu dieser Gruppe gehören Pilze, die Sporen außenbürtig an bestimmten Organen, den Basidien oder Hyphenendgliedern bilden: auf Lamellen (z. B. bei den Wulstlingen) in Röhren (z. B. bei den Steinpilzen) oder an Stacheln (z. B. bei den Stachelpilzen). Die Basidien bilden eine dünne Zellschicht, die man als »Hymenium« bezeichnet. Unter den Basidienpilzen gibt es auch einige parasitische Pilze, die besonders Landwirte und Gärtner fürchten. Rostpilze *(Pucciniales)* zum Beispiel bilden mehlige, kleine, leuchtend orange-braune Flecken auf Stängeln und Laubwerk der Pflanzen. Brandpilze *(Ustilaginomycotina)* dagegen sind grau bis tiefschwarz, wie ihr Name schon sagt. Der Maisbeulenbrand *(Ustilago maydis)* zeigt sich als tumorartige, große graue, mit schwarzem Mehl gefüllte Wucherung und Gallengebilde auf den Maiskolben.

»Unechte Pilze«

Einige Gruppen, die traditionell zum Forschungsgebiet der Mykologen gerechnet wurden, besitzen nicht alle der vorstehend aufgeführten Bestimmungsmerkmale der »echten« Pilze. Sie werden daher heute nicht mehr zu den Pilzen gezählt. Zu diesen Gruppen gehören die Schleimpilze und die Eipilze.

Schleimpilze (*Eumycetozoa*, 600 Arten)

Schleimpilze sind bizarre Lebewesen, die bestimmte Eigenschaften mit den Tieren teilen. Viele erscheinen als gallertartige Masse, Plasmodium genannt. Das Plasmodium variiert in Form und Farbe und von Art zu Art und kriecht gleichsam schneckenartig über festen Untergrund. Dieser gallertige »Körper« sendet in die Umgebung amöbenartige Arme aus, um lebende oder tote Nahrung aufzusammeln und zu verdauen. In Notzeiten zerfällt das Plasmodium in viele kleine Zellgruppen von gleicher Größe und Form. Jede Gruppe enthält ein Sporen produzierendes Mitglied.

Eipilze (*Peronosporomycetes*, 600 Arten)

Diese Pilze besitzen mehrfach begeißelte Zoosporen: Eine Besonderheit, die ausreichend feuchte Bedingungen für die Fortbewegung der Zoosporen erfordert. Darüber hinaus besteht die Zellwand wie bei den Pflanzen aus Zellulose. Aus diesem Grund vermutet man eine engere Verwandtschaftsbeziehung zu bestimmten Braunalgen. Einige parasitieren wie der »Fischschimmel« an Fischen *(Saprolegnia)*, andere an Pflanzen. Auch der bei Winzern gefürchtete Falsche Rebenmehltau *(Plasmopara viticola)* ist ein Eipilz. Regenreiche Jahre begünstigen natürlich die Verbreitung seiner Zoosporen – der Grund, weshalb Winzer auf trockene Jahre hoffen. Die Kraut- und Knollenfäule der Kartoffel *Phytophthora infestans* wiederum ist Ursache der schrecklichen Hungersnot von 1846 bis 1847 in Irland, der fast eine Million Iren zum Opfer fielen und die in der Folge eine massive Auswanderungswelle in die Vereinigten Staaten auslöste.

Die Gelbe Lohblüte (Fuligo septica) *ist ein Schleimpilz, der auf Blättern und Rinden lebt und sich besonders auf alter Eichenrinde wohlfühlt.*

BIOLOGIE DER PILZE

Im Laufe der Evolution haben Pilze verschiedene Überlebensstrategien entwickelt, die es ihnen ermöglichen, sämtliche Lebensräume erfolgreich zu erobern. Sie können also eine symbiotische, saprobiontische oder parasitische Lebensweise führen. Diese bemerkenswerte Anpassungsfähigkeit basiert auch auf ihrer komplexen und gleichermaßen effizienten Fortpflanzungsmethode.

Gemeinschaft zum gegenseitigen Vorteil: die Symbiose

»Symbiose« bezeichnet eine Vergesellschaftung von Lebewesen unterschiedlicher Arten, die für beide Seiten vorteilhaft und manchmal überlebenswichtig ist. Pilze sind in der Lage, eine symbiotische Beziehung mit Pflanzen (Mykorrhiza und Flechten) und einigen Tieren (vor allem mit Ameisen, die als wahre Pilzzüchter gelten) einzugehen.

Hättens Sie's gewusst?

20000 Flechtenarten sind uns bekannt: 99 % ihrer Pilzpartner sind Schlauchpilze, beziehungsweise Ascomyceten. Und schätzungsweise etwa 8 % der Erdoberfläche, also fast 11 Millionen km² sind von Flechten bedeckt!

Im Herzen der Wurzeln: die Mykorrhiza

Nur wenige von uns machen sich auf Spaziergängen in freier Natur klar, dass es die Erde, wie wir sie kennen, vermutlich in der Form nicht geben würde, hätten die Pilze nicht seit 450 Millionen Jahren Gemeinschaften mit Pflanzen gebildet. Vermutlich war es diese sogenannte Mykorrhiza (siehe Kasten unten), das heißt die Gemeinschaft zwischen dem Myzel eines Pilzes und den Wurzeln von Pflanzen, die den Pflanzen eine Landbesiedlung erst ermöglichte.

Heute pflegen über 90 Prozent der Pflanzen eine symbiotische Verbindung mit Pilzen. Manchmal siedeln mehrere hundert Pilzarten am Wurzelsystem eines Baumes: So hat man beispielsweise 350 Pilzarten im Wurzelbereich einer einzigen Buche nachgewiesen! Andererseits sind Pilze sehr viel wählerischer als ihre pflanzlichen Partner und häufig nur mit einer einzigen Baumart liiert, wie etwa der schöne Goldgelbe Lärchenröhrling (*Suillus grevillei*, S. 214) der ausschließlich der Lärche treu ist.

Die Mykorrhizapilze unterstützen die Pflanze bei der Aufnahme von Nährsalzen und Wasser aus dem Boden. Im Gegenzug erhalten sie Zuckerstoffe, die bei der Fotosynthese der Pflanze erzeugt werden, und die sie selbst nicht herstellen können. Diese Zuckstoffe ermöglichen es dem Pilz, aufgrund noch unerforschter Vorgänge, ständig aufs Neue jenen genießbaren Fruchtkörper zu produzieren, den wir so schätzen: Steinpilze, Pfifferlinge, Trüffeln, etc.

MYKORRHIZA

Eine Mykorrhiza (von altgriechisch *mýkēs* = Pilz und *rhiza* = Wurzel) ist die Verbindung zwischen einem Pilzmyzel und den Wurzeln einer Pflanze. Man unterscheidet zwei Hauptformen:

- **Endomykorrhiza:** Hierbei dringen die Pilzhyphen in die Zellwand des pflanzlichen Wurzelgewebes ein. Die Endomykorrhiza ist sehr alt (sie entstand vor etwa 450 Millionen Jahren). An dieser Symbioseart sind vor allem Endomykorrhizapilze aus der Gruppe der *Glomeromycetes* beteiligt, die hauptsächlich in den Tropen vorkommen.
- **Ektomykorrhiza** (weißes Fadengeflecht, siehe rechts): Hier bildet das Myzel ein dichtes Hyphennetz um die Wurzeln. Pilzpartner der Pflanzen sind zumeist Ständerpilze *(Basidiomyceten)* oder Schlauchpilze *(Ascomyceten)*. Diese Symbioseform erschien erstmals vor etwa 140 Millionen Jahren und ist damit deutlich jünger. Sie ist in gemäßigten oder kälteren Klimazonen verbreitet.

Halb Algen, halb Pilze: Die Flechten

Flechten sind sozusagen die Folge aus einer symbiotischen Lebensgemeinschaft: Sie bestehen aus einem Pilz (dem Mykobionten, dem eigentlichen Vegetationskörper) und meist einzelligen zur Fotosynthese fähigen Partnern (Fotobionten). Diese können einzellige Grünalgen (in 70 Prozent der Fälle) oder Cyanobakterien (fotosynthetisch aktive Bakterien) sein. Der Pilz bietet dem Fotobionten den Lebensraum für seine Entwicklung. Die Fotobionten wiederum stellen dem Pilz Produkte aus der Fotosynthese (insbesondere Zucker) und Vitamin B sowie im Fall von Cyanobakterien auch Stickstoff zur Verfügung.

Funde aus China belegen, dass sich Flechten vor mindestens 600 Millionen Jahren entwickelt haben müssen. Gegenwärtig gehen über 20 Prozent der bekannten Pilzarten Flechtensymbiosen ein. Ist der Pilz ein Basidienpilz entstehen Basidiomyceten-Flechten, die in gemäßigten Klimazonen selten sind. Zumeist ist der Flechtenpilz ein Schlauchpilz *(Ascomycet)*. Er besiedelt fast jeden Lebensraum, von den Gipfelregionen der Hochgebirge bis zu feuchten Tropenwäldern, auf Heiden, Fels und Baumrinden, macht auch vor alten Fensterrahmen und Autokarosserien auf Schrottplätzen nicht Halt.

Insekten als Pilzzüchter

Termiten sind sozial lebende, Staaten bildende, schabenartige, holzverzehrende Insekten. Holz allerdings können sie nicht ohne Hilfe verdauen. Dank der Symbiose mit Protozoen und Bakterien, die sich im Darmtrakt befinden, ist die Termite in der Lage, Cellulosefasern enzymatisch in Traubenzucker umzuwandeln, wobei alle Partner ausreichend Energie beziehen. Das ebenso reichlich vorhandene und energiereiche Lignin bleibt unverdaut.

Diese Art der Symbiose existiert bei den Großtermiten nicht. Diese besonders hoch entwickelten Termiten überlassen das besondere Kunststück der Verdauung von Lignin einem Basidienpilz der Gattung *Termitomyces*. Die vorverdauten Holzreste werden mit dem Kot ausgeschieden. Dieser Abfall wird vom Pilzmyzel durchwuchert und bildet den sogenannten Pilzkuchen. Aus ihm entwickeln sich weiße Hyphenstränge *(Mycotête)*, auch »Pilzköpfe« genannt, die von Termiten aufgenommen werden.

Der Pilz findet im Termitennest eine für seine Entwicklung günstige Atmosphäre vor. Im Austausch liefert er den Insekten Nahrung, die sie leicht verdauen können. Regelmäßig entwickeln sich aus dem Pilzkuchen junge *Termitomyces*-Pilze, die beim Wachsen dicke Bodenschichten durchbohren. Ans Freie gelangt erreichen manche dieser großen Pilzarten rekordverdächtige Ausmaße. Der Hut von *Termitomyces titanicus* misst oft über einen Meter im Durchmesser und ist damit der weltweite Rekordhalter. Darüber hinaus ist diese Art ein ausgezeichneter Speisepilz!

Pilze als »Aasfresser«: die Saprobionten

Saprobiontische Pilze ernähren sich von zersetzenden, organischen Stoffen. *Marasmius* (Schwindlinge), *Collybia* (Rüblinge), *Agaricus* (Champignon, Egerlinge) und weitere Pilze, die auf verrottendem Laub, Holz und tierischen Ausscheidungen leben, zählen zu den Saprobionten.

Saprobiontische Pilze besitzen ein sehr Energie verzehrendes Myzel und verwerten das tote organische Material, das sich ohne sie auf dem Boden anhäufen würde, effizienter als Bakterien. Da man das bevorzugte Substrat dieser Pilzgruppe optimal und naturgetreu herstellen kann, ist ihre Anzucht verhältnismäßig leicht. Etliche saprobiontische Pilze wie der Zuchtchampignon *(Agaricus bisporus)* und der Austernpilz *(Pleurotus ostreatus)* werden daher zunehmend in industriellem Maßstab produziert.

Parasitische Pilze

Im Gegensatz zum Myzel saprobiontischer Pilze ernährt sich der Pilzparasit von lebendem Material. Die Trennlinie zwischen diesen zwei Ernährungsstrategien verläuft allerdings nicht immer scharf. Bestimmte Pilzsaprobionten verhalten sich auch parasitär, wenn sie auf verletzte, geschwächte oder alternde Organismen treffen. Die durch Pilze verursachten Krankheiten, allgemein als Mykosen bezeichnet, sind zahlreich und unter vielen Krankheitsbezeichnungen bekannt.

Pflanzen- und Pilzmykosen

Der Hallimasch (*Armillaria mellea*, S. 36) ist ein höchst aggressiver Baumparasit an Laub- und Nadelhölzern, wo er Wurzel und Rinde befällt. Ihm sind schon ganze Waldpartien und Obstplantagen zum Opfer gefallen. Andererseits findet man Hallimasch auf Totholz, wo er saprobiontisch lebt. Zahlreiche Porlinge *(Polyporus)* haben dieselbe Lebensweise: Seit einiger Zeit wachsen diese Pilze vermehrt in gesunden Straßenbäumen. Verwundungen und fehlerhafte Astschnitte zur falsche Zeit sind die Ursache hierfür, die ihrerseits die Tür für Pilzinfektionen öffnen. Als Folge ist der Baum physikalisch wie physisch deutlich geschwächt.

Andere Pilze, die sogenannten obligaten Parasiten, sind dagegen an ihren Wirt gebunden: hierzu zählen die Kräuselkrankheit des Pfirsichs *(Taphrina deformans)* und Rostpilze *(Pucciniales)*. Einige Pilze befallen sogar andere Pilzarten. So hat der Parasitische Röhrling (*Pseudoboletus parasiticus*, S. 182) eine Vorliebe für den Dickschaligen Kartoffelbovist *(Scleroderma citrinum)*. Bestens bekannt bei Mykologen ist der Helmlingsschimmel *(Spinellus fustiger)*, ein Jochpilz, der den Hut einiger Rüblingsarten *(Collybia)* mit einer Art silberfädiger Haarpracht überzieht. Einige schimmelartige Schlauchpilze attackieren Milchlinge *(Lactarius)* und Täublinge *(Russula)* und verhindern die Fortpflanzung ihres Wirtes, der regelrecht an Ort und Stelle »mumifiziert« wird und nicht verwest.

Pilzinfektionen bei Tier und Mensch

Tiere und Menschen bleiben natürlich nicht von Pilzinfektionen verschont. Viele oberflächliche Pilzinfektionen, wie Dermatophytose, Tinea oder Kandidose sind zwar unangenehm, führen aber in der Regel zu keinerlei schwerwiegenden Erkrankungen bei gesunden Menschen. Gefährlich können sie aber für Kranke oder für Personen mit geschwächtem Immunsystem werden. Zum Beispiel wird die Kleienpilzflechte *(Pytiriasis versicolor)* durch den Hefepilz *Malassezia furfur* hervorgerufen. Er ist sehr verbreitet, führt jedoch nicht zu ernsthaften Erkrankungen: Er zeigt sich vor allem im Sommer im Schulterbereich, manchmal auch auf Armen oder Unterleib, in Form von kleinen braunen Pigmentflecken auf der Haut. Bestimmte, durch Pilze verursachte Infektionen, besonders der Lunge, können allerdings lebensbedrohlich werden. Histoplasmose zum Beispiel, verursacht durch den Schlauchpilz *Histoplasma capsulatum*, wurde erstmals im Jahr 1906 in den Vereinigten Staaten entdeckt und beschrieben. Die Symptome der Krankheit ähneln denen einer Lungenentzündung. Sie kann bei akuten Formen in 80 Prozent der Fälle zum Tod führen.

Die Fortpflanzung der Pilze

Die Basidien- und Schlauchpilze, Hauptaugenmerk dieses Buches, besitzen ein mehrjähriges, oft langlebiges Myzel. Sie produzieren unterschiedlich gestaltete, mehr oder weniger kurzlebige Pilze, die »Fruchtkörper« genannt werden, die meist aus dem Boden sprießen (Pfifferlinge, Steinpilze, Wulstlinge, usw.) oder (wie bei Trüffeln) unter der Erde bleiben. Der Fruchtkörper sorgt für die Sporenbildung und somit für die Verbreitung. Meistens werden Millionen, ja Milliarden von Sporen auf den Lamellen, in den Röhren (Röhrenpilze, Porlinge) oder auf den Stacheln (Stachelpilze) produziert. Bei Schlauchpilzen wie den Becherpilzen (Peziza) reifen Sporen in becherförmigen Fruchtkörpern (Apothecien), bei den Morcheln in wabenartig gekammerten Alveolen. Sind Temperatur und Luftfeuchtigkeit günstig, werden die Sporen – oft explosionsartig – entlassen. Aus ihnen entwickelt sich das Primär- oder Keimmyzel, in dem jede Zelle einen einzigen Kern enthält. Dies ist die Startphase des Lebenszyklus des Pilzes, die anschließend in eine sexuelle oder asexuelle Vermehrung mündet.

Sexuelle (geschlechtliche) Fortpflanzung

Das Primärmyzel streckt und verzweigt sich und trifft zufällig auf ein anderes Primärmyzel. Bei diesem Zusammentreffen zweier primärer Hyphenfäden, vorausgesetzt, diese sind genetisch kompatibel (man spricht bei Pilzen nicht vom »männlichen« oder »weiblichen« Geschlecht, sondern von »positiver« oder »negativer« Polarität), bilden diese ein sekundäres Myzel. Hierbei fusioniert nur das Plasma beider Hyphenzellen, während ihre Kerne (Chromosomen) getrennt bleiben. Jede Zelle besitzt nach der Verschmelzung zwei Kerne, ist also paarkernig (diakaryotisch) – ein Charakteristikum der Pilze. Dieses sekundäre Myzel wiederum streckt und verzweigt sich ebenfalls und erreicht manchmal beträchtliche Ausmaße. Unter günstigen Umweltbedingungen entwickeln sich aus einigen Myzelenden kleine Hyphenknäuel bzw. Knötchen; aus diesen schließlich erwachsen viele Fruchtkörper (winzige »Pilze«). Anschließend findet in den Basidien der Ständerpilze und den Aszi der Schlauchpilze die Verschmelzung der beiden Kerne in den Zellen und sofort danach die Meiosis (Reduktionsteilung) statt. Die Kerne wandern in die Sporen ab und sind nun reif, um einen Fortpflanzungszyklus des Pilzes abzuschließen.

Asexuelle (ungeschlechtliche) Fortpflanzung

Hierbei bildet das Primärmyzel, ohne vorherige Fusion mit einem anderen Primärmyzel, häufig durch Abschnüren, ungeschlechtliche Sporen, die man z. B. als Konidien bezeichnet. Diese erzeugen ein neues Primärmyzel. *Penicillium*, der Pinselschimmel, produziert gewöhnlich Konidien. Diese können bei günstigen Bedingungen kleine Fruchtkörper bilden, um die sexuelle Fortpflanzung einzuleiten. Bei sogenannten imperfekten Pilzen ist sexuelle Fortpflanzung unbekannt. Sie wurden einst in der Gruppe »Deuteromycetes« zusammengefasst, die Vertreter der Schlauch-, Basidien- und Jochpilze enthält. Diese Einteilung ist veraltet. Man ordnet diese Pilze je nach Verwandtschaftszugehörigkeit den Ständerpilzen oder Schlauchpilzen zu.

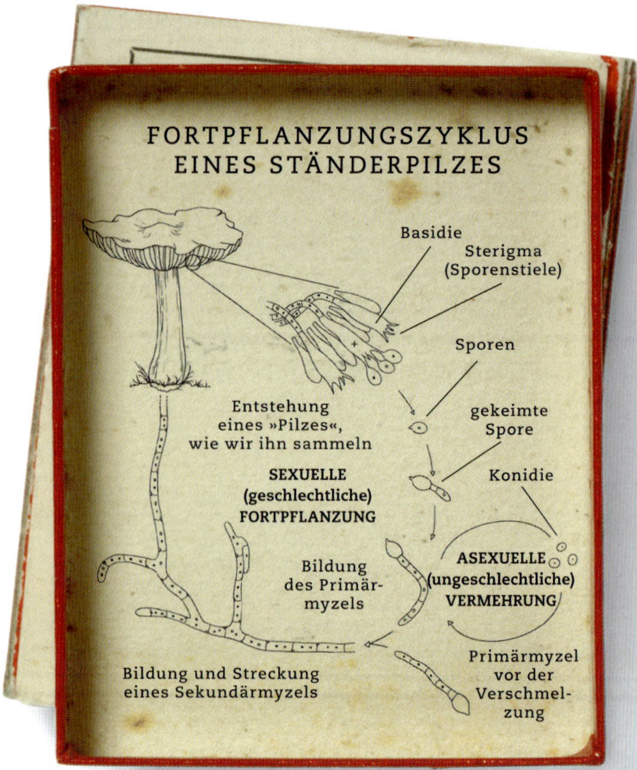

BESCHREIBUNG DER PILZE

Pilze sind komplexe Organismen. Es existieren derart viele Arten und Varietäten, dass ihre korrekte Bestimmung auf einer präzisen Beschreibung beruhen muss. Daher sei dem Pilzfreund dringend empfohlen, sich die wichtigsten Begriffe der mykologischen Terminologie anzueignen (siehe auch Glossar).

Mit dem Begriff »Pilz« bezeichnen wir im allgemeinen Sprachgebrauch nur den vorübergehend erscheinenden Fruchtkörper, der üblicherweise aus einem Hut, Lamellen und einem Fuß besteht.

Der Hut

- **Hutgröße:** Die Erscheinungsformen der Pilze sind sehr variabel. Ist das Substrat für ihr Wachstum optimal, können sie sehr stattlich ausfallen und umgekehrt, bei ungünstigen Bedingungen sehr klein geraten. Dennoch kennt man für die einzelnen Arten Durchschnittsgrößen: In Europa erreichen die kleinsten Pilze Durchmesser von nur wenigen Zehntel Millimetern, die größten hingegen einige Dutzend Zentimeter bis zu einem Meter bei einigen Porlingen.
- **Hutfarbe:** Jeder Pilz verfügt über eine charakteristische Farbskala. Alter und Witterungsbedingungen tragen zu Verfärbungen bzw. Ausbleichungen bei. Darüber hinaus zeigen einige Arten eine breite Palette an Farbnuancen: Vergleichen Sie die Farbabstufungen des Großen Scheidlings (*Volvariella gloiocephala*, Bild unten) mit denen auf Seite 236. Es existieren im Übrigen auch »Albinopilze«, also Varianten ohne arttypische Farbpigmente.
- **Hutform:** Die Kappe kann gewölbt (konvex), flach oder trichterförmig aussehen. Sie kann in der Mitte einen Buckel oder eine Vertiefung aufweisen.
- **Hutoberfläche:** Diese kann trocken oder klebrig, glatt, faserig oder strähnig sein, warzig, faltig oder rissig. Ist sie mit feinem weißem Pulver überdeckt, spricht man von »bereift«.
- **Hutrand:** Er ist entweder glatt, gerieft oder transparent (sodass man die Lamellen darunter erkennt) oder wie bei einigen Täublingen deutlich gefurcht (z. B. Goldtäubling, *Russula aurea*, S. 192).

Die Lamellen

- **Lamellenform:** Die Lamellen können dicht anliegen, wie bei dem Schwefelritterling (*Tricholoma sulphureum*, S. 226), oder weit abstehen, wie bei dem Violetten Lacktrichterling (*Laccaria amethystina*, S. 120). Zwischen beiden Extremen sind viele Variationen möglich. Für Lamellenpilze – gegebenenfalls auch für Röhren- und Stachelpilze – ist die Anheftung am Stiel ein weiteres Bestimmungskriterium (siehe Zeichnung auf S. 15). Es gilt:
  - erfolgt die Anheftung in voller Lamellenhöhe, sind sie angewachsen;
  - bilden die Lamellen eine kleine Kerbe: sind sie ausgebuchtet oder emarginat;
  - laufen die Lamellen mehr oder weniger am Stiel herab, sind sie herablaufend;
  - berühren sie nicht den Stiel, sind sie frei.
- **Lamellenfarbe:** Sie erlaubt sehr oft Rückschlüsse auf die Farbe der mikroskopisch kleinen Sporen. So haben Pilze mit weißen Lamellen stets weiße oder sehr helle Sporen. Hingegen ist die Sporenfarbe schwieriger zu bestimmen, wenn die Lamellen intensiv gefärbt sind: Hier kann die Farbe von Sporen aber auch von der natürliche Farbe der Lamellen stammen.

Der Stiel

- **Die Form:** Der Stiel kann zentral oder seitlich (lateral) stehen, je nachdem, ob der Hut mittig oder exzentrisch angeheftet ist. Der Stiel kann hohl oder massiv, zylindrisch, konisch, keulenförmig, knollig oder bauchig sein. Eine Modifikation der Knolle ist die »gerandete Knolle« wie z. B. bei den Haarschleierlingen *(Cortinarius)*. Manchmal scheint die Stielbasis in eine längliche Wurzel auszulaufen, dann spricht man von »wurzelnd«.

Großer Scheidling (Volvariella gloiocephala)

Stielformen
wurzelnd
verdreht, gedreht
keulenförmig
knollig, knollenförmig
bauchig bis aufgeblasen
exzentrisch
zylindrisch oder walzenförmig
STIELBASIS
gerandet knollig
sackförmige Scheide
Scheide mit Ringen
kreisförmig beschnittene Scheide
BESONDERHEITEN
Ring
Manschette
einfacher Ring
Schleier
genetzt
feinsträhnig
genattert
DIE ORNAMENTE

Hutformen

glockig

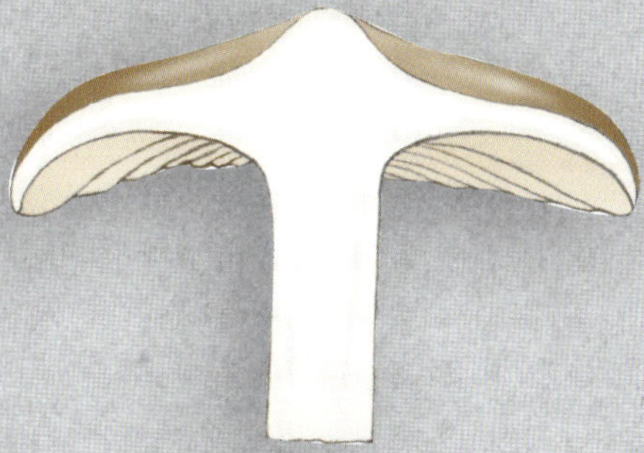

gebuckelt

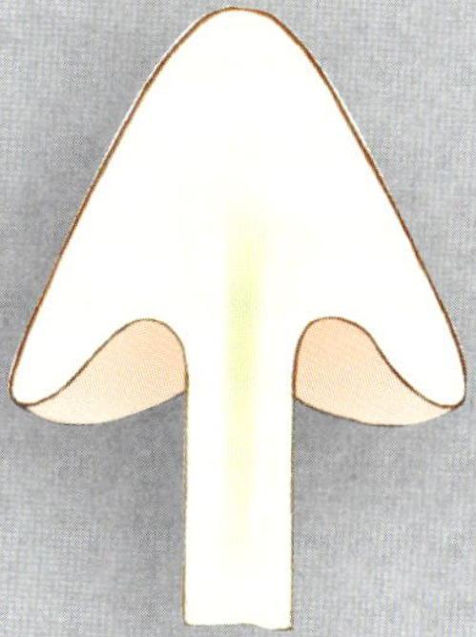

kegelig

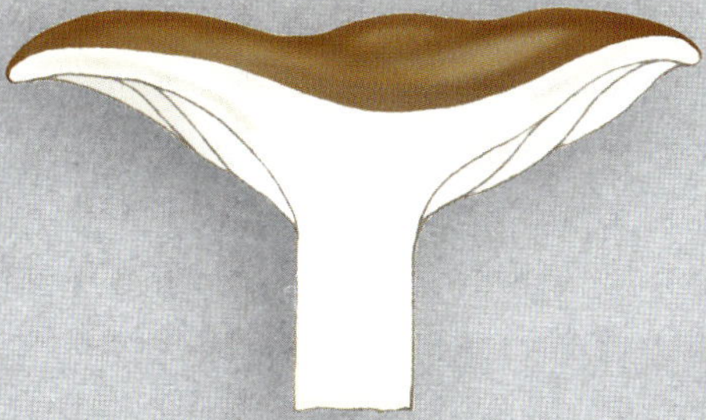

Mitte niedergedrückt

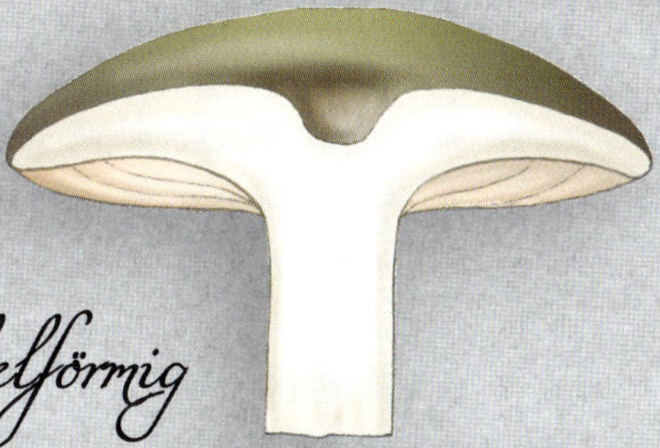

nabelförmig

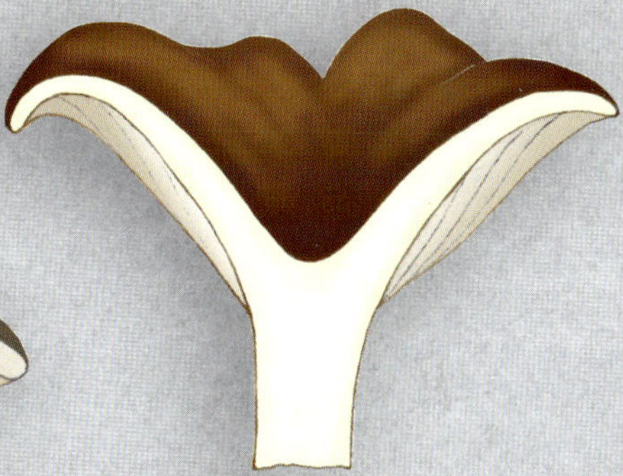

trichterförmig

Lamellenformen

frei

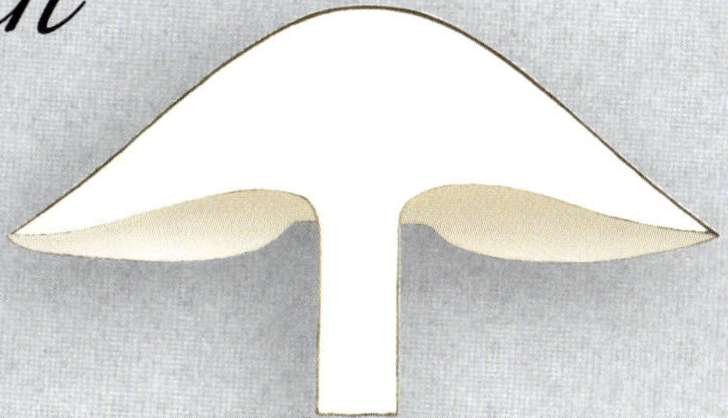

emarginat oder ausgebuchtet

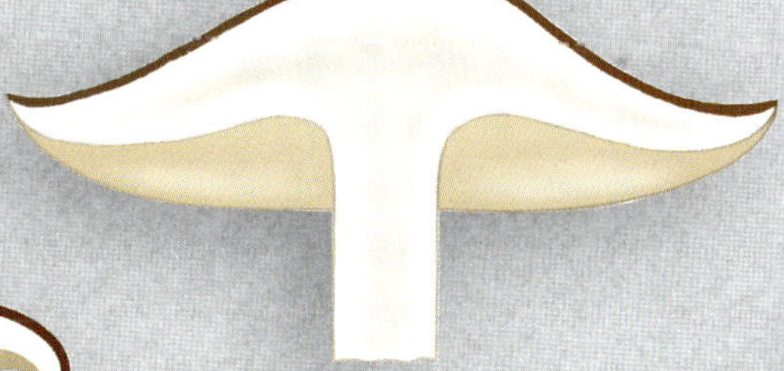

angeheftet

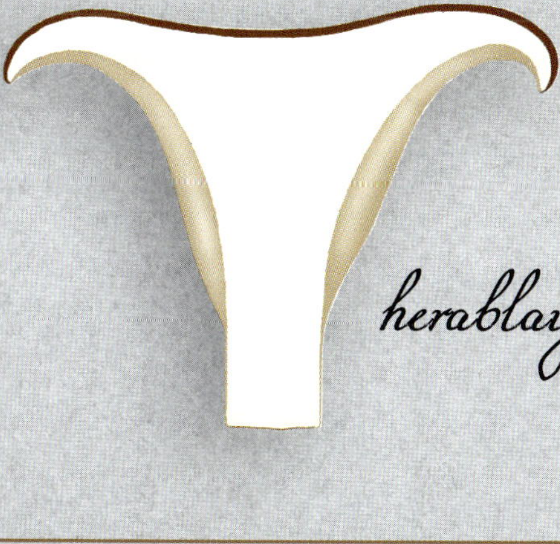

herablaufend

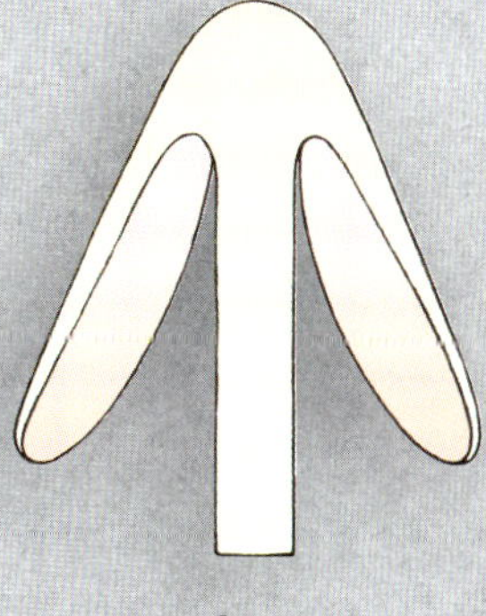

aufsteigend

- **Stielanhängsel**

– Ring (Annulus) und Schleier: Der Ring kann absteigend oder aufsteigend, einfach oder mehrfach ausgebildet sein. Der Schleier ist ein ausgesprochen zarter Ring und besteht aus spinnennetzartigen Hüllresten, die am Stiel ringförmig zurückbleiben.

– Scheide und Manschette: Die Scheide kann becherförmig sein oder im Lauf der Entwicklung mehr oder weniger aufreißen (gelappt, warzig). Die Manschette ist ein ringförmiger Hautrest des Velums (z. B. Stinkender Körnchenschirmling, *Cystoderma carcharias*, S. 76).

DAS FLEISCH

- **Textur:** Das Fleisch setzt sich in der Regel aus langen, mehr oder weniger verschlungenen Hyphenfäden zusammen, ist daher faserig. Bei den Täublingen *(Russula)* und Milchlingen *(Lactarius)* besteht es allerdings aus rundlichen Zellen (»Sphaerocyten«), ist daher körnig, manchmal brüchig.
- **Konsistenz:** Diese ist in der Regel relativ fest und zerbrechlich. Sie kann aber auch sehr elastisch sein, wie beim Klebrigen Hörnling (*Calocera viscosa*, S. 136), sie kann hart wie Holz sein, wie bei vielen Porlingen *(Polyporus)* und Holzkeulen (*Xylaria*, S. 240). Sie kann jedoch auch gallertartig ausfallen, wie bei dem Zitterzahn (*Pseudohydnum gelatinosum*, S. 186), oder zerfließen, wie bei dem Schopftintling (*Coprinus comatus*, S. 58).
- **Farbe:** Sie ist in der Regel die gleiche oder ein wenig blasser als der Rest des Pilzes. Etliche Pilze blauen beim Anschneiden, da spezielle Substanzen auf den Sauerstoff in der Luft mit einem Farbumschlag reagieren. Milchlinge entwickeln ein Milchsaft führendes, röhrenförmiges Hyphengewebe. Bei Verwundung wird milchiger weißer oder farbiger Saft abgesondert. Manchmal ändert sich nach Anbrechen des Hutes die Milchfarbe von Weiß zu Gelb, wie bei dem Goldflüssigen Milchling *(Lactarius chrysorrheus)*.
- **Geschmack:** Besonders bei Täublingen und Milchlingen ist der Geschmack ein wesentliches Bestimmungskriterium: Pilzkenner probieren das Fleisch, um es nach ihrer Schärfe oder Milde zu beurteilen, bevor sie es ausspucken. Das führt bisweilen zu bösen Überraschungen, wie z. B. beim Birkenreizker (*Lactarius torminosus*, S. 128); sein Fleisch hinterlässt einen anhaltend scharfen, brennenden Beigeschmack auf der Zunge und im Rachen. Besser ist es, auf diesen Test zu verzichten! Der mehlige Geschmack des tödlich giftigen Gifthäublings (*Galerina marginata*, S. 86) verhindert eine Verwechslung mit dem Stockschwämmchen *(Kuehneromyces mutabilis)*, probiert man nur ein winziges Stück Fleisch und spuckt es wieder aus. Dennoch ist von diesem Geschmackstest, der den Fachleuten vorbehalten ist, dringend abzuraten.
- **Geruch:** Bei manchen Pilzen ist der Geruch ein Bestimmungsmerkmal. So z. B. bei dem nach Anis duftenden Anistrichterling (*Clitocybe odora*, S. 34) oder dem mehligen Geruch des treffend benannten Mehlräslings *(Clitopilus prunulus)*. Weitere Adjektive, die dazu dienen, Gerüche in der Sprache der Mykologen zu charakterisieren, sind: »mandelartig« für bestimmte Trichterlinge oder »schwefelig« beim Schwefelritterling (*Tricholoma sulphureum*, S. 226) sowie das Aroma »Russisch Leder« des Dunkelvioletten Schleierlings (*Cortinarius violaceus*, S. 68). Man sollte allerdings mindestens einmal nach der Bestimmung durch den Fachmann die Geruchsprobe gemacht haben, um zu lernen, die Gerüche zu unterscheiden.

Die Namen der Pilze

Die wissenschaftlichen Namen setzen sich aus zwei Teilen zusammen. Boletus edulis, der Steinpilz, beinhaltet den Namen der Gattung ›Boletus‹ und das Artepitheton ›edulis‹. Die meisten Gattungen umfassen mehrere Arten, sodass sich jeweils nur das Artepitheton ändert. Ändern können sich auch die Gattungsnamen, wenn der betreffende Pilz nach neuesten Erkenntnissen einer anderen Gattung zugeordnet wird (so wurde der Mairitterling früher der Gattung Tricholoma zugeordnet, heute gehört er zur Gattung der Schönköpfe Calocybe, denn seine Sporen unterscheiden sich von denen der Tricholoma), um den internationalen Nomenklarturregeln zu entsprechen.

KEINE MYKOLOGIE OHNE MIKROSKOP

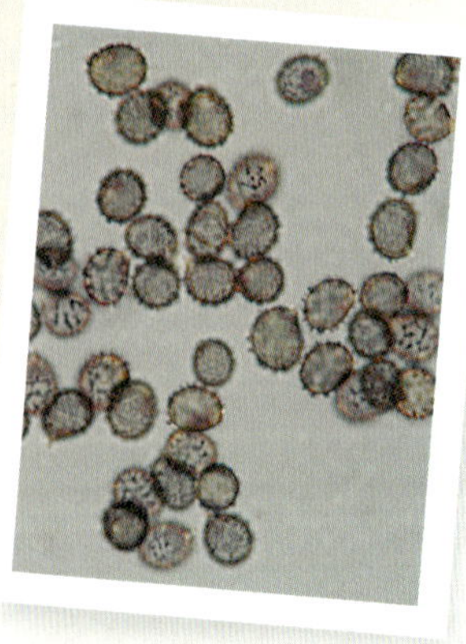

Mykologen untersuchen Sporen und andere Pilzzellen mithilfe des Mikroskops. So variieren die Erscheinungsformen der Sporen zwischen den Pilzgruppen erheblich. Sie können gefärbt, farblos, glatt oder warzig, stachelig oder länglich sein. Mitunter wechseln sie die Farbe, wenn sie mit bestimmten chemischen Substanzen in Berührung kommen (nebenstehend Sporen eines mit jodhaltigem Färbemittel, wie z. B. Melzers Reagenz, gefärbten Täublings). All diese Merkmale sind für die Bestimmung von großer Wichtigkeit. Bei einigen Gattungen wie den Risspilzen *(Inozybe)* und den Faserlingen *(Psathyrella)* werden die arttypischen Merkmale erst unter dem Mikroskop sichtbar. Dieser Umstand macht die Bestimmung der Pilze besonders aufwendig.

SYMPTOMATIK DER PILZVERGIFTUNGEN

Laut Statistischem Bundesamt ereigneten sich von 1990 bis 2004 jährlich im Durchschnitt drei Vergiftungsfälle mit tödlichem Verlauf. Die Zahl der Vergiftungen liegt wesentlich höher. In Frankreich spricht man von ca. 2000 pro Jahr.

Vergiftungen durch Pilze können mehrere Ursachen haben. Sie entstehen durch:
- direkte Gifteinwirkung: der Pilz enthält Mykotoxine, über die wir nachfolgend sprechen;
- mikrobielle Verseuchung: wenn die Pilze verdorben sind;
- Kontamination durch Pestizide (bei Pilzen, die in der Nähe intensiv bewirtschafteter Agrarflächen gesammelt wurden), Schwermetalle (Blei, Quecksilber, Kadmium) und Arsen (besonders im Violetten Lacktrichterling, *Laccaria amethystina*) oder durch radioaktive Kontamination.

ACHTUNG: Mehrere aufeinanderfolgende, reichhaltige Pilzmahlzeiten können Verdauungsbeschwerden hervorrufen, sollten jedoch nicht mit einer Vergiftung verwechselt werden.

TÖDLICH GIFTIGE PILZE

Phalloides-Syndrom oder Amatoxin-Syndrom

Diese Vergiftung wird in 90 Prozent der tödlichen Fälle nicht nur von dem Grünen Knollenblätterpilz (*Amanita phalloides*, S. 32) verursacht, sondern auch von dem Frühlings-Knollenblätterpilz (*Amanita verna* und seinem Doppelgänger, dem Täuschenden Knollenblätterpilz, *Amanita decipiens*), dem Kegelhütigen Knollenblätterpilz *(Amanita virosa)*, Mitgliedern der Gruppe des Fleischrötlichen Schirmlings, *Lepiota helveola* (mit *Lepiota brunneoincarnata* und *L. subincarnata*) und der Gattung der Häublinge *(Galerina)*, wie die Gifthäublinge *(Galerina marginata)*. Die beteiligten Toxine sind vor allem Amanitin, Phallotoxin und Virotoxin. Acht bis zwölf Stunden nach der Einnahme treten heftige Bauchschmerzen, starke Übelkeit, Erbrechen und Durchfall auf. Nach durchschnittlich sechs Tagen beginnt die zweite Phase. Beim scheinbar Genesenen kommt es meist zu schwerwiegenden Leberschäden – mit tödlichem Ausgang. 50 Prozent aller Pilz-Vergiftungsfälle gingen früher auf das Konto des Grünen Knollenblätterpilzes. Heute ist diese Rate dank besserer Aufklärung auf 15 Prozent gesunken.

Orellanus-Syndrom

Durch den Verzehr des Orangefuchsigen Raukopfs *(Cortinarius orellanus)*, des Spitzgebuchtelten Raukopfs (*Cortinarius speciosissimus*, S. 66) oder verwandter Arten beginnen die ersten Vergiftungssymptome lange – zwei bis siebzehn Tage – nach dem Verzehr. Die Anfangssymptome sind ein extrem trockener Rachenraum, gefolgt von Übelkeit, Erbrechen, Bauchschmerzen und akutem Durchfall. Auslöser sind Toxine wie Orellanine und Orellinine, die die Proteinsynthese blockieren. Dadurch werden vorwiegend Nierenzellen geschädigt, was zu einer fortschreitenden Zerstörung der Nieren und innerhalb von zwei bis sechs Monaten zum Tode führen kann. Im Extremfall ist eine Nierentransplantation erforderlich.

Gyromitra-Syndrom

Der Genuss der frischen Frühjahrslorchel *(Gyromitra esculenta)* kann zwischen fünf und 48 Stunden nach dem Verzehr zu Übelkeit, Erbrechen und Fieber führen. Die Leber wird schnell angegriffen und möglicherweise innerhalb weniger Stunden zerstört. Viele Pilzkonsumenten essen auch weiterhin diese Pilzart in

Grüner Knollenblätterpilz
(Amanita phalloides)

gut getrockneter Form, was gänzlich ohne schädliche Folgen bleibt.

Paxillus-Syndrom

Der Verzehr des Kahlen Kremplings (*Paxillus involutus*, S. 218) kann unter noch immer wenig erforschten Bedingungen nach einer oder zwei Stunden zu außerordentlich schweren, gelegentlich tödlich verlaufenden allergischen Reaktionen führen, die von Zersetzungserscheinungen der roten Blutkörperchen (Hämolyse) begleitet werden. Diese Reaktion wurde allerdings auch bei Menschen beobachtet, die diesen Pilz zuvor bereits des Öfteren und ohne Folgen konsumiert hatten.

Achtung!

Pilzesammeln ist ein schöner Zeitvertreib. Dennoch sollte man nicht vergessen, dass die Ausbeute Gefahren in sich bergen könnte! Viele Speisepilze sind leicht mit einem giftigen »Doppelgänger« zu verwechseln. Hegen Sie nur den geringsten Zweifel, zeigen Sie den Pilz einem Fachmann oder werfen Sie ihn, aus Vorsicht, einfach fort.

trockene Schleimhäute, schneller Herzschlag, Übelkeit, Unwohlsein und manchmal sogar Halluzinationen gefolgt von einer tiefschlafartigen Phase. Diese Vergiftungen sind auf die Wirkungen von Ibotensäure und Muscimol zurückzuführen. Sie laufen in der Regel glimpflich ab, können jedoch bei Kranken und Kindern zu schwerwiegenden gesundheitlichen Komplikationen führen.

Muskarin-Syndrom

Der Ziegelrote Risspilz (*Inocybe patouillardii*, heute *Inocybe erubescens*, S. 118), der Fliegenpilz (*Amanita muscaria*), die kleinen weißen Trichterlinge wie der Feldtrichterling (*Clitocybe rivulosa*) und Helmlinge, wie der Gemeine Rettichhelmling (*Mycena pura*), der Rosa Rettichhelmling (*Mycena rosea*, S. 160), können die Ursache einer gelegentlich dramatisch verlaufenden Vergiftung sein. So tritt ein paar Stunden nach dem Verzehr verstärkter Speichel- und Tränenfluss auf. Die Schweißsekretion ist so erheblich, dass manche Betroffene mehrere Pfund Gewicht in nur einer Nacht verlieren!

Rhabdomyolyse-Syndrom

Der Kiefernwald-Grünling (*Tricholoma auratum*, S. 226) und der Grünling (*Tricholoma equestre*) sind in Kiefern- und anderen Nadelwäldern beheimatet. Bis vor Kurzem galten sie als Speisepilz. Wiederholt auftretende Vergiftungsfälle nach öfterem und reichlichem Genuss – etliche mit tödlichem Ausgang – führten zur Streichung der Grünlinge aus der Liste der essbaren Pilze. Die sog. »Rhabdomyolyse« bewirkt eine fortschreitende Zerstörung des Muskelgewebes, erreicht schließlich das Herz und die Lunge und verursacht letztendlich den Tod. Die ersten Symptome treten ein bis drei Tage nach dem Verzehr auf.

Psilocybin-Syndrom

In den meisten europäischen Ländern sind die Ernte, der Besitz und Transport von psilocybinhaltigen Pilzen, wie die der Gattung der Kahlköpfe (*Psilocybe*), z. B. dem Spitzkegeligen Kahlkopf (*Psilocybe semilanceata*), gesetzlich verboten, denn sie unterliegen dem Betäubungsmittelrecht. Die Wirksubstanzen Psilocybin – eigentlich dessen Hydrolyseprodukt Psilocin – wirken auf das zentrale Nervensystem ein und verursachen in höherer Dosis Rauschzustände mit ausgeprägten Halluzinationen. Kahlköpfe wurden bei indigenen Völkern rituell verwendet; bei uns sind sie als Modedroge in Verruf geraten.

Giftige Pilze

Nierenschäden durch Wulstlinge

Der Verzehr des im Mittelmeerbereich vorkommenden und sonst sehr seltenen Ockerscheidigen Eierwulstlings (*Amanita proxima*) – er wird häufig mit dem Eierwulstling (*Amanita ovoidea*) verwechselt – führt in einem Zeitraum von acht bis vierzehn Stunden zu Verdauungsstörungen und einer beträchtlichen Zunahme der Harnmenge. In erster Linie werden die Nieren, aber auch die Leber angegriffen. Lässt man sich auf den Genuss des Eierwulstlings ein, sollte man äußerst vorsichtig sein.

Pantherina-Syndrom

Nach der Einnahme von Pantherpilz (*Amanita pantherina*, S. 30), Fliegenpilz (*Amanita muscaria*, S. 28) und seinen Varietäten sowie dem Narzissengelben Wulstling (*Amanita junquillea*) lässt die Wirkung nicht lange auf sich warten. Die typischen Krankheitsmerkmale sind:

Fliegenpilz
(Amanita muscaria)

Grauer Faltentintling (Coprinus atramentarius)

Gastrointestinales Syndrom

Viele angeblich genießbare Speisepilze können zu schweren Verdauungsproblemen führen. Dies gilt besonders für die Arten, die roh genossen giftig sind. Ursache sind deren »thermolabile« Giftstoffe – Pilzgifte, die durch Erhitzen zerstört werden. Dies gilt z. B. für den Flockenstieligen Hexenröhrling (*Boletus erythropus*, S. 44), einige Täublinge (*Russula*), wie z. B. den Nebelgrauen Trichterling (*Lepista nebularis*, S. 138), und für einige scharf schmeckende Milchlinge, wie vor allem für den Birkenreizker (*Lactarius torminosus*, S. 128, etc.). Die Symptome Übelkeit, Erbrechen und Durchfall treten rasch, etwa zwei bis drei Stunden nach den Mahlzeiten, auf – mit schwerwiegenden Folgen für geschwächte oder anfällige Personen, wie ältere Menschen, Kinder und Schwangere. Das Risiko einer Dehydratation (Austrocknung) ist nicht unerheblich. Hierbei führt das gleiche Toxin bei verschiedenen Personen zu unterschiedlichsten Reaktionen. Handelt es sich bei diesen Giften um blutzersetzende Hämolysine, spricht man von einem hämolytisch-urämischen Syndrom (siehe entsprechenden Abschnitt). Viele Magen-Darm-Verstimmungen werden weniger durch Toxine verursacht, sondern sind – besonders beim Verzehr großer Pilzmengen – auf die Unverträglichkeit gewisser Kohlenhydrate (wie Chitin, Mannitol, Trehalose) und Eiweiße zurückzuführen.

Resinoides Syndrom

Das Krankheitsmerkmal ist ein schweres Magen-Darm-Syndrom, das meist durch Pilze verursacht wird, deren Toxine durch den Kochvorgang nicht zerstört werden. Die Vergiftung erfordert oft eine schnelle Behandlung im Krankenhaus. Der Riesenrötling (*Entoloma lividum*, S. 82), der Tigerritterling (*Tricholoma pardinum*, S. 230), der Ölbaumtrichterling (*Omphalotus olearius*) und der nah verwandte Leuchtende Ölbaumpilz (*Omphalotus illudens*) oder der Satansröhrling (*Boletus satanas*, S. 48) sind verantwortlich für im Allgemeinen schwere gastrointestinale Beschwerden, die meist sehr quälend verlaufen und ein paar Stunden nach dem Verzehr auftreten. Diese Vergiftung bleibt glücklicherweise meist folgenlos.

Acromelalga-Syndrom

Der Wohlriechende Trichterling (*Clitocybe amoenolens*), der hauptsächlich in den Alpen vorkommt, ist dem Fuchsroten Trichterling (*Lepista flaccida*, früher *Lepista inversa*) zum Verwechseln ähnlich. Sein meist zufälliger Konsum führt nach ca. fünf bis sieben Tagen zu heftigen Schmerzen in Gliedmaßen wie Fingern und Zehen. Diese äußern sich in unerträglich schmerzendem Brennen und Beißen, ähnlich der Beschwerden durch Erfrierung. Sie können mehrere Wochen anhalten und lebenslange Narben auf den betroffenen Gliedmaßen hinterlassen. Schmerzmittel zeigen keine Wirkung.

Hämolytisches Syndrom

Dieses Syndrom tritt nach dem Verzehr von bestimmten essbaren Wulstlingsarten wie dem Perlpilz (*Amanita rubescens*, S. 30) und vielen Schlauchpilzen wie Morcheln und Lorcheln auf. Die Vergiftung ist mild und klingt rasch ab. In rohem Zustand ist daher vom Genuss abzuraten, da die in ihm enthaltenen Hämolysine die roten Blutkörperchen zerstören. Werden sie jedoch durch Hitzeeinwirkung vernichtet, wird der Pilz zu einem schmackhaften Speisepilz.

Coprinus-Syndrom

Bei manchen Menschen tritt dieses Syndrom beim Konsum eigentlich genießbarer Pilze, wie dem Faltentintling (*Coprinus atramentarius*, S. 58), in Verbindung mit Alkohol auf. Die Folge sind Ohrensausen, Angstzustände, unangenehme Unruhe, Gesichtsrötung verbunden mit starker Gefäßerweiterung, Erhöhung des Pulsschlages und starker Durchfall. Ursache ist das alkohollösliche Toxin Coprin, das ein für den Alkoholabbau zuständiges Enzym blockiert, sodass sich Alkohol im Körper anreichert. Darauf beruht die Wirkungsweise von Entwöhnungsmedikamenten.

WAS TUN BEI VERDACHT AUF EINE PILZVERGIFTUNG?

Treten nach dem Pilzgenuss Symptome wie Übelkeit, Durchfall, Erbrechen, starke Leibschmerzen und andere Beschwerden auf, ist umgehend eine Giftnotrufzentrale zu verständigen. Dies ist umso wichtiger, je später die Symptome auftreten. Nachstehend die Notrufnummern der deutschsprachigen Giftinformationszentren.

Die Notrufnummern (Fettdruck) sind rund um die Uhr zu erreichen

Baden-Württemberg: **0761/19240**
Bayern: **089/19240**
Brandenburg, Berlin: **030/19240**
Bremen, Niedersachsen: **0551/19240**
Hamburg, Schleswig-Holstein: **0551/19240**
Mecklenburg-Vorpommern, Sachsen, Sachsen-Anhalt, Thüringen: **0361/730 730**
Nordrhein-Westfalen: **0228/19240**
Rheinland-Pfalz, Hessen: **06131/19240**
Saarland: **06841/19240**
Schweiz (Zürich): **+41 44 251 51 51**
Österreich (Wien): **+43 1 40 400 2222**
International Programme on Chemical Safety (IPCS), WHO: auf dieser Website sind die Notrufnummern der meisten Länder verzeichnet. **http://www.who.int/ipcs/en/**

Pilze in Wort und Bild

Gift- oder Karbolegerling

Gelb oder nicht gelb?

Dies ist ein Pilz mit eher fleischigem, weißem, oft konvexem, aber nicht sehr regelmäßigem, in der Mitte ein wenig abgeflachtem Hut. Die Farbtönung der grauen, anfangs rosa überhauchten Lamellen wird durch die reifenden Sporen schokoladenbraun übertönt wie bei seinem Verwandten, dem Zuchtchampignon *(Agaricus bisporus)*. Der Stiel trägt einen schönen, weißhäutigen Ring, und die Stielbasis verbreitert sich oft zu einem birnenartigen Wulst. Ein wahrlich appetitlich aussehender Pilz … Aber: Deutlich offenbart der Pilz seinen Charakter, wenn man das gelbliche Fruchtfleisch an der knolligen Stielbasis verletzt, das einen unangenehmen Karbolgestank verbreitet, der zudem an den Geruch phenolhaltiger Tinten erinnert. Der unverdauliche Giftegerling schmuggelt sich meist versehentlich ein und verdirbt in diesem Fall das ganze Pilzgericht. Er bewirkt manchmal schwere Darmkrämpfe, Übelkeit, Erbrechen und einige andere gleichermaßen unangenehme Symptome. Dieser Egerling enthält erhebliche Mengen an toxischen phenolischen Verbindungen, Schwermetalle wie Kadmium und, um das Schreckensarsenal abzuschließen, auch einen krebserregenden Stoff.

- **Familie:** Agaricaceae
- **Saison:** Frühjahr bis Spätherbst
- **Lebensraum:** Wälder und Grünflächen, wie Parks, Gärten und Wegränder
- **Verbreitung:** Amerika, Nordafrika und häufig in Deutschland und Europa

Wenn man die Nähe des Menschen sucht …

Der Giftegerling hat die lästige Angewohnheit, dem Pilzsammler bis vor dessen Haustüre zu folgen. Er ist ausgesprochen häufig im Bereich von Hecken im städtischen Umfeld und an Verkehrswegen anzutreffen und damit ein charakteristischer Vertreter der Ruderalgesellschaften (lateinisch *rudus* = Geröll, Schutt). Aus diesem Grund und liebt er diese meist durch den Menschen gestörten, oft nitratreichen Böden. Diese Vorliebe des Giftegerlings für belastete Böden ist seiner Verdaulichkeit kaum zuträglich. Und einige ihm zugeschriebene Vergiftungen werden durch die für den Menschen schädlichen, chemischen Substanzen auch nicht erträglicher, die er kontaminierten Böden entzieht.

Ein Pilz, der sich nicht immer leicht zu erkennen gibt

Wie viele andere Pilze reagiert der Giftegerling empfindlich auf Klimaschwankungen, die meist zu Veränderungen seiner äußeren Erscheinungsform führen. Je nach Regenhäufigkeit oder Intensität der Sonneneinstrahlung kann sein Hut weiß – die typische Farbe –, hell- oder dunkelgrau, einheitlich gefärbt oder mit kleinen, grauen Schuppen bedeckt, glatt oder rissig sein. Sein unregelmäßiger Hut, knolliger Stiel und das gelbe Fruchtfleisch sowie sein übler Geruch sind in allen Fällen die sichersten Kriterien für seine Bestimmung.

Der Wiesenchampignon oder Feldegerling (Agaricus campestris) *ist wohlschmeckend, aber leicht mit dem Giftegerling* (Agaricus xanthodermus) *zu verwechseln.*

Genießbare Vettern

Dass sich der Giftegerling so häufig versehentlich in Pilzmahlzeiten einschmuggelt, liegt an der leichten Verwechselbarkeit mit so delikaten Doppelgängern wie dem Wiesenchampignon (Agaricus campestris, linkes Foto) und ähnlichen, schmackhaften Arten. Allerdings verfärbt sich keiner dieser Speisepilze derart intensiv gelb. Und wenn, verströmen sie niemals diesen typischen Karbolgeruch, sondern verbreiten ein angenehmes Anis- oder Mandelaroma. Der Wiesenchampignon entwickelt einen spindelförmigen, nie bauchigen Stiel, mit einem sehr dünnen Ring, der später als schmaler Wulst übrig bleibt.

Agaricus xanthodermus var. griseus Genevier

Hutdurchmesser: bis zu 15 cm

Stielhöhe: 5–10 cm

Stieldurchmesser: 1–2 cm

Kaiserling

schmack-haft

- **Familie:** Amanitaceae
- **Saison:** von Mitte August bis Ende Oktober
- **Lebensraum:** unter Laubgehölzen, vor allem unter Eichen
- **Verbreitung:** Holarktis, Südeuropa, nördl. der Alpen vom Aussterben bedroht, daher besonders geschützt

Der Wulstling des Kaisers

Dieser Pilz war fester Bestandteil der Esskultur römischer Eliten, von dem der italienische Arzt und Naturforscher Giovanni Antonio Scopoli (1723 bis 1788) in seinem Buch *Flora Carniolica* (Flora von Krain) berichtet. Er beschrieb ihn unter dem Namen *Agaricus caesareus*, dessen Epitheton *caesareus* bestehen blieb. (Krain war einst eine Provinz des Hl. Römischen Reiches und ist heute eine Region Sloweniens.) Auch der deutsche Name »Kaiserling«, geht auf *caesareus* zurück. In seinen Schriften stellt der Autor mit dem Satz »*Romanorum Boletus deliciosissimus*« ausdrücklich den Bezug zu den Römern her, der uns sagt, dass es sich um einen ›vortrefflichen Speisepilz der Römer‹ handelte. Ein unbedarfter Leser mag sich fragen, was ein Röhrling *(Boletus)* mitten unter den Wulstlingen *(Amanita)* zu suchen hat. Dazu muss man wissen, dass der Kaiserling im antiken Rom als *Boletus* bekannt und der kaiserlichen Hoftafel vorbehalten war. Andere Pilze, als *Fungus*, *Agaricum*, *Suillus* oder *Tuber* bezeichnet, galten als giftig oder gerade für das gewöhnliche Volk genießbar. Kaiser Claudius (1. Jh. n. Chr.) ist nach dem Genuss einer Kaiserlingsmahlzeit gestorben: Seine Frau Agrippina ließ Pilzgift in das Essen ihres Gatten schmuggeln, um ihrem Sohn Nero auf den Thron zu helfen.

Die blassgelben, nicht weißen Lamellen unterscheiden den Kaiserling deutlich von anderen, giftigen Wulstlingsarten.

Vom Pilzglück in Frankreich

Der Kaiserling liebt Wärme und wächst vor allem nach schweren Sommergewittern auf kalkhaltigen Böden. Er war einst zu Recht vor allem als ein Pilz des Südens bekannt. Aber vielleicht ist die Klimaerwärmung schuld, dass sich sein Verbreitungsgebiet allmählich immer weiter nach Norden ausweitet. Besonders häufig ist er in der Region um Paris und sogar in Belgien zu finden. Jedenfalls hat der Pilzfreund die Chance, die prächtigen Pilze häufiger und regelmäßig in sommerlichen Wäldern anzutreffen.

Gut geschützt in seiner Hülle

Sämtliche Wulstlinge entstehen in einer sackartigen Hülle (Volva), die den jungen Pilz schützt. Mykologen nennen sie »Velum universale«. Aber nur wenige Wulstlinge haben ein so gut ausgebildetes, häutiges Velum. Jedenfalls umhüllt es den Pilz so perfekt, dass junge Kaiserlinge mit einem weißen Ei verwechselt werden können. Im Laufe des Wachstums reißt die Volva von der Spitze ab und der Hut schirmt sich im Freien auf. Wie bei dem Ring schützt auch die als »Velum partiale« bezeichnete Membran die Lamellen – den Ort der Sporenbildung, der die Fortpflanzung der Art gewährleistet. Es verliert seine Funktion, wenn die Kappe genug gestreckt ist. Dabei reißt der Ring am Stiel, bildet eine verschiebbare Halskrause, die als Manschette bezeichnet wird. Ähnliche Manschetten finden sich auch bei Tintlingen *(Coprinus)*.

Amanita jacksonii

Der nordamerikanische Verwandte Amanita jacksonii ist eine Variante unseres Kaiserlings. Er wurde vom Vater der Mykologie in Quebec, René Pomerleau, beschrieben und zu Ehren des kanadischen Malers und Naturforschers Henry A. C. Jackson benannt. Er ist kleiner, seine Rotfärbung intensiver und anscheinend weniger schmackhaft als unser Kaiserling. Dafür liebt er die warmen Jahreszeiten noch viel mehr als sein europäischer Vetter. Die jungen Pilze schützen sich in derselben Manier durch eine weiße, sackartige Hülle.

Amanita
caesarea
(Scopoli) Persoon
Hutdurchmesser:
bis zu 20 cm
Stielhöhe: 5–15 cm
Stieldurchmesser: 1–3 cm

Doppelbescheideter Scheidenstreifling

genießbar

EIN ELEGANTER WULSTLING …

Nach dem Kaiserling (S. 24) folgt ein weiterer Wulstling, auch Riesenseitenstreifling genannt. Sein großer Hut mit anmutig gerieftem Rand, die grobfilzigen Flocken aus schmutzig grauen Hüllresten, die sich auf der nussbraunen, zuweilen leicht oliv getönten Huthaut absetzen, und sein schlanker Stiel ohne Manschette – all dies trägt zum eleganten Erscheinungsbild der seltenen Wulstlingsart bei. Der Doppelbescheidete Scheidenstreifling erreicht manchmal stattliche Ausmaße, speziell auf kalkhaltigen Böden in alten Waldbeständen südlicher Regionen, was seine majestätische Eigenschaft unterstreicht.

- **Familie:** Amanitaceae
- **Saison:** von Mitte August bis Ende Oktober
- **Lebensraum:** unter Laubgehölz, vor allem unter Hainbuche, auf Kalkböden
- **Verbreitung:** Europa, in Mitteleuropa selten, häufiger im Süden und Norden

VON HÄUTIGEN UND ZELLULÄREN MEMBRANEN

Mykologen unterscheiden aus praktischen Erwägungen zwei Arten des Velum universale (die Membran, die den Pilz im Jugendstadium vollständig umhüllt): eine »häutige« sowie eine »zelluläre« Membran. Der Doppelbescheidete Scheidenstreifling besitzt eine »zelluläre« (pulvrige) Membran, gebildet aus einem zerbrechlichen Gewebe runder Zellen, dessen Beschaffenheit an nasses Mehl erinnert: Während sich der Pilz aufschirmt, zerreißt die Hülle in viele unregelmäßige Flocken und Fetzen; Membranreste bleiben vor allem an der Stielbasis als graue Flockenwülste und auf dem Hut als filzige Flocken zurück und tragen so teilweise zum typischen Aussehen dieser Pilzart bei. Eine »häutige« Membran andererseits entsteht aus innig ineinander verflochtenen, fädigen Zellen, die ein kohärentes Gewebe von stoffähnlicher Beschaffenheit bilden. Wenn sie zerreißt, bildet sich an der Stielbasis eine becherartige Scheide (Volva), hinterlässt jedoch keinerlei Überreste auf dem Hut. Der Grüne Knollenblätterpilz beispielsweise hat eine häutige Hülle.

WULSTLINGE OHNE RING

Es gibt viele Pilzgruppen, die selbst den erfahrensten Mykologen bei der Bestimmung vor große Schwierigkeiten stellen, da die Arten innerhalb einer Gattung sehr zahlreich und zudem sehr schwer voneinander zu unterscheiden sind. Wulstlinge ohne Manschette (zusammengefasst in der Untergattung *Amanitopsis*) gehören gewiss dazu. Etliche Mykologen arbeiten derzeit an der Überarbeitung dieser Gruppe, können sich aber nur schwer auf die Abgrenzung der unterschiedlichen Arten einigen. Dagegen stimmen sie alle darin überein, dass sicher noch viele unentdeckte Arten weltweit sowie allein in Europa existieren.

Dickscheidiger Scheidenstreifling (Amanita pachyvolvata)

Grauer Scheidenstreifling und andere Wulstlinge ohne Ring

Der Graue Scheidenstreifling (Amanita vaginata) kommt von den Wulstlingen ohne Ring am häufigsten vor. Sein einheitlich grauer Hut und seine weiße, häutige Scheide (Volva) genügen leider nicht als eindeutiges Merkmal. Viele verwandte Arten zeigen dieselben Charakteristika. Nur unter dem Mikroskop ist eine eindeutige Unterscheidung möglich. Der Hellflockige Scheidenstreifling (Amanita beckeri) ist dem Doppelbescheideten Scheidenstreifling (Amanita ceciliae) sehr ähnlich, jedoch deutlich seltener, seine Scheide nicht grau, sondern weiß, später leicht bräunlich. Der Dickscheidige Scheidenstreifling (Amanita pachyvolvata, siehe nebenstehendes Foto) wiederum wächst in den Bergwäldern. Wie sein Name schon sagt, besitzt er eine dicke, häutige Scheide an der Stielbasis.

Amanita ceciliae
(Berkeley & Broome) Bas

Syn. *Amanita inaurata*
Secretan ex Gillet

Hutdurchmesser:
bis zu 25 cm

Stielhöhe: 5–20 cm

Stieldurchmesser: 1–2,5 cm

Fliegenpilz

giftig

FLIEGENTÖTER?

Rechtfertigt der Fliegenpilz mit seiner typisch farbenfreudigen Silhouette seinen Namen? In vielen Sprachen wird er mit Fliegen in Verbindung gebracht. Die Franzosen nennen ihn sogar »Fliegentöter«. Der wissenschaftliche Name leitet sich aus dem lat. *musca* – Fliegen ab. Die Namensgebung für diese Art erfolgte 1753 auf Vorschlag des bedeutenden Naturforschers Carl von Linné. Zur Herkunft des Namens gibt es mehrere Versionen. Die bekannteste bezieht sich auf die rote Huthaut des Fliegenpilzes, die in Milch einlegt als Insektizid genutzt wurde. Die weniger bekannte verweist auf seine halluzinogene Wirkung, die zu flugartigen Rauschzuständen führen soll. Eine direkte Verbindung zu Fliegen stellt der mittelalterliche Aberglaube her: Fliegen könnten durch Eindringen in das Gehirn eines unglücklichen Opfers wahnsinnig machen.

- **Familie:** Amanitaceae
- **Saison:** besonders im Herbst
- **Lebensraum:** unter Birken und Nadelbäumen, seltener unter anderen Gehölzen
- **Verbreitung:** weltweit, Holarktis bis Tropen

MIT SCHWANKENDEM GIFTGEHALT

Der Fliegenpilz wird selten verspeist. Allerdings nutzen ihn einige Völker zu halluzinogenen Erfahrungen im Rahmen schamanischer Praktiken. Nachgewiesen wurde, dass die Toxizität dieser Art je nach Region sehr unterschiedlich ausfallen kann. Das erklärt vermutlich, warum einige Ethnien, vor allem in Russland, die diese Pilze konsumieren, keine negativen Auswirkungen spüren. In unseren Regionen gilt der Fliegenpilz als giftig. Er darf daher nicht mit dem schmackhaften Kaiserling (S. 24) verwechselt werden. Eine Gefahr, die besonders dann gegeben ist, wenn Regen die kleinen, warzigen, weißen Hüllreste der Kappe – ein Charakteristikum – abgewischt hat. Der Kaiserling ist sonst immer gut durch seine gelben Lamellen und seinen orangefarbenen bis gelblichen Stiel und seine große Scheide an der Stielbasis zu unterscheiden.

EIN PILZ MIT MÄCHTIGER WIRKUNG

Die giftige Wirkung des Fliegenpilzes ist auf die psychoaktiven Wirkstoffe Muscimol und Ibotensäure zurückzuführen, die wir in viel größeren Mengen bei dem Pantherpilz (S. 30) finden. Diese halluzinogenen Substanzen werden auch als »Entheogene« (von *theos* = Gott und *genesthai* = bewirken) bezeichnet, das bereits alles über ihre Wirksamkeit aussagt, die sich zwischen 30 Minuten und drei Stunden nach der Einnahme bemerkbar macht: akustische, visuelle und taktile Halluzinationen, Verzerrung des Zeit- und Raumgefühls, Delirium, Ausgelassenheit, trockene Schleimhäute, Übelkeit, Schwindel, Zittern, Schwäche und eine Schläfrigkeit, die manchmal bis zum Koma führen kann … Es wird behauptet, dass sich Louise Elisabeth de Bourbon-Condé, Prinzessin von Conti (1693 bis 1775), nach der Rückkehr von einem Spaziergang in Fontainebleau mit Fliegenpilzen vergiftet habe. Allerdings ist die Frage, ob man nicht mit der Behandlung durch ein starkes Tabakdekokt den Teufel mit dem Beelzebub auszutreiben versuchte.

Form des Fliegenpilzes mit gelbem Velum
(Amanita muscaria fo. flavivolvata)

Die anderen Fliegenpilze

Der Fliegenpilz in seiner typischen Form besitzt eine reinweiße Hülle. Dennoch existiert auch eine Form mit gelber Volva, die die Mykologen zur Unterart flavivolvata (s. nebenstehendes Foto) zählen. Dieser Farbunterschied ist auch auf dem Hut, auf dem Rand der Manschette sowie an der Stielbasis sichtbar. Die Unterart flavivolvata scheint ausschließlich in Nordamerika und Europa vorzukommen. Die Unterart mit weißer Hülle dagegen kommt über die ganze Welt verstreut vor – was wiederum mit der Verbreitung ihrer Wirte (vorwiegend Kiefern) zusammenhängt, die praktisch überall, aber auch in tropischen Breiten vorkommen.

Amanita muscaria

(Linné) Lamarck

Hutdurchmesser: bis zu 20 cm

Stielhöhe: 5–15 cm

Stieldurchmesser: 1–3 cm

Pantherpilz

sehr giftig

Schön und gefährlich – der Pantherpilz

Wer bei diesem Wulstling mit kaffee- bis gelblich braunem Hut mit reinweißen Flocken an einen Panther denkt, meint eher seine Gefährlichkeit als seine Farbmusterung. Sein Verzehr verursacht ähnliche Symptome (siehe Pantherina-Syndrom) wie der Fliegenpilz (S. 28), denn beide enthalten die Wirkstoffe Ibotensäure und Muscimol. Allerdings sind sie beim Pantherpilz in größeren Mengen vorhanden, obwohl man auch hier von lokal unterschiedlichen Giftkonzentrationen spricht. Jean Henri Fabre, der berühmte Forscher und Autor des Buches »Erinnerungen eines Insektenforschers«, berichtet, den Pantherpilz mehrfach nach Abkochen verspeist zu haben, und verrät das Rezept: »Dem Fegefeuer des Topfes entronnen, lässt sich der Verdächtige sorglos verzehren.« Man hüte sich davor, seinem Beispiel zu folgen!

- **Familie:** Amanitaceae
- **Saison:** besonders im Herbst
- **Lebensraum:** vor allem unter Laubgehölz, seltener unter Nadelbäumen
- **Verbreitung:** Europa, Westasien, weit verbreitet

Zu den Ursprüngen

Es war der Schweizer Botaniker Augustin Pyrame de Candolle (1778–1841), der 1815 im umfangreichen Werk *Flore françoise* seines Freundes Jean-Baptiste de Lamarck den Pantherpilz beschrieb. Er hatte diese unbekannte Pilzart im Steineichenwald von Grammont in der Nähe von Montpellier entdeckt. Um der Gerechtigkeit Genüge zu tun, muss hier ergänzt werden, dass dieser Wulstling bereits weit vor Candolle entdeckt worden war, nämlich 1774 von Jacob Christian Schäffer und 1783 von August Johann Georg Karl Batsch, die den Pilz *Agaricus maculatus* beziehungsweise *Agaricus ruderatus* nannten. Dennoch schreiben es die botanischen Nomenklaturregeln vor, die Vorschläge der beiden unglücklichen Botaniker zu vergessen und die von Candolle gewählte Bezeichnung zu übernehmen.

Die Wulstlinge – das Glück der Mykologen

Seit einigen Jahren wird die Evolution der Pilze mit neuen Methoden erforscht. Besonders die molekularbiologischen Vergleiche haben die traditionelle Klassifizierung, die sich auf anatomische und morphologische Ähnlichkeiten gründete, praktisch auf den Kopf gestellt. Nach dem Motto »einmal ist keinmal« blieben die Wulstlinge von diesem »molekularen Erdrutsch« verschont. Vielleicht müssen wir in Zukunft die Wulstlinge nach bestimmten mikroskopischen Unterscheidungsmerkmalen in zwei Gruppen aufteilen. Ein Kinderspiel, bedenken wir, dass die Tintlinge *(Coprinus)* in fünf Gattungen aufgespalten wurden – samt all den Namensänderungen, die das nach sich gezogen hat.

Vorsicht, Verwechslungsgefahr!

Der Graue Wulstling (Amanita spissa) ist dem Pantherpilz sehr ähnlich. Unterscheidungsmerkmale sind seine schmutzig graue Hülle und sein geschmackloses, nach Rettich riechendes Fleisch (das des Pantherpilzes ist ›fast‹ geruchlos). Die größte Verwechslungsgefahr besteht mit dem Perlpilz (Amanita rubescens, nebenstehendes Foto), einem schmackhaften Speisepilz, vorausgesetzt, er wird gut durchgebraten (er enthält Hämolysine, die durch Erhitzen zerstört werden). Der Pantherpilz hat an der Stielbasis eine Scheide, die um den oberen Teil des Stiels einen bündigen, rollkragenähnlichen Wulst bildet. Außerdem nimmt sein Fleisch niemals eine rötliche Tönung an. Der Perlpilz weist einen an der Basis erweiterten Stiel ohne Scheide auf. An Bruchstellen wird er rosa bis fleischfarben.

Der Perlpilz (Amanita rubescens) *ist gebraten ein schmackhafter Speisepilz.*

Amanita pantherina
(de Candolle: Fries) Khrombholz
Hutdurchmesser: bis zu 12 cm
Stielhöhe: 5-10 cm
Stieldurchmesser: 1-2 cm

Grüner Knollenblätterpilz

Ein Pilz, den man kennen muss!

Der Grüne Knollenblätterpilz ist für mehr als 90 Prozent der tödlich verlaufenden Pilzvergiftungen verantwortlich. Hochtoxisch (30 bis 60 Gramm frischer Knollenblätterpilze genügen, um einen Menschen zu töten) und weit verbreitet, ist er zudem in seiner Färbung sehr variabel, was ihn zu einer echten Gefahr für ungeübte Pilzsucher macht. Beachten Sie die elegante Erscheinungsform, die reinweißen Lamellen, die geriefte, rockartige Manschette und besonders die schöne, weiße Volva, die als häutiger Sack die Basis des Stiels umschließt. Typisch ist auch die grüngelbe oder olivgrüne Färbung des wie mit spitzen Farbstiftstrichen zart gezeichneten Hutes. Mitunter jedoch zeigt er sich reinweiß: Die Verwechslungsgefahr mit dem Champignon (S. 22) ist daher sehr groß.

- **Familie:** Amanitaceae
- **Saison:** besonders im Herbst
- **Lebensraum:** vor allem in Laub-, seltener in Nadelwäldern
- **Verbreitung:** Europa, mittlerweile weltweit verbreitet

Das Desaster von Trévoux

Im November 1911 freuten sich die 31 Gäste der Pension Marsol, in Trévoux, Département l'Ain, auf ein bevorstehendes Festmahl: Ein Freund der Köchin, Elektriker von Beruf, der als großer Pilzkenner galt, hatte für das Abendessen herrliche »Schneebälle« gesammelt, wie die überaus schmackhaften Weißen Anischampignons *(Agaricus arvensis)* dort heißen. Die Pilze wurden vorbereitet und ihre Ungefährlichkeit mithilfe eines Silberlöffels getestet, den man ins Waschwasser gegeben hatte – denn giftige Substanzen sollten angeblich das Silber schwarz färben. Doch wie sich herausstellte, war Silber keine Hilfe: Elf Personen starben nach dem Verzehr der Pilze, die sich als eine weißhütige Form des Knollenblätterpilzes *(Amanita phalloides* var. *alba)* erwiesen. Einer der Überlebenden, der Pater Billard, hielt die Tragödie fest: »Fast alle Pensionsgäste wanden und krümmten sich auf ihren Stühlen, rannten schreiend hin und her, verlangten nach einem Arzt, gebärdeten sich wie Wahnsinnige, während sie sich den Leib hielten. Und der kleine Elektriker, der sich seiner Sache so sicher gewesen war, der Pilzfreund, rollte sich wie ein Ball zusammen und sackte vor mir bewusstlos zu Boden.«

Furchtbare Symptome

In Anbetracht der Schwere der Vergiftung, die wir als Phalloides-Syndrom bezeichnen, ist eine sofortige Reaktion zwingend. Dazu muss man die Symptome genau kennen. Acht bis zwölf Stunden nach dem Verzehr zeigen sich erste Anzeichen eines akuten Brechdurchfalls: Unwohlsein, Verdauungsbeschwerden, mehrfaches Erbrechen, Durchfall, Schweißausbrüche und Dehydratation, bis hin zum totalen Kollaps. Diese früher oft tödlich verlaufende Phase kann heute wirksam behandelt werden. Die Vergiftungsopfer erholen sich – vorübergehend –, erscheinen gesundet, was paradoxerweise oft zur Revision der Diagnose Pilzvergiftung führt. Ein oder zwei Tage später jedoch erscheint eine zweite Symptomwelle, die meist ein tödliches Nierenversagen auslöst. Falls daher Verdauungsprobleme nach einer Pilzmahlzeit auftreten, sollte man eine gefährliche Pilzvergiftung nie ausschließen.

Die sackartige, weiße Volva: eines der typischen Erkennungsmerkmale der tödlich giftigen Knollenblätterpilze

Die Methode Bastien

Im Jahr 1957 hat der Arzt Pierre Bastien aus den Vogesen eine Behandlungsmethode gegen Vergiftungen durch den Grünen Knollenblätterpilz erstellt. Zum Beweis der Wirksamkeit verzehrte er dreimal frischen Knollenblätterpilz vor laufenden Fernsehkameras. Die einfache und gefahrlose Therapie besteht aus einer intravenös gespritzten Dosis Vitamin C in Verbindung mit Antibiotika gegen Magen-Darm-Infektionen, Durchfall sowie ein Antiemetikum gegen Übelkeit und Erbrechen. Für einen Erfolg allerdings muss die Medikamentierung rasch erfolgen, das heißt, bevor das Gift die Leber erreicht. Also in der Mehrzahl der Fälle, schon bevor die Vergiftung diagnostiziert wurde ... Das beste Mittel gegen den Knollenblätterpilz ist damit die korrekte Bestimmung.

Amanita phalloides
(Fries: Fries) Link
Hutdurchmesser: bis zu 12 cm
Stielhöhe: 5-15 cm
Stieldurchmesser: 1-2 cm

Keulenfuß-Trichterling

giftig

- **Familie:** Hygrophoraceae
- **Jahreszeit:** Sommer und Herbst
- **Lebensraum:** in Laub- und Nadelwäldern
- **Verbreitung:** Europa und Nordamerika, in Deutschland eher häufig

Guter Wiedererkennungswert …

Ein glatter Hut, ein unten keulig angeschwollener Stiel, in eher glanzlosem, wenn auch ockergetöntem Graubraun, mit blassen, herablaufenden Lamellen – sowie schwammigem, wässrig-weichem Fleisch, das an der Stielbasis wattig-filzig wirkt: Mit all diesen Merkmalen zählt dieser Trichterling *(Clitocybe)* zu den einfach zu erkennenden Pilzen. Die Nebelkappe (*Lepista nebularis*, S. 138) ist ähnlich, wird jedoch wesentlich größer, und ihr faseriges Fleisch besitzt nicht diese charakteristische Konsistenz. Außerdem wächst die Nebelkappe vorzugsweise in Kolonien oder Hexenringen (S. 150), während der Keulenfuß-Trichterling in der Regel einzeln oder in Gruppen vorkommt, die nur aus wenigen Exemplaren bestehen.

… schwierige Klassifizierung

Der Pilz, einst als einer der typischsten Vertreter der Trichterlinge *(Clitocybe)* eingestuft, hat vor Kurzem eine erhebliche Veränderung in der Klassifikation erfahren. Etliche Details lassen vermuten, dass er vielleicht doch weniger typisch für diese Gattung ist. Besonders beim Verzehr in Verbindung mit Alkohol ruft der Keulenfuß-Trichterling ähnliche Symptome wie der Schopftintling (*Coprinus comatus*, S. 58) hervor; Vergiftungssymptome, die bei allen anderen Trichterlingen unbekannt sind. Bei genauer Betrachtung stellt sich zudem heraus, dass die Sporenwand, anders als bei den Trichterlingen, keine glatte, sondern eine fein aufgeraute Textur hat. Diese durch genetische Vergleiche bestätigten Besonderheiten rechtfertigen die Zuordnung zu einer anderen Gattung, die der *Ampulloclitocybe*.

Weitere Trichterlinge

Im Allgemeinen sind die Trichterlinge geschmacklich gesehen als eher passabel bis mittelmäßig einzustufen. Von der Nebelkappe (*Lepista nebularis*, S. 138) einmal abgesehen, verdienen zwei andere Arten die Beachtung der Pilz-Gourmets: Der Mönchskopf (*Clitocybe geotropa*, Bild unten links) ist ein großer, blasser Trichterling, der seine Kappen wie Trichter aufschirmt, um den spätherbstlichen Regen aufzufangen; der Grüne Anistrichterling (*Clitocybe odora*, Bild rechts) ist einfach zu bestimmen: Er ist der einzige europäische Pilz mit grünem oder grünblauem Hut, der ein stark nach Anis duftendes Fleisch besitzt.

Grüner Anistrichterling
(Clitocybe odora)

Mönchskopf
(Clitocybe geotropa)

Auch ein Gift hat seine guten Seiten

Aus dem Keulenfuß-Trichterling konnten diverse Substanzen isoliert werden, darunter auch einige bis dahin unbekannte Fettsäure-Derivate. Einer dieser Stoffe blockiert im menschlichen Körper ein Enzym, das am Abbau des Alkohols in der Leber beteiligt ist – was zweifellos das Coprinus-Syndrom erklärt, das heißt die Symptome, die beim Verzehr des Pilzes in Verbindung mit Alkohol auftreten (heftige Übelkeit, Schweißausbrüche, Erbrechen, Schwindel und vor allem Kopfschmerzen). Getreu der Annahme, dass nichts und niemand nur böse Eigenschaften besitzen kann, wurden auch Moleküle mit krebsverhindernden Eigenschaften aus Myzelkulturen des Keulenfuß-Trichterlings extrahiert.

Ampulloclitocybe clavipes

(Persoon) Redhead, Lutzoni
Moncalvo & Vilgalys

Hutdurchmesser: bis zu 8 cm

Stielhöhe: 4-8 cm

Stieldurchmesser: 1-2 cm

Hallimasch

meiden

Ein gefürchteter Parasit

Obwohl er besonders in Südeuropa als Speisepilz geschätzt und gelegentlich verzehrt wird, ist der Hallimasch einer der gefürchtetsten Gehölzschädlinge. Sein aggressives, sehr gieriges Myzel dringt ins Innere gesunder Laub- und Nadelbäume – Ursache des Hallimaschbefalls, der meist zum Absterben des Baumes führt. Die Fähigkeit dieses gefräßigen Pilzes, sich auszubreiten, ist beeindruckend. So kann er in einigen Jahren ganze Gehölzpartien, Obstplantagen, Wälder oder Rebstöcke vernichten. Außerdem überlebt der Pilz seine Opfer um viele Jahre, denn als Gelegenheitssaprobiont kann er sich ebenso von verrottendem Holz ernähren. Wird ein Baum von Hallimasch befallen, gibt es nur die Möglichkeit, die Weiterverbreitung zu unterbinden: einen tiefen, runden Graben um den zum Tode verurteilten Baum anlegen.

- **Familie:** Physalacriaceae
- **Saison:** ganzjährig, außer in Frostperioden
- **Lebensraum:** in Büscheln auf dem Holz von lebenden Bäumen oder Totholz
- **Verbreitung:** Europa, Asien, Nordamerika, sehr häufig, weit verbreitet

Und es werde Licht!

Der Hallimasch hat noch eine andere Besonderheit. Er besitzt lumineszierende Fähigkeiten. Um sich das für sein Wachstum notwendige Wasser und die Mineralstoffe zu verschaffen, erzeugt der Pilz ein langfädig geformtes Myzel. Schälen Sie einmal ein befallenes Rindenstück ab, dann wird ein Geflecht schwarz glänzender, wurzelähnlicher Rhizomorphe sichtbar, die an gewachste Schnürsenkel erinnern. Die Enden dieser Rhizomorphe sind Wachstumszonen, die spontan ein grünliches Licht emittieren, das nach dem Phänomen der Biolumineszenz funktioniert. Erwarten Sie allerdings nicht, geblendet zu werden: Die Intensität des emittierten Lichts ist gering und nur im Dunkeln sichtbar.

Die Vettern des Hallimaschs

Der Hallimasch ist zweifellos der häufigste seiner Gattung. Allerdings gibt es oft andere Arten, die sich manchmal nicht klar voneinander unterscheiden lassen. Den Ringlosen Hallimasch (*Armillaria socialis*) erkennt man problemlos an dem charakteristischen Merkmal, das ihm seinen Namen gab. Der Zwiebelfüßige Hallimasch (*Armillaria cepistipes*) ist farblich blasser, mit einem dünnen, filzigen Ring und einem deutlich geriffelten Hutrand. Der Dunkle Hallimasch (*Armillaria ostoyae*, unten links) zeigt einen Hut mit feinen dunkelbraunen oder schwärzlichen Schüppchen, die sich auch am Rand des Ringes wiederfinden.

Rekorde, Rekorde

Zur Gattung der Hallimasch-Pilze gehören die größten und ältesten lebenden Organismen unseres Planeten. In Michigan, USA, entdeckte man 1992 einen 1500-jährigen Gelbschuppigen Hallimasch (Armillaria gallica), dessen Myzel eine Fläche von ca. 15 Hektar einnimmt. Sein Gewicht wird auf ca. 100 Tonnen geschätzt. Über dem Boden bildet er periodisch Pilze aus – er ist ein Saprobiont –, deren Hüte einen Durchmesser von 12 cm nicht überschreiten. Ein Dunkler Hallimasch (A. ostoyae) wurde 2003 in einem Wald in Oregon entdeckt, der – und es handelt sich um ein Individuum – eine Fläche von 900 Hektar einnimmt (1600 Fußballfelder), über 600 Tonnen wiegt und mindestens 2400 Jahre alt ist.

Dunkler Hallimasch (Armillaria ostoyae)

Armillaria mellea
(Vahl) P. Kumm.
Hutdurchmesser: bis zu 12 cm
Stielhöhe: 5–15 cm
Stieldurchmesser: 0,5–1,5 cm

Becherkoralle

ohne kulinarischen Wert

Auf Äusserlichkeiten ist kein Verlass

Die Becherkorallen sind Pilze, die kleinen, kandelaberartig verzweigten Büschen (wie hier) oder Keulen ähneln, wie bei einigen Keulenpilzen (Abgestutzte Keule, *Clavariadelphus truncatus*, S. 56). Auf den ersten Blick ist die Becherkoralle mit Arten der Gattung *Ramaria* zu verwechseln. Sie ist aber mit den echten Korallenpilzen nicht verwandt. Der Verzweigungstyp und auch die Astspitzen sind eigenartig und anders als bei den Korallenpilzen. Beispielsweise gehört die Becherkoralle, von der hier die Rede ist, in die Gattung *Artomyces*. Trotz aller äußerlichen Unterschiede ist die Becherkoralle z. B. deutlich näher mit dem Ohrlöffel-Stacheling (*Auriscalpium vulgare*, Foto rechts unten) verwandt. Die Mehrheit der Korallenpilze unserer Regionen gehören zur Gattung *Ramaria*, doch wie das Foto beweist, ist eine äußere Ähnlichkeit mit der Steifen Koralle *(Ramaria stricta)* zwar gegeben, dennoch ist die Verwandtschaft zum Ohrlöffel-Stacheling näher. Der Beweis liegt in den makroskopischen Unterschieden. Erst hier treten die verborgenen Ähnlichkeiten deutlicher hervor.

- **Familie:** Auriscalpiaceae
- **Saison:** Anfang Sommer bis Herbst
- **Lebensraum:** auf morschem Holz und auf dem Boden, vor allem auf Hartholz
- **Verbreitung:** Europa, Asien, weit verbreitet; in Deutschland sehr selten

Was ist eine pyxidate Verzweigung?

Die Becherkoralle trägt in ihrem wissenschaftlichen Namen das Epitheton ›*pyxidatus*‹, das sich hier auf den Verzweigungstyp bezieht. Die fast senkrecht aufsteigenden Äste erweitern sich oben zu einer becherförmig eingetieften Spitze. Von deren Rand erheben sich quirlförmig etwa vier bis sechs jüngere, dünnere Äste. Bei größeren, älteren Fruchtkörpern kann sich dies mehrfach wiederholen. Diesen **pyxidaten** Verzweigungstyp findet man auch bei anderen, außereuropäischen Arten dieser Gattung. Abgesehen von dieser charakteristischen Wuchsform wächst die Becherkoralle auf morschem Holz, was sie ebenfalls von Korallenpilzen unterscheidet. Ihr Fleisch hat einen ausgesprochen pfeffrigen Geschmack. Bei alledem handelt es sich hier um einen einfach zu bestimmenden Pilz.

Gleich und Gleich gesellt sich gern

Dieses kurze Sprichwort fasst die Philosophie zusammen, nach der traditionell die wissenschaftliche Taxonomie funktionierte. Pflanzen, Tiere und Pilze wurden anhand ähnlicher Charakteristika in Gruppen unterteilt – häufig ohne zu hinterfragen, ob die angewandten Merkmalskriterien tatsächlich relevant sind. Eine Methode, die oft zu gewagten oder manchmal völlig irrigen Neugruppierungen führte, da sie die Evolution der taxonomisch relevanten Merkmale in keiner Weise berücksichtigte. Um der Evolution der Arten Rechnung zu tragen, die es möglich macht, die Prozesse des Lebens zu verstehen, wurde die traditionelle Methode daher erweitert. In der kleinen Welt der Mykologie führte dies zu erheblichen Verschiebungen. Denn das Phänomen der Konvergenz – wenn nicht näher verwandte Gruppen oder Arten sich ähnliche morphologische Merkmale aneignen – ist in der Pilzwelt weit verbreitet.

Eine weitgehend unbekannte Welt

Die Pilzforschung steckt noch in den Kinderschuhen. Um es deutlich zu sagen: Die schätzungsweise 100.000 bisher bekannten Arten (unter Einbeziehung der Schimmelpilze, Hefepilze und anderer Pilzgruppen – die die Mehrzahl bilden –, die keinen Stiel und keinen Hut ausbilden) machen lediglich fünf Prozent der weltweit tatsächlich existierenden Pilze aus. Eine kürzlich veröffentlichte Studie über Pilze, die auf Palmblättern wachsen, erfasste für die Wissenschaft 105 neue Arten – auf einem einzigen Blatt. Die Pilzkunde hat daher noch viel Aufregendes vor sich.

Der Schein trügt: Die Becherkoralle ist nicht mit der Steifen Koralle (Ramaria stricta, *oben*), *sondern mit dem Ohrlöffel-Stacheling* (Auriscalpium vulgare, *darunter*) *verwandt.*

Artomyces pyxidatus

(Persoon: Fries)

Jülich

Höhe: bis zu 10 cm

Fuß kurz und breit

Hohlfußröhrling

ungenießbar

Ein Röhrling der Berge

Der Hohlfußröhrling tut es dem Goldröhrling (*Suillus grevillei*, S. 214) gleich und beweist eine erstaunliche Standorttreue: Er wächst ausschließlich unter Lärchen. Während sich sein »Bruder im Geiste« hauptsächlich unter Lärchen im Tiefland einrichtet, gedeiht der Hohlfußröhrling nur im Gebirge. Abgesehen von seinem bevorzugten Lebensraum liefert sein Erscheinungsbild eindeutige, einfach auszumachende Erkennungsmerkmale: Sein Hut ist trocken und filzig, die Farbe in der Regel lebhaft rostbraun (bei der Varietät ›var. *aureus*‹ auch goldgelb); die weiten Röhren wachsen in radialer Richtung gestreckt, und sein Stiel schließlich ist kurz mit weißem Ring. Das weiche, fade Fleisch ist für den Konsum ungeeignet. Einige machen ihn für leichte Vergiftungserscheinungen ohne Folgen verantwortlich.

- **Familie:** Gomphidiaceae
- **Jahreszeit:** Sommer und Herbst
- **Lebensraum:** ausschließlich unter Lärchen der Bergregionen
- **Verbreitung:** Europa, Asien, Nordamerika

Treue ohne Furcht und Tadel

Wie ist es zu erklären, dass der Hohlfußröhrling, wie viele andere Pilzarten, nur in Verbindung mit einer bestimmten Baumart wächst? Nun, er ist eben ein Mykorrhizapilz. Das heißt, sein unterirdisches Myzel tritt in engen Kontakt mit dem Wurzelgeflecht eines Baumes, um ein »Pflanze-Pilz-Mischwesen« zu bilden, das sogenannte Mykorrhiza. Diese zwangsweise innige Beziehung beruht auf gegenseitigem Nutzen und wird als Symbiose bezeichnet. Die beiden Partner tauschen viele Nährstoffe aus, denn der eine könnte ohne die Gaben des anderen nicht existieren. Während sich einige Mykorrhizapilze mit unterschiedlichen Wirten arrangieren, sind andere in der Wahl ihrer Beziehungen einseitig. Röhrenpilze sind fast alle Mykorrhizapartner und viele von untadeliger »Wirtstreue«.

Erlengrübling
(Gyrodon lividus)

Fairer Austausch

Worin besteht der Austausch zwischen Mykorrhizapartnern? Nehmen wir die Lärche. Ihre zögerlich wachsenden Wurzeln durchdringen ein relativ kleines Bodenvolumen. Das Myzel der Röhrenpilze dagegen besitzt eine fast unbegrenzte Ausbreitungskapazität und ist in der Lage, unbeweglich im Boden vorhandene Stoffe zur Pflanze zu transportieren, die sich in unmittelbarer Umgebung der Wurzel schnell erschöpfen. Zudem bildet das Myzel Strukturen, sog. »Rhizomorphen«, aus, ein röhrenartiges Netzwerk, bestens geeignet, Wasser zu leiten, das auch mehrere Sorten pflanzlicher Hormone absondert, die die Entwicklung der Wurzeln anregt. Die Pflanze hingegen versorgt den Pilz mit Zucker, gelegentlich mit Proteinen und weiteren Nährstoffen, die sein Überleben ermöglichen. Schon dieser unvollständige Überblick über das lukrative Tauschgeschäft zwischen Pflanze und Pilz verdeutlicht die Bedeutung der Mykorrhiza – und somit der Pilze – im Leben der Pflanzen.

Die Röhrlinge der Lärche

*Der Hohlfußröhrling ist der einzige Röhrling mit trockenem Hut, der ausschließlich in Symbiose mit Lärchen vorkommt. Alle anderen Röhrlinge, die wir unter Nadelbäumen finden, wie der **Goldröhrling** (Suillus grevillei, S. 214), haben schmierige Kappen (Schmierenröhrlinge). Die in Symbiose mit Lärchen lebenden Röhrlinge werden in der Sektion Larigni (lateinisch Larix = Lärche) der Gattung Suillus zusammengefasst. Der **Erlengrübling** (Gyrodon lividus, Foto links) ähnelt mit seinen weiten, am Stiel herablaufend wachsenden Röhren dem Hohlfußröhrling. Sein Hut dagegen ist schmierig, und er gedeiht in Symbiose mit Erlen auf feuchten Standorten.*

Boletinus cavipes
(Opatowski)
Kalchbrenner
Hutdurchmesser:
bis zu 12 cm
Stielhöhe: 4-8 cm
Stieldurchmesser:
0,5-2 cm

Fichtensteinpilz

exzellenter Geschmack

WOHER DIE VIELEN NAMEN?

Der Steinpilz mit seinem so charakteristischen, intensiv braunen, zum Rand hin aufhellenden Hut ist wohl einer der bekanntesten und überdies auch einer der begehrtesten Pilze. Die Gattungsbezeichnung *Boletus* leitet sich vom lateinischen *boletus* = bester Speisepilz ab. Allerdings galt diese bei den alten Römern weder dem Steinpilz noch dem Champignon, sondern dem Kaiserling (*Amanita caesarea*, S. 24). Das lateinische Epitheton *edulis* bedeutet essbar. Der deutsche Trivialname geht auf sein vergleichsweise sehr festes, beinahe steinhartes Fleisch zurück. Die Gattung *Boletus* beinhaltet vier Arten, allesamt vorzügliche Speisepilze: den Fichtensteinpilz *(Boletus edulis)*, den Bronzeröhrling oder Schwarzhütigen Steinpilz (*Boletus aereus*, Foto unten), den Sommersteinpilz *(Boletus aestivalis)* und den Kiefernsteinpilz *(Boletus pinophilus)*. Dies vier Arten werden vom Laien in Bausch und Bogen und ungenau mit dem Gattungsnamen als Steinpilze bezeichnet und erscheinen ausschließlich als solche im Handel, obwohl sie sich morphologisch wie vom Standort her deutlich unterscheiden.

- **Familie:** Boletaceae
- **Jahreszeit:** Spätsommer und Herbst
- **Lebensraum:** unter Laub-und Nadelbäumen
- **Verbreitung:** Europa, Asien, Nordamerika, in Mitteleuropa weit verbreitet

STEINPILZE ZÜCHTEN?

Die Vorstellung, diese wertvollen Pilze zu züchten, mag verlockend sein, und an mehr oder weniger seriösen Versuchen fehlt es nicht. Es gibt einige Anbieter von Steinpilz-Anzuchtsets. Doch der Erfolg, falls er sich überhaupt einstellt, liegt weit unter den Erwartungen. Schließlich ist der Steinpilz, wie die meisten Röhrlinge, ein Mykorrhizapilz und benötigt den entsprechenden Baumpartner, wobei deren Zusammenspiel noch ungeklärt ist.

DER GEWISSE UNTERSCHIED

Der Kiefernsteinpilz *(Boletus pinophilus)* ist wohl der seltenste unter den edlen Steinpilzen. Er hat einen mahagonibraunen, bei jungen Exemplaren immer bereiften Hut, wächst nur unter Kiefern und ist einfach zu bestimmen. Der Schwarzhütige Steinpilz *(Boletus aereus)*, eher im Süden zu Hause, hat einen braun- bis rußschwarzen Hut. Verwechslungen sind zwischen dem Fichtensteinpilz und dem Sommersteinpilz *(Boletus aestivalis)* besonders häufig. Ersterer hat einen leicht fettigen, ungleichmäßig braunen Hut mit feinem, hellerem Rand. Sein Stiel zeigt ein zur Spitze auslaufendes, schwaches Netzmuster. Er erscheint vom Spätsommer bis Spätherbst. Letzterer besitzt einen trockenen, einheitlich braunen Hut und einen Stiel mit deutlich erhabenem, bis oder fast bis zur Basis reichendem Netz. Er wächst im Sommer und gelegentlich im späten Frühjahr. Vorsicht vor einer Verwechslung mit dem bitteren, völlig ungenießbaren Gallenröhrling (*Tylopilus felleus*, S. 234)!

Der seltene Schwarzhütige Steinpilz (Boletus aereus) *ist in wärmebegünstigten Lagen anzutreffen und erscheint etwas früher (Sommer bis Anfang Herbst) als der Fichtensteinpilz. Sein weißes Fleisch ist ebenso schmackhaft.*

Tropische Steinpilzgiganten

Bereist man während der Regenzeit die Tropen, kann man beim Anblick der dort wachsenden, wahrlich gigantischen Steinpilze neidisch werden. Gilbert Bouriquet, Agronom auf Madagaskar, beschreibt diese riesigen Steinpilze (Phlebopus colossus) folgendermaßen: »Sie haben einen braunen Hut, der einen Durchmesser von 60 cm erreichen kann. Bestimmte Exemplare wiegen über 6 kg. An der Ostküste finden wir sie auf leichten, sandigen Böden unter Kaffee- und Mangobäumen. Die dort ansässigen, malaiischstämmigen Betsimisaraka bezeichnen sie als ›Oabe‹, was man mit ›große Probleme‹ übersetzen kann, und halten sie für sehr giftig.« Tatsächlich ist dieser Pilz schwer verdaulich und hat einen üblen Geschmack. Der arme europäische Pilzfreund reiste also bitter enttäuscht wieder ab …

Boletus edulis
Bulliard: Fries
Hutdurchmesser: bis zu 30 cm
Stielhöhe: 10-20 cm
Stieldurchmesser: 3-10 cm

Flockenstieliger Hexenröhrling

schmackhaft

Bittere Enttäuschung für den Anfänger …

Zu Beginn der Pilzsaison – die ersten frühsommerlichen Sonnenstrahlen erwärmen bereits den mit Feuchtigkeit durchtränkten Boden – streifen Laien zahlreich durch die Wälder auf der Jagd nach ersten Steinpilzen. Diese Jahreszeit ist allerdings nicht gerade üppig mit Pilzen gesegnet. Der Horngraue Rübling (*Rhodocollybia butyracea*, S. 188) zum Beispiel beginnt hie und da durch das verrottete Laub zu spitzen. Dann trifft der Pilzsucher tatsächlich auf ein stattliches Exemplar mit fleischigem, schönem, samtbraunem Hut, den er im ersten Jagdeifer für einen Steinpilz hält. Er ist auf einen Hexenröhrling gestoßen. Dieser Röhrenpilz besitzt rote Röhren und einen roten Stiel! Zu allem Übel verfärbt sich der Pilz an sämtlichen Druck- und Bruchstellen sofort blaufleckig. Die Enttäuschung ist groß!

- **Familie:** Boletaceae
- **Jahreszeit:** Spätfrühling bis Mitte Herbst
- **Lebensraum:** vor allem in Laubwäldern, seltener an Nadelbäumen, meist auf sauren Böden
- **Verbreitung:** Europa, in Frankreich weit verbreitet

… aber eine Belohnung für den Kenner

Angesichts der großen Anzahl von Hexenröhrlingen, die alljährlich von Sammlern umgedreht, zertrampelt oder einfach achtlos auf dem Waldboden zurückgelassen werden, ist es schwer zu glauben, dass diese Art kaum erforscht ist. Für Kenner, die den Tafelfreuden zugeneigt sind, ist der Pilz jedoch ein Geschenk des Himmels. In der Tat ist der stark blauende Röhrling mit den typischen feinen, roten Flocken an der Stielbasis (Stielgrund) und dem fehlenden Netzmuster ein sehr schmackhafter Speisepilz mit festem, aromatischem Fleisch, das von Maden meist gemieden wird. Das blaue Pigment ist hitzeempfindlich. Es verschwindet früh bei der Zubereitung, und der Pilz nimmt beim Braten eine goldbraune Färbung an. Auch den Flockenstieligen Hexenröhrling sollte man nur nach dem Erhitzen verzehren.

Der Knackpunkt: das Stielnetz

In Mitteleuropa sind etwa 25, vielleicht auch mehr Arten der Gattung *Boletus* bekannt. Ihre Bestimmung ist nicht immer leicht, da eine ganze Menge charakteristischer Merkmale beachtet werden muss. Einer der Knackpunkte ist die Netzzeichnung, das heißt ein netzartiges, mehr oder weniger engmaschiges Relief auf der Stieloberfläche. Der Ansatz liegt knapp unter den Röhren. Wie es sich zum Stielgrund fortsetzt, ist artabhängig. Einige Röhrenpilze, wie auch der Flockenstielige Hexenröhrling, zeigen kein Netzmuster: ein wichtiges Bestimmungsmerkmal, das sorgfältig, wenn möglich mithilfe einer kleinen Lupe, geprüft werden sollte. Aber wie immer in der Naturwissenschaft gibt es irreführende Ausnahmen. Wenn es nämlich Röhrlinge ohne Netz gibt, die auch manchmal ein Netz zeigen, kann man davon ausgehen, dass im Umkehrschluss bestimmte Röhrlinge mit Netz zufällig einen ganz glatten Stiel besitzen.

Wolfsröhrling (Boletus lupinus), *ein wärmeliebender, in Italien und Frankreich verbreiteter, bei uns extrem seltener Pilz*

Verwechslung möglich

Ein anderer stark blauender Röhrling mit glattem Stiel (Netzzeichnung fehlt völlig) kann ohne Weiteres mit dem Flockenstieligen Hexenröhrling verwechselt werden: der **Glattstielige Hexenröhrling** *(Boletus queletii). Auch er ist schmackhaft mit einem heller braunen Hut und einem Fleisch, das an der Stielbasis eine kräftige Rotfärbung annimmt. Der* **Wolfsröhrling** *(Boletus lupinus, Foto) ist ein verhältnismäßig großer Röhrling ohne Netz mit leicht rosa getöntem Hut und einem weniger blauenden Fleisch, das nach Gummi riecht. Vorsicht: Er ist giftig! Der Stiel des Netzstieligen Hexenröhrlings (Boletus luridus), von dessen Verzehr abzuraten ist (angeblich verursacht er Vergiftungen), ist mit einem deutlich roten Netzrelief gezeichnet.*

Boletus
erythropus
Persoon
Hutdurchmesser:
bis zu 20 cm
Stielhöhe: 10–15 cm
Stieldurch-
messer: 3–5 cm

Purpurröhrling

giftig

Der Verwandlungskünstler unter den Röhrlingen

Wie viele seiner Gattung ändert der Purpurröhrling vom Verlassen der Erde bis über die Alterungsphase die Farbe derart, dass ein Anfänger kaum glauben mag, dass es sich um Pilze der gleichen Art handelt. Während der Hut des jungen Exemplars völlig überfilzt und milchkaffeefarben ist, verschwindet diese Färbung beim Aufschirmen. Dann erscheint die für reife Pilze so typische rote bis dunkelrosa, graue oder purpurfarbene bis dunkelrote Farbtönung. Die Röhren unter der Kappe zeigen sich erst in Gelb, das später in ein tiefes, oft sattes Blutrot übergeht. Den keuligen bis spindeligen Stiel kennzeichnet ein erhabenes, rotes Netz.

- **Familie:** Boletaceae
- **Jahreszeit:** Sommer und Herbst
- **Lebensraum:** unter Kiefern und Fichten, oft unter Buchen, besonders in Bergregionen
- **Verbreitung:** in milderen Regionen Europas, selten

Blaues Blut

Der Purpurröhrling gehört zu einer Gruppe der Dickröhrlinge mit leicht blauendem Fleisch, zu dessen bekanntesten Vertretern der Satanspilz (*Boletus satanas*, nächste Seite) zählt. Diese Pilze bilden innerhalb der Gattung der Dickröhrlinge (*Boletus*) eine Untergruppe, die man auch als blauende Röhrlinge bezeichnet, da sich ihr Fleisch nach dem Anschnitt oder durch Druck bläulich verfärbt. Der Blaufleckende Purpurröhrling (*Boletus rhodopurpureus*, S. 48) führt diese Gruppe an. In Mitteleuropa ist wenig über diesen schwer zu bestimmenden und recht seltenen Dickfußröhrling bekannt. Angeblich kommt er häufiger im Jura und bis in die Nordalpen vor. Zwar gibt es keinen verbrieften Fall einer Vergiftung, doch im Hinblick auf die nahe Verwandtschaft mit dem sehr giftigen Satanspilz ist Vorsicht geboten.

Ein Puzzle für Mykologen

Boletus rubrosanguineus (Walty) ex Cheype … hört sich umständlich an. Gelegentlich lassen sich komplizierte Namen nicht vermeiden. Die wissenschaftliche Namensgebung der Pilze ist Gegenstand einer wissenschaftlichen Disziplin: der Nomenklatur. Diese bringt nach den Regeln des Internationalen Codes der Botanik die Namen stets auf den neuesten Stand. So wurde der Purpurröhrling 1947 zum ersten Mal unter dem Namen *Boletus purpureus* var. *rubrosanguineus* Walty geführt. Leider hat der Autor (Hans Walty) nicht alle vom Code vorgeschriebenen Daten geliefert, durch die der Name offiziell anerkannt werden konnte. 1983 hat ein anderer Mykologe, Jean-Louis Cheype, dieses Versäumnis nachgeholt, worauf das Komitee den von Walty vorgeschlagenen Namen validierte (für gültig erklärte). Dies drückt sich in der Bezeichnung *Boletus purpureus* var. *rubrosanguineus* Walty ex Cheype aus. Hierbei steht das »ex« für »validiert«. Obwohl Jean-Louis Cheype der Ansicht war, dass dieser Röhrling lediglich eine einfache Varietät des *Boletus purpureus* ist, hat er daraus eine eigene Art gemacht … *Boletus purpureus*, was sich wiederum darin ausdrückt, dass der Autorenname Walty in Klammern gesetzt wurde. Formal gesehen ist es durchaus möglich, (Walty) wegzulassen und lediglich die Bezeichnung *Boletus rubrosanguineus* Cheype zu benutzen … was allerdings nichts über die Geschichte der Namensgebung verraten würde.

Verwechslungsgefahr

Für aufmerksame Pilzsammler stellt die Bestimmung des Purpurröhrlings überhaupt kein Problem dar: Seine Vorliebe für Standorte unter Nadelbäumen in Gebirgsregionen ist ein Charakteristikum. Ist der Lebensraum jedoch nicht bekannt, wird es kompliziert, die Röhrenpilze einer Gruppe voneinander zu unterscheiden. So zeigt der ***Falsche Satansröhrling*** *(Boletus legaliae, siehe nebenstehendes Foto) beinahe die gleichen Farben, wächst jedoch ausschließlich unter Laubgehölzen und verströmt einen Geruch nach Chicorée.*

Falscher Satansröhrling
(Boletus legaliae)

Boletus
rubrosanguineus
(Walty) ex Cheype
Hutdurchmesser:
bis zu 20 cm
Stielhöhe: 5-10 cm
Stieldurch-
messer: 3,5-5 cm

Satanröhrling

sehr giftig

Alles Legende

Wenn es einen Röhrling gibt, der den Liebhabern von Röhrlingspilzen das Fürchten lehrt, dann der Satansröhrling. Es genügt, seinen Namen gegenüber einem unerfahrenen Sammler mit einem Korb voller Pilze nur zu erwähnen, dass dieser verunsichert den Korbinhalt wieder dem Waldboden zuführt. Alle möglichen, auch widersprüchlichen Eigenschaften werden ihm zugeschrieben: Er ähnelt exakt einem Steinpilz, sein Fleisch verfärbt sich intensiv blau, er hat so viele Erscheinungsformen, dass man schon sehr schlau sein muss, um ihn unter all seinen Verkleidungen zu erkennen, er ist unbekömmlich, sehr unverdaulich, ja vielleicht sogar tödlich! Kurz, man fragt sich, ob in diesem armen Röhrenpilz vielleicht doch ein Ungeheuer steckt.

- **Familie:** Boletaceae
- **Saison:** Mitte August bis Ende Oktober
- **Lebensraum:** unter Laubbäumen, vor allem unter Eichen, auf Kalkboden
- **Verbreitung:** Europa, in Mitteleuropa weit verbreitet, häufiger im Süden

Ein dennoch sehr giftiger Röhrling

Um zu verstehen, wie dieser Pilz zu seinem schlechten Ruf gekommen ist, muss man, wie so oft, zu den Ursprüngen zurückkehren. Der Mykologe Harald Othmar Lenz war der Erste, der im Jahre 1862 den Satanspilz in für die damalige Zeit ungewöhnlicher Ausführlichkeit beschrieb und auf seine Giftigkeit hinwies. Hatte doch der mutige Mykologe tatsächlich die Opferbereitschaft des Wissenschaftlers so weit getrieben, diesen Pilz selbst zu probieren, der bis dahin den Naturforschern unbekannt gewesen war. Und für Lenz war es nicht das erste Mal, denn er hatte zuvor schon mit Fliegenpilzen einschlägige Erfahrungen gesammelt. Die von Lenz beschriebenen Symptome sind nur deshalb so detailliert, weil der Mykologe »großzügigerweise« seine Röhrenpilze an Familie und Nachbarn verteilte – zusammen mit einem Rezepttipp für ein gutes Pilzomelett. Übelkeit, Erbrechen, Durchfall, Bauchschmerzen, kurz, alle Symptome einer klassischen Gastroenteritis (Magen-Darm-Grippe) waren das Ergebnis. Glücklicherweise ist die Heilung die Regel, und Verdauungsprobleme klingen schnell ab.

Andere schwer verdauliche Röhrenpilze

Entgegen der weitverbreiteten Ansicht sind es die Dickröhrlinge, die am wenigsten blauen und im Gegensatz zu den intensiv blauenden Röhrlingen viel schwerer verdaulich sind. Besonders unverdaulich sind in der Regel die mit dem Satanspilz eng verwandten Arten, wie der **Rosahütige Röhrling** *(Boletus rhodoxanthus)*. Dennoch muss vor einigen, sehr stark blauenden Röhrenpilzen, wie z. B. dem **Blaufleckenden Purpurröhrling** (*Boletus rhodopurpureus*, Bild unten), gewarnt werden, über deren Genießbarkeit auch heute noch kaum etwas bekannt ist.

Der Blaufleckende Purpurröhrling (Boletus rhodopurpureus) *ist roh genossen ausgesprochen giftig. Und auch nach längerem Kochvorgang bleibt er schwer verdaulich. Angesichts seiner relativen Seltenheit ist es daher besser, die Finger von ihm zu lassen.*

Die »Pilzverrücktheit« der Kuma

Der berühmte Mykologe Roger Heim erforschte auf einer Expedition zum Stamm der Kuma in Neuguinea den ***Boletus manicus****, einen dem Satanspilz sehr ähnlichen, jedoch kleineren Dickröhrling. Der Pilz wird von den Kuma das ganze Jahr über verzehrt, soll jedoch zu einer bestimmten Zeit eine psychoaktive Wirkung entfalten und wird von den Stammesangehörigen genutzt, um sich vor kriegerischen Auseinandersetzungen damit in eine wilde, hemmungslose Aggressivität zu steigern. Bei dieser »Pilzverrücktheit« handelt es sich wohl um das in Papua-Neuguinea wohlbekannte »Wilde-Mann«-Verhalten.*

Boletus satanas

Lenz

Hutdurchmesser: bis zu 25 cm

Stielhöhe: 5-15 cm

Stieldurchmesser: 5-10 cm

Samtiger Pfifferling

exzellenter Geschmack

Kleine Pfifferlinge

Der Samtige Pfifferling ist an seiner eher bescheidenen Hutgröße zu erkennen, und seine rosaorange Färbung verblasst im Alter. Sein festes, scharf schmeckendes Fleisch, das leicht nach Aprikosen duftet, brachte ihm auch den Namen Aprikosen-Pfifferling ein. Ungeachtet seiner Zugehörigkeit zur Gattung *Cantharellus* ist er nur entfernt mit anderen europäischen KanthaRellen verwandt. Seine näheren Verwandten finden wir meist in tropischen Regionen der Erde, von denen einige rot oder lebhaft rosa gefärbt sind. Gleichwohl ist der Winzige Pfifferling oder Zwerg-Pfifferling *(Cantharellus pseudominimus)* ein, wenn auch seltener, Europäer mit einem Hutdurchmesser von höchstens bis zu 1,5 cm.

- **Familie:** Cantharellaceae
- **Saison:** Mitte August bis Ende Oktober
- **Lebensraum:** unter Laubgehölz, auf eher sauren Böden
- **Verbreitung:** in Europa, sehr selten; stark gefährdet

Cantharellus oder *Craterellus*?

Diese Unterscheidung zeigt die oft verschlungenen Wege der Klassifikation. Die Ergebnisse neuer genetischer Untersuchungen führten zu einigen Umgruppierungen und Neuzuordnungen. Durch die Herausnahme z. B. des Trompetenpfifferlings oder Herbstpfifferlings (S. 70) aus der Gruppe der Pfifferlinge *(Cantharellus)* und Einordnung in die Gattung der Kraterellen *(Craterellus)* blieb der deutsche Name »Pfifferling« dennoch erhalten, was nicht korrekt ist. Eigentlich müsste der Volksname ebenfalls und zwar in »Trompetenkraterling« geändert werden.

Lucien Quélet

Die Geschichte der Mykologie enthält eine erstaunliche Reihe von Biografien. Konzentrieren wir uns einen Moment auf den weltbekannten Mykologen Lucien Quélet (1832–1899), den Erstbeschreiber des *Cantharellus friesii.* Er widmete den Pilz dem Schweden Elias Magnus Fries (1794–1878), Professor für Botanik an der Universität Uppsala, der als Erster ein System zur Klassifikation der Pilze entwickelt hatte. Quélet – ein Arzt aus dem französischen Jura, war ein eher mürrischer, herrischer Zeitgenosse mit dichtem, schwarzem Bart und Meister der knappen, bündigen Ausdrucksweise. Im Gegensatz zu Fries zog er, wie gesagt, einen kurzen, zielgerichteten Stil vor, widmete der Beschreibung neuer Arten maximal zehn Zeilen, häufig jedoch sogar nur eineinhalb Zeilen, durchstreifte den Jura und die Vogesen, schrieb eine »Mykologische Flora Frankreichs und der angrenzenden Länder«. Danach war die Mykologie für ihn abgeschlossen. Er wandte sich anderen Forschungsgebieten zu, wie zum Beispiel dem Studium der Käfer des Jura. Das bewegte Leben des Wissenschaftlers steht in krassem Gegensatz zum lapidaren Stil seiner botanischen Beschreibungen.

Der Echte Pfifferling (Cantharellus cibarius) gehört zu den von Gastronomen geschätzten Speisepilzen. Seine Beliebtheit drückt sich auch in den zahlreichen Volksnamen wie Eierschwamm, Recherl, Röllchen, Gallitschel, Geelchen, Schweinsfüßerl, Reherl, Marillenschwamm, Zechling, Zederling, Nagerl … aus.

Der einzigartige, der wahre, der Echte Pfifferling

*Der **Echte Pfifferling** (Cantharellus cibarius, siehe nebenstehendes Foto) gehört in ganz Europa zu den beliebtesten Speisepilzen. Dennoch ist er nicht unbedingt häufig. Im Gegenteil: Er steht in Österreich, den Niederlanden und in Deutschland auf der Liste der bedrohten Pilze. Neueste Forschungen zeigen allerdings, dass unter dem Namen »Pfifferling« etliche sich deutlich unterscheidende Arten geführt werden, wie zum Beispiel der **Blasse Pfifferling** (Cantharellus pallens), der auf der nachfolgenden Seite beschrieben wird. Den Echten Pfifferling erkennt man vor allem an seiner schönen, einheitlichen oder fast einheitlichen dottergelben Farbe, an seinem aromatischen Fleisch, das sich beim Anschnitt nicht sofort rötet, und schließlich an seiner Vorliebe für Mischwälder auf vorwiegend saurem Boden.*

*Siehe auch **Blasser Pfifferling** (S. 52)*

Cantharellus
friesii
Quélet
Hutdurchmesser:
bis zu 5 cm
Stielhöhe: 1-3 cm
Stieldurchmesser:
0,3-0,6 cm

Blasser Pfifferling

schmack-
haft

DER ECHTE-FALSCHE PFIFFERLING

Der Blasse Pfifferling, zweifellos der am häufigsten vorkommende Pfifferling, wird üblicherweise mit dem Echten Pfifferling (*Cantharellus cibarius,* S. 50) verwechselt. Er unterscheidet sich, wenn auch leicht, in der Farbe (sehr hellgelb, fast weiß) und durch sein etwas parfümiertes Fleisch, das langsam vergilbt und bei Abrieb und Anschnitt rötet. Aber wie ist es zu erklären, dass sich diese Verwechslungshäufigkeit über einen so langen Zeitraum gehalten hat? Dazu muss man wissen, dass Mykologen in vielen Fällen bei der Bestimmung von Pilzarten nur auf Beschreibungen aus den vorausgegangenen Jahrhunderten zurückgreifen konnten, die in äußerst knappem Stil, bestenfalls auf Lateinisch, im schlechtesten Fall in einer Fremdsprache, abgefasst waren. Nicht zu unterschätzen ist die Tatsache, dass bei Textinterpretationen stets subjektive Eindrücke und Eigenschaften mitspielen.

- **Familie:** Cantharellaceae
- **Jahreszeit:** Spätfrühling bis Spätherbst
- **Lebensraum:** im Laubwald, vor allem im Buchen-, gelegentlich im Nadelwald, auf gut versorgten Böden
- **Verbreitung:** Europa, Kalkgebirge häufiger, sonst selten

ERRÖTENDE PFIFFERLINGE

Während der **Echte Pfifferling** seine Farbe an der Luft nicht verändert, rötet der Blasse Pfifferling deutlich, ähnlich wie der **Olivgelbe Rostfleck-Pfifferling** (*Cantharellus ferruginascens,* siehe Bild unten), der blasser und weniger fleischig ist und dessen Hutrand oft eine schwache Grünlich- oder Blaugrüntönung zeigt. Der **Amethyst-Pfifferling** *(Cantharellus amethysteus)* rötet ebenfalls. Sein Hut allerdings weist violette Schüppchen auf.

ÜBERRASCHENDE VERWANDTSCHAFTEN

Mit dem Aufkommen moderner Techniken in der Zytologie, Biochemie und Genetik ist sehr viel Neues über die Abstammung der Pilze und ihre Verwandtschaftsverhältnisse bekannt geworden. Danach gehören Pfifferlinge zu einer umfangreichen Gruppe morphologisch sehr unterschiedlicher Pilze, die zur »Klade der Pfifferlingsähnlichen« zusammengefasst wurden. Darunter finden wir *Clavariales* (Keulenpilze, Ziegenbärte, Glucken); Pilze mit Stiel und Hut wie Pfifferlinge; Stoppelpilze *(Hydnum)*; und Pilze, die Totholzer und Ähnliches wie eine Kruste überziehen – also Flechten. Kaum ein Mykologe konnte sich wohl je vorstellen, dass diesen unterschiedlichen Pilzen ein Detail in mikroskopischer Größenordnung in Verbindung mit der Teilung der Kerne in den Zellen gemeinsam ist.

PFIFFERLINGE – BALD ZÜCHTBAR?

Die ca. 5000 Tonnen Pfifferlinge, die alljährlich in Europa verkauft werden, wurden in Wäldern gesammelt. Frankreich und Deutschland importieren sie aus Osteuropa und z. B. den Pazifischen Pfifferling *(Cantharellus formosus)* aus Nordamerika. Seit Jahrzehnten versucht man nun, vor allem in Schweden, Pfifferlinge zu züchten. Pfifferlinge in größerem Maßstab herzustellen ist das Ziel zahlreicher Forschungsteams. Allerdings erweist sich das Unterfangen als schwierig: Das Myzel muss sich in Symbiose mit gewissen Bakterien (aber ohne Schimmel) und anschließend mit den Wurzeln von Kiefernsämlingen (dem Baum, mit dem der Pilz eine Mykorrhiza bildet) entwickeln. Wenn alles gut geht, erzielt man ein paar Pfifferlinge … nach einem Jahr oder länger.

Ein Pilz, der alles übersteht

Im Vergleich mit anderen Pilzen leiden Pfifferlinge wesentlich weniger unter Insektenbefall oder anderen gefräßigen Kleintieren. Tatsächlich entwickeln Pfifferlinge Insektizide und halten sich auf diese Weise Schädlinge vom Leib. Außerdem überdauern sie ohne Qualitätsverlust über drei Monate an ihrem Standort und beweisen eine für Pilze ungewöhnlich lange Haltbarkeit. Werden sie während dieser Phase verletzt, sind sie zur Selbstheilung in der Lage, indem sie das zerstörte Gewebe erneuern.

Olivgelber Rostfleck-Pfifferling (Cantharellus ferruginascens)

Cantharellus pallens

Pilát

Hutdurchmesser: bis zu 7 cm

Stielhöhe: 2-7 cm

Stieldurchmesser: 1-3 cm

Kleinsporiger Grünspanbecherling

unbedeutend

ALLGEGENWÄRTIG, ABER NICHT IMMER SICHTBAR

- **Familie:** Leotiaceae
- **Saison:** Frühjahr bis Herbst
- **Lebensraum:** auf Totholz und auf Bodenstreu
- **Verbreitung:** Europa und Nordamerika, weit verbreitet und häufig

Becherlinge sind Pilze, deren becherförmige Fruchtkörper charakteristisch und namensprägend sind. Einige zeigen lebhaft helle Farben, wie das Eselsohr (*Otidea onotica*, S. 164) oder der Kleinsporige Grünspanbecherling, der hier behandelt wird. Letzterer bleibt häufig unbeachtet, da er auf unberindetem Totholz verhältnismäßig häufig ist. Die kleinen, dünnwandigen, blaugrün bis türkis gefärbten Fruchtkörper zeigen oft unregelmäßige Becherformen und werden bei trockener Witterung spröde. Manchmal, besonders bei Witterungsbedingungen, die die Entwicklung dieser Pilze hemmen, verraten sie ihre Anwesenheit nur durch ihr – wie beim Becherling selbst – blaugrünes Myzel, das das Holzgewebe, von dem es sich ernährt, entsprechend einfärbt.

WEITERE GRÜNSPANBECHERLINGE

Unter dem Namen Grünspanbecherling verbergen sich tatsächlich zwei, mit bloßem Auge nicht zu unterscheidende Arten: der Kleinsporige Grünspanbecherling *(Chlorociboria aeruginosa)* und der Großsporige Grünspanbecherling *(Chlorociboria aeruginascens)*. (Das Epitheton *aeruginosa* bedeutet mit Grünspan überzogen, *aeruginascens* hingegen sich mit Grünspan überziehend.) Allerdings unterscheiden sich beide Arten, wie der deutsche Name (groß- und kleinsporig) besagt, unter dem Mikroskop deutlich durch ihre in Form und Größe abweichenden Sporen. Kürzlich haben französische Mykologen einen Grünspanbecherling auf den Strunkresten eines gewöhnlichen Wurmfarns *(Dryopteris filix-mas)* entdeckt, der eine neue Art zu sein scheint. Sie nannten ihn Farn-Grünspanbecherling *(Chlorociboria pteridicola* ad int.*)*, wobei »ad int.« ein Kürzel für das lateinische »ad interim« ist und »vorübergehend« bedeutet. Die Wissenschaftler werden neue Funde abwarten, die die neue Art bestätigen, um den Namen offiziell zu machen.

EINE NEUE WELT FÜR ENTDECKUNGEN

Wie andere dieser Gattung zählt auch der Kleinsporige Grünspanbecherling zu den Schlauchpilzen, die ihre Sporen innerhalb schlauchförmiger Zellen, den Aszi, produzieren. Sie werden damit in die große Gruppe eingebunden, zu der so unterschiedliche Pilze wie Morcheln (S. 154), Trüffeln (S. 232) oder Gallertkäppchen (S. 136), aber auch die Mehrheit der Hefepilze und jener Arten gehören, die zur Bildung der Flechten beitragen, sowie eine gewisse Anzahl von Schimmelpilzen. Zudem weist die Mykologie eine Untergruppe der Mikro-Ascomyzeten aus, deren Größe im ausgewachsenen Stadium bei bis zu einem Zentimeter liegt. Damit tut sich dem Mykologen eine ganz neue Welt auf, die zu extremen Spezialisierungen nötigt. Bekannt sind 400 Gattungen und ungefähr 3000 Arten, die sicher nur einen kleinen Teil des Artenreservoirs darstellen: Eine kürzlich veröffentlichte Studie zeigt, dass sich auf einem einzigen Stamm eines tropischen Baumes der Gattung der Ganiterbäume *(Elaeocarpus)* mehr als 200 Arten von Mikro-Ascomyzeten einfinden, darunter Dutzende neu entdeckte Arten und sogar eine neue Gattung!

Hübsches blaues Holz

Holz, das durch diesen kleinen Grünspanbecherling Farbe bekommen hat, vorausgesetzt es hat sich noch nicht vollständig zersetzt, wurde in bestimmten Gegenden von Kunsttischlern genutzt. Tatsächlich ist der blaugrüne Farbstoff »Xylindein«, der hier beteiligt ist, sehr lichtunempfindlich und kann daher problemlos für Intarsienarbeiten bei der Herstellung kleiner Dekorationsmöbel oder als farbiges Furnier verwendet werden.

Ein weiterer schöner Grünspanbecherling gedeiht manchmal auf Totholz und vor allem auf Buche: Das olivfarbene Kelchbecherchen (Catinella olivacea) *formt intensiv oliv getönte Scheiben mit einem hübschen, leuchtend grünlich gelben Saum.*

Chlorociboria aeruginosa

(Fries) Quélet

Hutdurchmesser: bis zu 1 cm

Stiel: sehr kurz, häufig nicht vorhanden

Abgestutzte Keule

unbedeutend

Keine echte Keule

Diese sogenannte »Keule« macht deutlich, wie schwer die Klassifikation der Pilze zu vermitteln ist. Die Gattung *Clavariadelphus* gehörte früher zur Gattung *Clavaria* (siehe Foto oben) und *Clavulina* (siehe Foto unten). Inzwischen hat die Wissenschaft bei den zwei Letztgenannten Ähnlichkeiten mit der Gruppe der Pfifferlinge oder Leistlinge (siehe Seite 50 ff.) festgestellt, wohingegen *Clavariadelphus* der Gattung *Gomphus* (S. 96) nähersteht. Dabei sollten wir nicht vergessen, dass die Volksnamen keinen praktischen Wert haben. Der Ausdruck »Keule« ist rein deskriptiv, beschreibt lediglich einen Pilz in der Form einer Keule (lateinisch *clava*) und sagt nichts über die tatsächlichen Verwandtschaftsverhältnisse der Arten aus. Allein die wissenschaftlichen Namen vermitteln das Wesentliche, spiegeln die Fortschritte in der Taxonomie wider.

- **Familie:** Clavariadelphaceae
- **Jahreszeit:** Sommer und Herbst
- **Lebensraum:** unter Nadelbäumen, eher im Bergland
- **Verbreitung:** Europa und Nordamerika

Ein zweifelhafter Genuss

Die Abgestutzte Keule ist sehr leicht zu erkennen und eine Verwechslung eigentlich nur mit einem alten, farblosen Schweinsohr (S. 96) möglich. Wobei diese Verwechslung keine Gefahr darstellt. Sowieso wird der Pilz in Frankreich und Deutschland so gut wie gar nicht konsumiert. Er gilt als kulinarisch uninteressant, obwohl sein Fleisch einen angenehm süßen Geschmack hat. In Amerika serviert man ihn gelegentlich in heißem Fett geschwenkt zum Nachtisch. Die Geringschätzung hierzulande erklärt sich vermutlich damit, dass die Abgestutzte Keule bei Personen mit einer Unverträglichkeit gegen den Zuckeralkohol Mannit wie ein starkes Abführmittel wirkt. Das synthetische Mannit ist für den süßen Geschmack des Pilzes verantwortlich und wird als Lebensmittelzusatzstoff mit der europäischen Zulassungsnummer E 421 ausgewiesen.

Andere Keulenpilze

Die Herkuleskeule *(Clavariadelphus pistillaris)* ist nah mit der Abgestutzten Keule verwandt. Allerdings bildet sie regelmäßige und vollständige Keulen aus, die nicht, wie bei *C. truncatus*, aussehen, als habe man sie auf halber Höhe mit einem plumpen Schnitt gekappt. Zudem wächst sie nur in Laubwäldern und vor allem auf kalkhaltigen Böden.

Zwei »echte« Keulen: die Heide-Keule (Clavaria argilacea, *oben*) *und die Graue Koralle* (Clavulina cinerea, *unten*).

Vielversprechende medizinische Eigenschaften

Versuche mit Mäusen im Rahmen der Krebsforschung haben ergeben, dass eine aus der Abgestutzten Keule isolierte Substanz, die Clavarinsäure, gewisse Eigenschaften besitzt, die eine Tumorbildung verhindern können. Zudem wirken wässrige und alkoholische Auszüge dieser Pilzart antibiotisch und gegen krankheitserregende Bakterien wie Staphylococcus aureus sowie auch gegen Salmonellen.

Clavariadelphus truncatus

(Quélet) Donk

Gestalt: auf halber Höhe abgestutzte Keule

Höhe: von 6 bis 15 cm

Durchmesser: von 2 bis 9 cm

Schopftintling

schmack-haft

Der Tintenproduzent

Dieser Pilz ist wirklich leicht zu erkennen: Sein Hut, wie ein Fingerhut über einen langen weißen Stiel gestülpt, ist mit weißen Schuppen bedeckt. Beim Aufschirmen beginnt sich der Hut langsam vom Rand ausgehend zu verflüssigen. Dieser Saft sieht wie Tinte aus und hinterlässt schwarze Flecken auf den Fingern. Diese Flüssigkeit trägt zur Verbreitung der Sporen bei. Seine Lamellen, zunächst sehr eng und weiß, verfärben sich langsam rosa, werden schwarz und verflüssigen sich ebenfalls. Der Stiel trägt einen weißen, fragilen Ring, der tief, dicht über dem Boden angebracht ist. An Straßenrändern und in belasteten Gebieten sollten diese Pilze nicht gesammelt werden. Sie neigen dazu, Schadstoffe (Schwermetalle, usw.) zu akkumulieren. Anderenfalls schmecken junge Exemplare mit geschlossenen, weißen Hüten ausgezeichnet. Man serviert sie entweder fein geschnitten roh in Salaten mit Vinaigrette (delikat), sanft in der Pfanne gedünstet oder mit einer weißen Buttersoße.

- **Familie:** Agaricaceae
- **Jahreszeit:** Sommer und Herbst
- **Lebensraum:** Wiesen, Rasen und Straßenränder, Ruderalstandorte
- **Verbreitung:** weltweit, in Europa sehr verbreitet

Der Pilz der Maler und Schreiber

Der schwedische Mykologe Christian Hendrik Persoon (1761 bis 1836) benannte in seiner Abhandlung über Speisepilze aus dem Jahr 1818 den Schopftintling mit »Hammerpilz« und ging auf die merkwürdige Eigenschaft des Pilzes ein, sich zu verflüssigen; ein Vorgang, der heute »Zerfließen« genannt wird: Was diese natürliche Tinte betrifft, so erzählt Bulliard (französischer Botaniker und Pilzmaler), dass er sich des Safts des Faltentintlings *(C. atramentarius)* für Zeichnungen bedient habe. Denselben Zweck erfüllt das schwarze Wasser des Schopftintlings. »Wir haben davon drei Jahre eine Flasche aufbewahrt. Die Flüssigkeit trocknete zwar ein, schimmelte jedoch nicht und verlieh dem Papier wie Sepia eine rauchige Tönung.« Der Schopftintling ist so weit verbreitet, dass es Spaß macht, dieses Experiment zu wiederholen.

Nicht nur ein Tintling, sondern DER Tintling

Die Mykologen mussten es zähneknirschend hinnehmen, als die auf die Pilzevolution spezialisierten Botaniker nachwiesen, dass von den 150 bis 200 Tintlingsarten in Europa nur der Schopftintling praktisch der einzig **echte** Tintling ist. Die Folgen waren fatal: Sämtliche Tintlinge – mit Ausnahme des Schopftintlings – erfuhren eine Änderung ihres wissenschaftlichen Namens und sind heute auf fünf unterschiedliche Gattungen verteilt! Einige Mykologen haben eine Alternative zu diesen Änderungen vorgeschlagen, ohne allerdings die neuen Erkenntnisse infrage zu stellen, die es vielleicht erlauben, die taxonomischen Umwälzungen zu minimieren. Das allerdings ist eine Angelegenheit für Spezialisten.

Spechttintling
(Coprinus picaceus)

Von anderen »Tintlingen«

***Der Faltentintling** (Coprinus atramentarius oder Coprinopsis atramentaria entsprechend der neuen, oben erwähnten Nomenklatur) unterscheidet sich durch seinen glatten, einheitlich silbergrau gefärbten, mit kleinen braunen Schuppen bedeckten Hut. Wird er allerdings mit Alkohol genossen, ruft er heftige Beschwerden hervor (Ohrensausen, Angstzustände, Durchfall etc.). Auslöser ist das Coprin, das den Alkoholabbau blockiert (siehe Coprinus-Syndrom): Ein Vorgang, den die Mediziner als »Antabus-Effekt« bezeichnen. **Der Spechttintling** (Coprinus picaceus oder Coprinopsis picacea, nebenstehendes Bild) entwickelt seine schwarzen, weiß geschuppten Hüte in den Wäldern und verströmt einen Teergeruch, der ihn ungenießbar macht.*

Coprinus
comatus
(O. F. Müller) Persoon
Hutdurchmesser:
bis zu 20 cm hoch
Stielhöhe: 5-20 cm
Stieldurchmesser:
1,5-3 cm

Bunter Klumpfuß

ohne kulinarischen Wert

Ein bunter Haarschleierling

Die Haarschleierlinge *(Cortinarius)*, auch als Cortinarien bezeichnet, bilden eine sehr artenreiche Gattung. Sie verdanken ihren Namen der sogenannten Cortina, (spätlateinisch *cortina* = Schleier), einem spinnennetzartigen, feinen Fasergeflecht (das sogenannte Velum) zwischen Hutrand und Stiel bei jungen Exemplaren. Die Bestimmung der Cortinarien ist oft schwierig. Nicht so beim Bunten Klumpfuß. Hut und Fuß sind zäh und von eigenartigem Lilablau oder Violett. Die Keule an der Stielbasis ist ausgeprägt, die erst grauen oder grauvioletten Lamellen wirken später rostig, sein weißliches Fleisch hat einen kräftigen Nachgeschmack. Zudem ist sein Fleisch insofern zweifarbig, als es sich im Stiel beim Beträufeln mit einer Kalium-Hydroxid-Lösung bonbonrosa verfärbt, während der Hut auf das gleiche Reagens nicht reagiert. Allerdings hat der Sonntagssammler für den Waldspaziergang sicher keine Kalilauge eingesteckt …

- **Familie:** Cortinariaceae
- **Jahreszeit:** Herbst
- **Lebensraum:** meist unter Kiefern, selten in Laubwäldern, auf leicht kalkhaltigen Böden
- **Verbreitung:** Europa, zerstreut und selten, häufiger in Bergregionen

Gutes Laugen-Rezept

Jeder erfahrene Pilzfreund nutzt dagegen gern bestimmte Chemikalien, um die Bestimmung eines Pilzes zu erleichtern. Die infrage kommenden Reagenzien erzeugen gelegentlich ganz charakteristische Farbreaktionen. Einer der am meisten verwendeten Stoffe ist die Kalilauge. Diese und ähnliche Chemikalien können zu moderaten Preisen in Spezial-Versandgeschäften oder auch in Apotheken geordert werden. Auch Pilzberatungsstellen geben hierüber Auskunft. Die fertige Lösung sollte theoretisch eine Konzentration zwischen 10 und 20 Prozent aufweisen. Gibt man die Kalilauge mit einer Pipette auf die Pilze, so erzeugt sie auf dem Fleisch vom Bunten Klumpfuß eine schöne rosa Verfärbung, bleibt jedoch bei dem Blauen Klumpfuß (*Cortinarius eucaeruleus*, Foto unten) ohne Wirkung.

Man sieht nur blau

Es gibt etliche andere blau gefärbte Cortinarien, und ihre Unterscheidung ist nicht immer einfach. Der **Blaue Klumpfuß** (*Cortinarius eucaeruleus*, Foto unten) z. B. zeigt sich in allen Teile in einem schönen, lebhaften und durchaus kräftigen Blau, das man einfach bewundern muss. Der **Violette Klumpfuß** *(Cortinarius sodagnitus)* erinnert stark an den Bunten Klumpfuß. Sein Fleisch dagegen ist nicht bitter und reagiert auch nicht auf Kalilauge mit einem Farbumschlag, wohingegen sich sein Hut mit dem gleichen Reagens leicht rötlich verfärbt! Andere Cortinarien erscheinen in unterschielichen Violettschattierungen *(Cortinarius violaceus,* S. 68).

Blauer Klumpfuß (Cortinarius eucaeruleus)

Guter Lateiner?

Häufig kursiert die Auffassung, dass man für die Pilzkunde sowie für andere Naturwissenschaften gute Latein-, ja sogar Griechischkenntnisse benötigt. Sicher ist es hilfreich, wenn man versteht, was die wissenschaftlichen Namen bedeuten. Aber ebenso gut kann eine falsche Übersetzung zu großer Verwirrung führen. Manchmal genügt es, wenn ein Name wie bei Cortinarius einfach nur eingängig ist.

Cortinarius dibaphus
Fries
Hutdurchmesser: bis zu 10 cm
Stielhöhe: 5–10 cm
Stieldurchmesser: 1–2 cm

Kegeliger Raukopf

ohne kulinarischen Wert

SIEHT AUS WIE EIN SCHÜPPLING …

Der Kegelige Raukopf ist ein relativ einfach zu bestimmender *Cortinarius*, sofern man ihn nicht mit Schüpplingen (*Pholiota*) verwechselt. Aufgrund seines sparrig-schuppigen Fruchtkörpers wird der Kegelige Raukopf gern und oft mit dem Sparrigen Schüppling verwechselt, der tatsächlich in etlichen Details mit ihm übereinstimmt. Das ungewöhnliche Äußere des Kegeligen Raukopfs hat schon die besten Mykologen, wie z. B. Lucien Quélet, getäuscht, der ihn 1892 beschrieb und für eine auf dem Boden lebende Varietät des Sparrigen Schüpplings (*Pholiota squarrosa*, S. 170) hielt. Wie das Epitheton *humicola* des Raukopfs andeutet, lebt und wächst dieser *Cortinarius* auf humusreichen Böden. So viel ist richtig. Falsch dagegen ist, dass er sich von Humus ernährt. Er ist, wie alle seine Artgenossen, der Gattung *Cortinarius*, ein Mykorrhizapilz und sorgt für den unterirdischen Nährstoffaustausch zum wechselseitigen Nutzen mit seinem Symbiosepartner Baum – in diesem Fall der Buche.

- **Familie:** Cortinariaceae
- **Jahreszeit:** Herbst
- **Lebensraum:** unter den Buchen, auf nährstoffreichen, ziemlich trockene Böden
- **Verbreitung:** Europa, zerstreut und selten

… UND IST DOCH EIN HAARSCHLEIERLING

Wenn der Kegelige Raukopf allen anderen, nur nicht den Cortinarien gleicht, warum ist er dann ein *Cortinarius*? Wegen des Schleiers? Kaum. Er hat nämlich keinen. Dabei gibt es durchaus Cortinarien ohne Schleier, während wiederum nicht alle Pilze mit Schleier Cortinarien sind. Ist es vielleicht die Farbe der Sporen? Sämtliche Cortinarien besitzen rostfarbene Sporen. Der Raukopf ist keine Ausnahme. Leider zeigen auch einige Schüpplinge Sporen von entfernt ähnlicher Färbung. Man wird daher weiter nach anderen Bestimmungsmerkmalen suchen müssen. Tatsächlich sind es im Wesentlichen ökologische Gründe, die diese Einstufung rechtfertigen. Nach dem aktuellen Stand der Forschung sind alle Cortinarien Mykorrhizapilze, während Schüpplinge saprobiontisch leben, sich also von zerfallenden organischen Stoffen ernähren.

EIN UNSICHERER KANDIDAT

Es hieß stets, die erstaunliche Morphologie des Kegeligen Raukopfs vereinfache seine Bestimmung. In Wahrheit macht sie seine Stellung innerhalb der Klassifikation nur noch komplizierter. Jahrelang fand er seinen Platz in der Gruppe der Cortinarien mit beschuppten Hüten, eine Gemeinsamkeit bei sonst gravierenden Unterschieden. Heute allerdings scheinen die Experten eine separate Gruppe anzuvisieren, die allein ihm gewidmet ist und eher jener Gruppe nahesteht, die schon den Spitzgebuckelten Raukopf (S. 66) aufgenommen hat.

Der Reifpilz (Cortinarius caperatus) *ist eigentlich ein untypischer Haarschleierling.*

Ein anderer Haarschleierling der aus dem Rahmen fällt

*Viele Pilzsucher kennen den **Reifpilz** (nebenstehendes Foto) aufgrund seiner kulinarischen Qualitäten und seiner deutlichen Merkmale – sparrig-schuppiger, cremig ockerfarbener Hut, bräunliche Lamellen, Stiel mit Ring –, die eine Verwechslung schwierig machen. Früher unter dem wissenschaftlichen Namen Pholiota caperata, später als Rozites caperatus bekannt, gehört er heute zur Gattung Cortinarius, in der er der einzige europäische Haarschleierling mit Ring ist! Cortinarius caperatus – wie er mittlerweile genannt werden muss – zählt dagegen zahlreiche Vettern, die spärlich über tropische Länder verstreut sind.*

Cortinarius humicola

(Quélet) R. Maire

Hutdurchmesser: bis zu 6 cm

Stielhöhe: 5–10 cm

Stieldurchmesser: 0,5–1 cm

Dottergelber Klumpfuß

möglicherweise tödlich giftig

Ein unverwechselbarer Klumpfuss?

Dies ist ein *Cortinarius*, der eine Reihe charakteristischer Merkmale besitzt: eine schöne Gelbfärbung all seiner Teile, einen bei nasser Witterung deutlich mit einer Schleimschicht überzogenen Hut, ein einheitlich und ansprechend gelb gefärbtes Fleisch und einen an der Basis sich knollig verdickenden Stiel mit deutlich scharfem Rand. Damit scheint er unverwechselbar zu sein! Und dennoch: Etliche andere Cortinarien weisen die gleichen Merkmale auf, und es bedarf einiger Erfahrung, sie voneinander zu unterscheiden. Der Schwefelklumpfuß (*Cortinarius splendens,* Foto rechts), zum Beispiel ist nur etwas kleiner, etwas lebhafter und reingelb gefärbt. Außerdem wächst er nicht unter Nadelbäumen, sondern unter Buchen.

- **Familie:** Cortinariaceae
- **Jahreszeit:** Herbst
- **Lebensraum:** unter Fichten und Tannen, in den Bergen, vor allem auf kalkhaltigen Böden
- **Verbreitung:** Europa, durchaus üblich in Frankreich, für die restlichen Regionen keine Angaben

Eine Klassifikation für die Praxis

Bei den Cortinarien ist es vielleicht einen Moment angebracht, auf die moderne Klassifikation zu verzichten, die auf fortschrittlichen Analysemethoden (Zytologie, Genetik etc.) basiert und gelegentlich morphologisch weit voneinander entfernte Arten in Gruppen zusammenfasst. Sicher, die alte, herkömmliche *Cortinarius*-Klassifikation nimmt kaum Rücksicht auf die Evolution der Arten. Dennoch hat sie für die Bestimmung der Arten – und allein das ist ihr Ziel – unbestreitbar einen praktischen Wert. Nach diesem Schema sind die Cortinarien nach morphologischen Merkmalen in fünf Gruppen eingeteilt: die »Schleimer« in Schleimfüße (*Myxacium*, Hut und Stiel schleimig) und Schleimköpfe und Klumpfüße (*Phlegmacium*, nur Hut schleimig); die trockenen Pilze in drei Gruppen: Dickfüße (*Sericeocybe*, Hut meist seidig), Rauhköpfe (*Dermocybe*, feinfaseriger bis schuppiger Hut) und Gürtelfüße, Wasserköpfe, Dickfüße (*Telamonia*, hygrophaner Hut, d. h., die Farbe wechselt beim Austrocknen). Und nun versuchen Sie, den Pilz auf der Bildtafel dementsprechend einzuordnen!

Wirklich tödlich?

Bezüglich des Dottergelben Klumpfußes ist viel Tinte geflossen, denn der Beweis für seine Giftigkeit ist offiziell nicht erbracht. Chemische Analysen konnten die bei anderen Cortinarien, z. B. beim Spitzgebuckelten Raukopf (*Cortinarius speciosissimus*, siehe folgende Seite), bekannten Mykotoxine nicht feststellen – was nicht bedeutet, dass er nicht einen anderen, ebenso giftigen Stoff enthält! Daher ist äußerste Vorsicht geboten!

Der Schwefelklumpfuß (Cortinarius splendens) *kann leicht mit dem Dottergelben Klumpfuß verwechselt werden.*

Cortinarius rickenii *ist ein typisches Beispiel für Schleimfüsse* (Myxacium) *mit sehr schleimigem Hut und Stiel.*

Eine ganz eigene Welt

Die Gattung der Cortinarien ist für jeden, der sich damit befassen möchte, eine Mammutaufgabe: Wahrscheinlich gibt es mehr als 2000 Arten in Europa, die sich meist nur unter dem Mikroskop unterscheiden lassen. Die bibliografischen Hinweise, Tausende Bücher und Artikel, verstreut in Publikationen aus aller Welt und in sämtlichen Sprachen, erfassen fast 5000 Namen. Ein Bildatlas der Cortinarien ist noch in Arbeit und bietet einen möglichst umfassenden Überblick über die heute bekannten europäischen Arten – in 20 Bänden!

Cortinarius meinhardii

Bon

Hutdurchmesser:
bis zu 8 cm

Stielhöhe: 3-8 cm

Stieldurchmesser:
1-2 cm

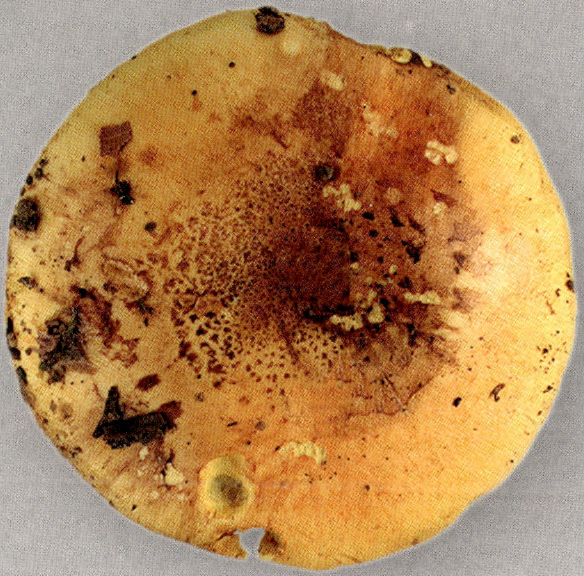

Spitzgebuckelter Raukopf

tödlich giftig

Vorsicht, tödliche Gefahr!

Den Spitzgebuckelten Raukopf und seinen Komplizen, den Orangefuchsigen Raukopf (*Cortinarius orellanus,* Bild unten), muss jeder kennen und erkennen, denn sie sind ebenso gefährlich wie der Grüne Knollenblätterpilz (S. 32). Die einheitliche Grundfarbe ihrer Fruchtkörper ist mehr oder weniger lebhaft orangebräunlich, rotfuchsig oder rotorange. Der Hut zeigt sich je nach Wetterlage feinfaserig oder ausgeprägt filzig, und das Fleisch verströmt einen scharfen Rettichgeruch. Der Spitzgebuckelte Raukopf hat einen kegelförmigen Hut, einen gelblich girlandeten bzw. genatterten Stiel und wächst unter Nadelbäumen. Der Orangefuchsige Raukopf bildet einen stumpfen Hut aus, sein gelblicher Stiel ist nicht genattert, und er gedeiht unter Laubbäumen.

- **Familie:** Cortinariaceae
- **Jahreszeit:** Herbst
- **Lebensraum:** unter Fichten und Kiefern auf sauren Böden
- **Verbreitung:** Europa und Nordamerika, weit verbreitet

Killerpilze

Unter diesem Arbeitstitel steht eine Studie des Mykologen P. Reumaux, der die Gruppe des Spitzgebuckelten Raukopfs eingehend untersuchte. Dass Cortinarien töten können, ist eine neue Erkenntnis. Bis Mitte des 20. Jahrhunderts waren Mykologen der Ansicht, *Cortinarius* stellte keine besondere Gefahr für potenzielle Konsumenten dar. Sie gingen gelegentlich sogar so weit, zu behaupteten, alle Pilze dieser Gattung wären essbar. Eine tödlich verlaufende Vergiftungswelle im Polen der frühen 1950er-Jahre machte diese Aussagen zunichte und ließ eine derart sträfliche Verallgemeinerung nicht mehr zu. Der Orangefuchsige Raukopf *(Cortinarius orellanus)* wurde als Verursacher identifiziert.

Nierenzerstörer

Die tödlich giftigen Cortinarien (*C. orellanus, C. orellanoides, C. speciosissimus, C. rubellus* etc.) produzieren zwei hochwirksame Mykotoxine: Orellanin und Orellinine, die Hauptverursacher des »Orellanus-Syndroms«. Charakteristisch ist die lange, völlig symptomlos verlaufende Latenzzeit bis zum Eintreten der ersten Vergiftungserscheinungen. Während die ersten, harmlos wirkenden Symptome nur zehn Stunden nach dem Verzehr auftreten, hat unterdessen die zunächst schmerzlos verlaufende Zerstörung der Nieren eingesetzt, deren Symptome erst zwei bis 17 Tage nach dem Verzehr erscheinen: Mundtrockenheit, Übelkeit, Erbrechen und Durchfall, Schmerzen im Lendenwirbelbereich, Kopf- und Gelenkschmerzen, Kältegefühl. Früher verstarb man innerhalb von zwei bis sechs Monaten. Die unter chronischem Nierenversagen leidenden Opfer müssen sich heute auf eine regelmäßige Hämodialyse und eine Nierentransplantation einrichten.

Der Verzehr des Orangefuchsigen Raukopfs (Cortinarius orellanus) *kann zu lebensbedrohlichen Nierenschäden mit tödlichem Verlauf führen.*

Orangefuchsig

Der bekannteste der tödlich giftigen Cortinarien ist der Orangefuchsige Raukopf (von Fries Cortinarius orellanus genannt). Tatsächlich entspricht die Färbung des Pilzes dem aus der Frucht des Annattostrauchs (Bixa orellana), aus den Wäldern Guyanas gewonnenen Farbstoff. Der berühmte Linné hatte die Pflanze nach dem Conquistador Francisco de Orellana getauft, einem Mitstreiter von Francisco Pizzaro, der 1545 auf der Suche nach dem »Eldorado« in den Wäldern Guyanas an Erschöpfung starb. Die sonst erfolglose Expedition hatte eine Entdeckung aufzuweisen, den mächtigen Strom, vorerst aus Respekt nach seinem Entdecker »Orellana«, später »Amazonas« genannt, nachdem die Expedition von eingeborenen, bis an die Zähne bewaffneten Frauen angegriffen worden war.

Cortinarius speciosissimus
Kühner & Romagnesi

Hutdurchmesser: bis zu 8 cm
Stielhöhe: 5–12 cm
Stieldurchmesser: 0,5–1,5 cm

Dunkelvioletter Dickfuß

ohne kulinarischen Wert

Bescheidener Lohn für Anfänger

Ein glockiger bis gebuckelter, filziger Hut, ein keulig angeschwollener Stiel und gedrängte Lamellen, der Fruchtkörper blauviolett bis dunkelpurpurn! All das macht aus diesem *Cortinarius* zur Abwechslung mal einen einfach zu erkennenden Pilz! Sein Fleisch, so purpurfarben wie der Rest des Pilzes, verbreitet zudem einen aromatischen, schwer definierbaren Geruch, der an Zedernholz oder Russischleder erinnert. Anfänger dürfen allerdings keine kulinarischen Freuden von diesem reichlich geschmacklosen Pilz erwarten. Sie genießen lediglich den Erfolg, wenigstens eine Art aus der Heerschar schwierig zu bestimmender Cortinarien identifiziert zu haben.

- **Familie:** Cortinariaceae
- **Jahreszeit:** Herbst
- **Lebensraum:** unter verschiedenen Laubgehölzen
- **Verbreitung:** Europa und Nordamerika, verbreitet bis selten

Der Schleier macht einen Schleierling

Cortinarien leiten ihren Namen von dem für sie typischen Schleier, der sogenannten Cortina, ab, einem sehr feinen, spinnwebartigen Hyphennetz, das den jungen Pilz vom Hutrand bis zur Stielbasis überzieht. Bei älteren Exemplaren wird der Schleier durch die Aufschirmung des Hutes zerrissen. Seine Reste bleiben am Stiel zurück und sind in vielen Fällen vorerst nicht mehr zu erkennen. Da die feinen Schleierfäden jedoch klebrig sind, bleibt ein Teil der aus den Lamellen geschleuderten reifen Sporen daran haften. Die rostfarbenen Sporen der Cortinarien färben die Schleierreste am Stiel fleckig ein, sodass sich diese dort als »rostige« Bereiche – fein und unregelmäßig – abzeichnen. Bleibt anzumerken, dass der Schleier (Cortina) nicht nur auf die Cortinarien beschränkt ist, sondern auch bei den Gattungen *Gymnopilus, Hypholoma, Gomphidius* vorkommen kann.

Der andere violette Cortinarius

In Bergregionen, unter Nadelbäumen, begegnen wir gelegentlich einem etwas merkwürdig anmutenden, violetten *Cortinarius*: Er unterscheidet sich vom Dunkelvioletten Dickfuß durch seinen Lebensraum unter Fichten und die Form seiner Sporen. Lange für eine einfache Form des Nadelwalddickfußes bzw. Harzschleierlings *(Cortinarius harcynicus)* gehalten, hat man mittlerweile eine Trennung vorgenommen. Eine andere Art, der Olivbraune Raukopf (*Cortinarius cotoneus*, s. unten links), hat genau die gleiche Form und den gleichen Hut wie der Dunkelviolette Dickfuß, ist aber einheitlich olivgelb oder rotbraun gefärbt.

Der Olivbraune Raukopf (Cortinarius cotoneus) *erinnert mit Ausnahme seiner Farbe sehr an den Dunkelvioletten Dickfuß.*

Färbung durch Cortinarien

Die Gattung Cortinarius geizt nicht gerade mit Arten von intensiven Farben. Im Gegensatz zu pigmentreichem Gemüse können Pilze zur Färbung von Stoffen tierischen Ursprungs wie Wolle dienen. Die Cortinarien mit roter oder orangeroter Farbe – also mit Pigmenten, die als Anthrachinon gelten, ein Stoff, den man zum Beispiel im Färberkrapp (Rubia tinctorum) findet – kommen vor allem in Nordeuropa zur Anwendung und erzeugen je nach Dosierung Rotschattierungen von Hellrot bis Bordeauxrot. Die so erzeugten Farben sind absolut lichtecht und waschfest.

Cortinarius violaceus
(Linné: Fries) S. F. Gray
Hutdurchmesser: bis zu 10 cm
Stielhöhe: 6-12 cm
Stieldurchmesser: 1-2 cm

Trompetenpfifferling

exzellenter Geschmack

MULTITALENT

Der Trompetenpfifferling ist ein verbreiteter Pilz, der in Massen wächst und daher leicht zu sammeln ist. Er ist ausgesprochen haltbar, lässt sich eingelegt, tiefgefroren oder einfach als Ganzes auf einem Faden aufgezogen oder auf einem Rost getrocknet konservieren. Wie die übrigen Pfifferlinge enthält er große Mengen an Vitamin D. Lange Zeit der Gattung *Cantharellus* zugeordnet (in der auch der Pfifferling zu finden ist), wurde der Trompetenpfifferling schließlich herausgenommen und gehört nun eindeutig zur Gattung *Craterellus*, u. a. wegen seines hohlen Stiels, einem Merkmal, das er mit seinem bekanntesten Vetter, der Totentrompete (*Craterellus cornucopioides*, unten), teilt.

- **Familie:** Craterellaceae
- **Jahreszeit:** Herbst bis zur Frostperiode
- **Lebensraum:** vor allem in Kiefern-, Fichten- und selten in Laubwäldern
- **Verbreitung:** Europa, Nordasien, Nordamerika, weit verbreitet und häufig

NIEMAND IST PERFEKT

Nach der Reaktorkatastrophe von Tschernobyl im Jahr 1986 haben Forschergruppen die Konzentration radioaktiver Verbindungen in Pilzen untersucht, um die Auswirkungen auf Umwelt und Gesundheit abzuschätzen. Pilze sind ja dafür berüchtigt, Schadstoffe verschiedenen Ursprungs zu akkumulieren. Die Ergebnisse zeigten, dass sich zwei Pilzarten in dieser Hinsicht besonders hervortaten: der Trompetenpfifferling und der Maronenröhrling (*Xerocomus badius*, S. 234), in denen sich die höchsten Werte von »Cäsium 135« fanden. Allerdings variierten die gemessenen Konzentrationen je nach Standort, sodass es auch Werte gab, die die Gesundheit der Verbraucher nicht gefährdeten. Andererseits ist es nach dem Verzehr von Trompetenpfifferlingen zusammen mit Alkohol schon zu leichten Vergiftungsfällen gekommen, und einige Personen reagieren auf den Genuss mit Durchfall.

VERWECHSLUNG OHNE RISIKO

Es ist schwierig, den Trompetenpfifferling zu verwechseln, und wenn, dann nur mit anderen, gleichermaßen genießbaren Pfifferlingen. Die Gelbe Kraterelle *(Craterellus lutescens)* ähnelt ihm in vielen Merkmalen, ist aber intensiver gelb, die Unterseite des Hutes glatt oder hat nur angedeutete, flache, grobe Leisten, während die auf der Hutunterseite des Trompetenpfifferlings deutlich erhaben sind. Die Schwärzende Kraterelle *(Craterellus melanoxeros)* präsentiert einen deutlich blasser braunen Hut. Außerdem dunkelt ihr Fleisch langsam, aber merklich nach. Bitte achten Sie auf das Grüngelbe Gallertkäppchen (S. 136)!

Die Totentrompete (Craterellus cornucopioides), *geschmacklich ausgezeichnet, verdankt ihren Furcht einflößenden Namen der Tatsache, dass sie im Herbst und um Allerheiligen herum erscheint.*

Lamellen oder Leisten

Betrachtet man die Hutunterseite eines Leistlings oder eines Pfifferlings, so wird man feststellen, dass ihre Strukturen mit den Lamellen zum Beispiel der Wulstlinge nichts zu tun haben. Es handelt sich hier vielmehr um eher dicke, unregelmäßige, gegabelte und miteinander durch feine Adern verbundene so genannte »Leisten«. Die Leistlinge und Pfifferlinge stehen auf einer relativ primitiven Stufe der Evolution. Sie haben diese uralten Merkmale (Leisten) in die Neuzeit herübergerettet.

Craterellus
tubaeformis
(Fries) Quélet
Hutdurchmesser:
bis zu 6 cm
Stielhöhe: 2-8 cm
Stieldurchmesser:
0,5-1 cm

Tiegel-Teuerling

unbedeutend

Wunderliche Zwergennester

Zusammen mit den Teuerlingen der Gattung *Cyathus* (s. nächste Seite und Foto unten) bilden die Tiegel-Teuerlinge *(Crucibulum)* den Großteil der Familie der »Nestlingsartigen« bzw. Nidulariaceae (von *nidula*, der Verkleinerungsform des lateinischen *nidus* = Nest). Diese Pilze benehmen sich wie Nest-Mimikrys auf pflanzlichen Resten (Totholz, Tannenzapfen, Zweigen, etc.), wo sie ungeachtet ihrer geringen Größe am Becherboden kleine »Eier« ausbilden, die als »Peridiolen« (kleine Sporenbehälter) bezeichnet werden. Sie sind weiß, rundlich und von einer gallertartigen Substanz umgeben. Die noch unreifen Peridiolen sind über einen Myzelstrang, den sogenannten Funiculus, mit der Basis des nest- oder becherartigen Fruchtkörpers verbunden. Das »Nest« ist durch ein ockerfarbenes, sogenanntes Verschlusshäutchen (Epiphragma) abgedeckt.

- **Familie:** Nidulariaceae
- **Jahreszeit:** Sommer und Herbst
- **Lebensraum:** auf Totholz und anderen pflanzlichen Abfällen, manchmal auf Dung
- **Verbreitung:** Kosmopolit, häufig

Das Adjektiv »laeve« kommt direkt aus dem Lateinischen und bedeutet »glatt«.

Der Nestling

Der Nestling *(Nidularia deformis)* ist leicht mit dem Tiegel-Teuerling zu verwechseln: Er hat die gleiche Größe und dieselbe Färbung wie der Teuerling, bildet jedoch keine deutlich geformten Schalen, sondern lediglich kleine, mehr oder weniger regelmäßige Kugelformen aus, die schließlich aufreißen und die zahlreichen Peridiolen entlassen. Häufiger in Bergregionen anzutreffen als der Tiegel-Teuerling, ist er auch noch seltener. Der Tiegel-Teuerling allerdings ist auf dem »Vormarsch« – als Folge der veränderten Gepflogenheiten im Gartenbau: Der immer geringer werdende Einsatz von Pestiziden und das Ausbringen von Stroh auf Beeten und Anbauflächen leisten seiner Entwicklung Vorschub. Diese zwergigen »Vogelnester« sind jedoch zu klein und zu hart, um von kulinarischem Wert zu sein.

Wie Tiegel-Teuerlinge *haben auch Teuerlinge (hier: Gestreifter Teuerling,* Cyathus striatus) *die Form winziger Nester.*

Kleine Lampe oder Schmelztiegel

Bereits 1601 von Charles Lock in seiner *Rariorum plantarum historia* erwähnt, war es der schwedische Mykologe Christian Persoon, der diese wunderlichen »Nester« im Jahr 1801 unter dem wissenschaftlichen Namen *Cyathus crucibulum* beschrieb. Später, 1844, benannten die Brüder Karl und Louis-René Tulasne sie in *Crucibulum laeve* um. *Crucibulum* bedeutet »Schmelztiegel oder Nachtlicht«. Der Ursprung des mittellateinischen Wortes leitet sich vielleicht aus dem althochdt. *Kruog* = Krug oder aus dem lateinischen *crux* »Kreuz« ab (die ersten »Schmelztiegel« waren kleine becherförmige Lampen mit einem kreuzförmigen Docht). Es könnte jedoch auch eine Verballhornung des klassischen lateinischen *turibulum* = Räuchergefäß sein. Die Angelsachsen nannten sie *bird's nest fungi*, Vogelnest-Pilze.

Die Ausbreitung der Sporen

Jedes Ei oder jede Peridiole ist ein kleiner, geschlossener mit Sporen gefüllter Sack. Um seine Sporen auszubreiten, nutzt der Tiegel-Teuerling eine originelle Methode. Der innere, sehr glatte Rand des »Nests« bildet einen Winkel von 70 bis 75° im Verhältnis zum Becherboden. Auf diese Weise können einfallende Regentropfen die Peridiolen ausschleudern. Letztere »docken« sich mithilfe ihres klebrigen Myzelfadens, mit dem sie am Fruchtkörper befestigt waren, an einer Pflanze in der Umgebung an. Die Sporen warten, bis sich die dicke Wand der Peridiolen von selbst zersetzt hat oder von einem Pflanzenfresser verschlungen wurde, der zufällig die Pflanze abweidet, an der sie mit ihrem Myzelfaden kleben.

Crucibulum laeve

(Hudson) Kambly

Schalenhöhe: 5–10 mm

Breite: 5–7 mm

Gestreifter Teuerling

unbedeutend

Ein Meer aus Schälchen

Der Gestreifte Teuerling ist der häufigste Nestlingsartige (Nidulariaceae) – Pilze, die kleine Nester oder Schälchen bilden und sich von zerfallendem, organischem Pflanzenmaterial ernähren. Der Gattungsname *Cyathus* leitet sich vom griechischen *kyathos* = Becher ab, eine Anspielung auf die Form des Pilzes. Während das lateinische Epitheton *striatus* = gestreift die Textur des Fruchtkörpers beschreibt. Der Gestreifte Teuerling bleibt mit seiner geringen Größe und seinen matten Farben oft unbemerkt. Es bedarf eines geschulten Auges, um ihn zu entdecken. Sind wir erst einmal so weit, sehen wir vermutlich nur noch ihn auf den reichlichen Pflanzenabfällen über dem Waldboden, auf Baumstümpfen oder halb vergrabenem Holz am Wegesrand.

- **Familie:** Nidulariaceae
- **Jahreszeit:** Sommer und Herbst
- **Lebensraum:** auf dem Boden oder auf Pflanzenresten
- **Verbreitung:** Kosmopolit, häufig

Zarte Strukturen

Es ist immer eine Freude, diese kleinen, mit braunen Härchen bedeckten »Nester« zu betrachten und im zart gestreiften, silbergetönten Inneren 10 bis 15 kleine, abgeflachte, weißlich graue, bis zu 2 mm kleine »Eier« zu entdecken, die die Sporen enthalten. Diese sogenannten Peridiolen werden durch Wassertropfen bei dem nächsten Regenguss ausgeschleudert. Ihre Verbreitung erfolgt auf gleiche Weise wie bei den Tiegel-Teuerlingen (S. 72). Dieser Mechanismus wird im Englischen bildhaft als »*splash cups*«, als »Spritztassen«, bezeichnet.

Andere *Cyathus*-Teuerlinge

In Europa gibt es zwei weitere Teuerlingsarten, die, oberflächlich betrachtet, mit dem Gestreiften Teuerling verwechselt werden können – wobei das Innere seines Bechers allerdings nicht gestreift ist. Der Dung-Teuerling *(Cyathus stercoreus)* ist koprophil, d. h., er wächst, wie der Trivialname sagt, vor allem auf Kuhdung oder Pferdemist. Seine Peridiolen sind schwärzlich und glänzend, und der obere Teil des Bechers ist kaum geweitet. Der Becherrand des Topf-Teuerlings (*Cyathus olla*, Foto unten) dagegen hat einen stark erweiterten Becher und bildet einen silbrig grauen, mehr oder weniger abgeflachten und bei reifen Exemplaren oft welligen Rand.

Überraschende Verwandtschaft

Traditionell wurden Pilze, die Sporen in geschlossenen, sackförmigen Strukturen (Nestlingsartige, Boviste, Erdsterne etc.) ausbilden, in der Gruppe der Bauchpilze (Gasteromycetes) zusammengefasst. Die Mykologen wissen seit Langem, dass die Gruppierung künstlich ist. Aber eine Klassifikation nach echten Verwandtschaftsverhältnissen wird nicht leicht. Der Vergleich von kleinen DNA-Fragmenten ist heute ein wertvolles Instrumentarium: Danach sieht es so aus, als seien Nidulariaceae *(Cyathus und Crucibulum)* wider Erwarten stammverwandt mit Blätterpilzen der Gattung der Körnchenschirmlinge (*Cystoderma*, S. 76)!

Der Topf-Teuerling (Cyathus olla) *ist eine von drei europäischen Arten dieser Gattung.*

Ein Becher voller Versprechungen

Der Dung-Teuerling (Cyathus stercoreus) besitzt großes wirtschaftliches Potenzial. Er produziert Enzyme, die hochwirksam das in den Zellwänden der Pflanzen enthaltene Lignin zersetzen. (Lignin ist z. B. für Festigkeit und Stabilität des Holzes verantwortlich.) In der Landwirtschaft könnten diese Enzyme dazu dienen, die Verdaulichkeit von Tiernahrung zu optimieren. Ebenso interessant dürften sie für die Papierindustrie sein. C. stercoreus ist ein ausgesprochen gefräßiger Pilz mit hohem Potenzial und sogar in der Lage, den bekanntesten Sprengstoff, TNT, zu zersetzen.

Cyathus
striatus
(Hudson)
Willdenow
Gestalt: Becherform
Höhe: 5-10 mm
Breite: 5-7 mm

Starkriechender Körnchenschirmling

ungenießbar

ELEGANT UND BISSIG

Der eher seltene Starkriechende Körnchenschirmling ist ein eleganter Pilz. Seine Merkmale sind sein blasser, cremefarbener bis bräunlicher Hut mit Velumresten am Rand, oft zartrosa getönt, mit weißen Lamellen, die kurz vor dem Stiel eingekerbt sind; der »bestrumpfte« Stiel endet in einem halskrausenartigen Gebilde, das als Manschette oder Armilla bezeichnet wird und wie der Hut gefärbt ist. Der Gattungsname *Cystoderma* ist eine direkte Anspielung auf die Charakteristik der Armilla, die einem hautähnlichen (*derma* = Haut) kleinen Sack (*kustis* = *Sack*) ähnelt. Unter dem Vergrößerungsglas erscheint die Oberfläche des Hutes körnig, wie mit Mehl bestäubt. Dieser Belag findet sich grobkörniger auf der Armilla wieder. Beim Aufschirmen der Kappe bleiben gelegentlich dreieckige Fetzen von Hüll- bzw. Velumresten zurück, die an Zähne (Haizähne!) erinnern und dem Pilz den Artnamen *carcharias* (griechisch *karcharos* = geschärft) eingebracht haben, mit dem auch bestimmte Haigattungen bezeichnet werden.

- **Familie:** Squamanitaceae
- **Jahreszeit:** Sommer und Herbst
- **Lebensraum:** Gras und Moos, eher unter Nadelbäumen auf recht gut versorgten Böden
- **Verbreitung:** Europa, Nordamerika, eher selten.

EINE VIEL GEBEUTELTE GATTUNG

Cystoderma umfasst gut 40, hauptsächlich in Nadelwäldern vorkommende Arten. Ihre Bestimmung ist nicht immer einfach, hängt sie doch von makroskopischen Merkmalen ab, wie der Farbreaktion der Sporen mit Jodreagenzien. Neueste molekularbiologische Studien scheinen darauf hinzuweisen, dass die Arten in zwei Gattungen aufgespalten werden müssen: in die *Cystoderma* und die *Cystodermella*. Dennoch bleibt ihre Einteilung auch heute noch sehr unklar. Die Mykologen waren lange bemüht, einen für die *Cystoderma* angemessenen Platz in der Klassifikation der Pilze zu finden, haben sie aufgrund der weißen Sporenfarbe im Verwandtschaftsbereich der Schirmlinge *(Lepiota)* gesehen Tatsächlich besitzen bestimmte Schirmlinge ebenfalls einen Hut mit körnigem, mehligem Belag. Dagegen unterscheiden sich die *Cystoderma* durch viele andere Elemente, vorrangig durch ihre nicht freien, sondern am Stiel angehefteten Lamellen. Somit neigt man heute dazu, sie in einer eigenen Gruppe, den Squamanitaceae, zusammenzufassen, in der sich nur so seltene wie faszinierende Pilze wie z. B. die Schuppenritterlinge (*Floccularia*, S. 84) befinden.

VON ANDEREN KÖRNCHENSCHIRMLINGEN

Der häufigste Körnchenschirmling ist vermutlich der Amiant-Körnchenschirmling (*Cystoderma amianthinum*, s. Foto unten) mit stets gewelltem, mehr oder weniger ocker getöntem, gelbem Hut, einem modrig oder muffig riechenden Fleisch und einer weit weniger ausgeprägt geformten Manschette als beim Starkriechenden Körnchenschirmling. Er wächst ebenfalls in feuchtem Moos und krautigen Partien der Nadelwälder. Der seltene Weinrote Körnchenschirmling (*Cystoderma superbum*) fällt durch seine Färbung auf. Kein Körnchenschirmling ist essbar.

Typischer Boden-Geruch

Die Mehrzahl der Körnchenschirmlinge verströmt einen starken und unangenehmen Geruch nach umgegrabener Erde, Klärschlamm oder Staub. Dieser typische Geruch (den man besonders nach sommerlichen Platzregen wahrnimmt) wird von dem Geosmin verursacht, einer Substanz, die Mikroorganismen wie Bakterien produzieren. Geosmin finden wir im Geruch zahlreicher Pilze, doch es konzentriert sich auch im Gewebe bestimmter Süßwasserfische wie Karpfen oder Welsen, was deren oft »mooselnden« Geruch erklärt.

Der Amiant-Körnchenschirmling (Cystoderma amianthinum) *ist der häufigste Körnchenschirmling.*

Cystoderma carcharias
(Persoon: Fries) Fayod
Hutdurchmesser: bis zu 6 cm
Stielhöhe: 3-7 cm
Stieldurchmesser: 0,3-0,8 cm

Spitzschuppiger Schirmling

unbedeutend

Rau und stachelig

Echinoderma, der griechische Gattungsname dieses prachtvollen Schirmlings, bedeutet »stachelige Haut, Stachelhaut«; *asperum*, sein lateinisches Epitheton, wiederum lautet »sich rau anfühlend«, »rau«. Betrachtet man den Hut dieses Schirmlings, kann man den Namensgebern nur recht geben: »Stacheln« gibt es in Form von spitzen, pyramidenförmigen Schuppen zuhauf, die jedoch bei erwachsenen Exemplaren oft, und vor allem im Randbereich des Hutes, verschwinden. Die weißen Lamellen sind extrem eng und häufig über die gesamte Hutunterseite verzweigt. Um all diese wichtigen Bestimmungskriterien allerdings festzustellen, bedarf es besonders guter Augen! Das weiße Fleisch riecht stark nach bestimmten Kautschuksorten.

- **Familie:** Agaricaceae
- **Jahreszeit:** Sommer bis Herbst
- **Lebensraum:** unter Laubbäumen, oft auf humusreichen Böden
- **Verbreitung:** Europa, Nordamerika, weit verbreitet und häufig

Ein Pilz von Ruderalstandorten

Schirmlinge wachsen bevorzugt an Straßenrändern, auf Schutt- und Trümmerflächen sowie rund um bebaute Gebiete, auf Komposthaufen und Parkanlagen – Flächen mit hoher Stickstoffkonzentration im Boden. Mehrheitlich handelt es sich bei diesen Flächen um sogenannte »Ruderalflächen« (lateinisch *ruderalis* = Schutt, Geröll), die von Stickstoff liebenden Pflanzen wie Brennnesseln, Beifuß, Goldrute, Melden oder Bingelkraut besiedelt werden. Der Spitzschuppige Schirmling gehört auch dazu und ist häufig massiv in Hecken und städtischen Parks anzutreffen.

Die Geniessbarkeit der Schirmlinge

Die Schirmlinge sind eine Gruppe von eher wissenschaftlichem als kulinarischem Interesse. Abgesehen von einigen großen Arten wie dem Parasolpilz (*Macrolepiota procera*, s. Foto unten) sind sie in der Regel zumindest giftverdächtig, wenn nicht sehr giftig, ja sogar tödlich giftig. Beim geringsten Zweifel sollte man bedenken, dass große essbare Schirmlinge alle einen verschiebbaren Ring (wie ein Serviettenring) haben, während der Ring der giftigen Schirmlinge am Stiel integriert ist und nicht verschoben werden kann, ohne zu zerreißen. Dennoch ist Vorsicht geboten! Der »Gleitring« ist zwar Voraussetzung für die Bestimmung eines essbaren Schirmlings, reicht jedoch als sicheres Merkmal keineswegs aus, da einige Schirmlinge mit Gleitring ausgesprochen schwer verdaulich sind.

Der Parasol- oder Riesenschirmpilz (Macrolepiota procera) ist ein hervorragender Speisepilz. Sein Gardemaß (bis zu 40 cm hoch und 30 cm Hutdurchmesser) hilft, Verwechslungen mit kleinen Schirmlingen zu vermeiden, von denen einige tödlich giftig sind.

Antibiotika und Antikanzerogene

Forschern ist es gelungen, aus Myzelkulturen des Spitzschuppigen Schirmlings Substanzen zu isolieren, die bei Mäusen das Wachstum bestimmter Darmtumore verlangsamen. Es wurden dabei auch antibiotische Stoffe entdeckt, die auf dem Kolibakterium (Escherichia coli) und auf dem Heubazillus (Bacillus subtilis) aktiv sind und in mikrobiologischen Laboren dazu genutzt werden, den pathogenen Charakter bestimmter Bakterienstämme zu untersuchen.

Echinoderma asperum

(Persoon: Fries) Fayod

Hutdurchmesser: bis zu 12 cm

Stielhöhe: 5–10 cm

Stieldurchmesser: 1–1,5 cm

Kegelschuppiger Stachelschirmling

ohne kulinarischen Wert

- **Familie:** Agaricaceae
- **Jahreszeit:** Sommer bis Herbst
- **Lebensraum:** unter Laubbäumen, oft auf humusreichen Böden
- **Verbreitung:** Europa, zerstreut und sehr selten

Eine seltene, schützenswerte Art

Der Kegelschuppige Stachelschirmling gehört zu den zahlreichen Pilzarten, die so selten sind, dass viele Pilzfreunde und -experten ihn nie zu Gesicht bekommen. Bei frischen, jungen Exemplaren sind die dreieckigen Schuppen auf Hut und Stiel schwarzbraun bis sattdunkelbraun und stehen in elegantem Kontrast zum cremefarbenen oder weißlichen Untergrund seiner Haut. Außerdem wird die Lamellenschneide durch eine zarte, dunkelbraune Einfassung betont. Bei entsprechender Luftfeuchtigkeit »weint« der Pilz kleine, bernsteinfarbene Tropfen. Eine Eigenheit, die das Bild dieses erstaunlichen Pilzes abrundet.

Ein Versäumnis mit Folgen

Die erste Beschreibung des »*Lepiota hystrix*«, wie er damals genannt wurde, stammt aus dem Jahr 1935. F. H. Møller und Jakob Lange, die beiden dänischen Mykologen, die diese Pilzart gemeinsam beschrieben, war offenbar entgangen, dass seit dem ersten Januar desselben Jahres der Code der Botanischen Nomenklatur Beschreibungen in lateinischer Sprache verlangte – eine Entscheidung, die auf sämtliche neuen Arten anzuwenden war. Der Namensvorschlag war damit gemäß dem offiziellen Verfahren »ungültig« und wurde von Wissenschaftlern nicht anerkannt. Erst 1940 wurde dieser Fauxpas bereinigt und der Name schließlich offiziell.

Gelber Faltenschirmling (Leucocoprinus flos-sulphuris, *oben). Der Igel-Stachelschirmling* (Echinoderma echinaceum, *nebenstehend) ist viel häufiger als der Kegelschuppige Stachelschirmling.*

Verwechslungsgefahr

Verwechslungsgefahr für den Kegelschuppigen Stachelschirmling besteht lediglich mit dem Spitzschuppigen Schirmling (vorherige Seite). Allerdings genügt eine genaue Betrachtung der braunen Lamellenschneiden des Letzteren, um diesen Fehler zu korrigieren. Der **Igel-Stachelschirmling** (*Echinoderma echinaceum*, Foto unten links) ist wesentlich häufiger als der Kegelschuppige Stachelschirmling, wobei seine blasseren und rötlicheren Hutschuppen ebenso fragil sind. Davon abgesehen sind Exemplare mit praktisch glattem Hut gar nicht so selten.

Der Schirmling der Blumentöpfe

Falls Sie gern Topfpflanzen in Ihrem Haus ziehen, erleben Sie vielleicht eines Tages eine Überraschung: Am Fuß Ihres Gummibaumes, Oleanders oder Ihrer Kaktee ist ein hübscher, schwefelgelber, kaum 6 oder 7 cm großer Pilz aufgetaucht. Keine Angst! Der Gelbe Faltenschirmling (Leucocoprinus flos-sulphuris, s. Foto Mitte) ist für Pflanzen und Haustiere ungefährlich. Er stammt aus den Tropen, wo er auf humusreichen Waldböden wächst. Nur in unseren Innenräumen findet er das feuchte, warme Klima, das ihm behagt.

Echinoderma hystrix
(Møller & Lange) Bon
Hutdurchmesser: bis zu 7 cm
Stielhöhe: 4-8 cm
Stieldurchmesser: 0,4-0,8 cm

Riesenrötling

giftig

Ein Trugbild

Der Riesenrötling ist wohl der imposanteste Rötling unserer Regionen. Lassen Sie sich jedoch auf keinen Fall von seinem appetitlichen Aussehen verführen, denn der Pilz ist sehr giftig. Charakteristisch für ihn sind sein mehr oder weniger dunkelgrauer Hut, der weißfaserige Stiel und vor allem seine typisch weitständigen, in der Jugend buttergelben Lamellen, die erst bei der Sporenreife allmählich eine Rosatönung annehmen. Sein Fleisch ist dick, weiß und verströmt einen starken Geruch nach nassem Mehl, der ausgesprochen unangenehm wird, sobald der Pilz verdirbt.

- **Familie:** Entolomataceae
- **Jahreszeit:** Herbst
- **Lebensraum:** unter Laubgehölz, auf eher kalkhaltigen Böden
- **Verbreitung:** Europa, weit verbreitet und relativ häufig

Beharrlich toxisch

Dieser hübsche Pilz präsentiert sich von geradezu perfider Appetitlichkeit. Tatsächlich ist er alljährlich für viele Vergiftungsfälle verantwortlich und wird auch in Zukunft seine Opfer finden. Die Vergiftungssymptome sind als »gastrointestinales Syndrom oder resinoides Syndrom« bekannt. Es handelt sich um Verstimmungen im Magen-Darm-Trakt, die zwar sehr schmerzhaft, aber kaum jemals tödlich verlaufen. Etwa drei Stunden nach dem Verzehr haben die unglücklichen Opfer mit heftigen Magen-Darm-Krämpfen, Übelkeit, Erbrechen und schweren Diarrhöen zu kämpfen, die zu starker Austrocknung führen können. Einige vermuten sogar, dass das Gift die Leber angreifen könnte. Giftpilze wie der Satanspilz (S. 48) und der Tiger-Ritterling (*Tricholoma pardinum*, S. 230) verursachen ähnliche Symptome. Lucien Quélet, der berühmte Mykologe aus der zweiten Hälfte des 19. Jahrhunderts, hat sich bei einer Freundin, einer Müllerin, mit einem Riesenrötling vergiftet. Er sprach danach noch lange von diesem Missgeschick als dem »Purgatorium der Müllerin«.

Ein sehr fragwürdiger Name

In der Literatur findet man den Riesenrötling auch unter dem wissenschaftlichen Namen *Entoloma sinuatum*. Ursache ist ein heftig geführter Expertendiskurs über den korrekten Namen dieses giftigen Rötlings. Einige Mykologen sind der Ansicht, dass Bulliard (französischer Botaniker, 1742–1793) in seiner Veröffentlichung über den *Agaricus lividus* gar nicht den Rötling *Entoloma* beschrieb. Zudem war der von Bulliard vorgeschlagene Name bereits zehn Jahre zuvor von einem anderen Mykologen für einen anderen Pilz benutzt worden – ein Vorgehen, das der Internationale Code der Botanischen Nomenklatur untersagt. Bis ein internationaler Konsens erzielt ist, behalten wir hier den Namen *Entoloma lividum* bei.

Mairitterling (Calocybe gambosa, *oben*)
Schildrötling (Entoloma clypeatum, *unten*)

Vorsicht, Verwechslungsgefahr!

Der Riesenrötling weist zahlreiche morphologische Ähnlichkeiten mit dem Nebelgrauen Trichterling (Lepista nebularis, S. 138) auf, und die Pilzfreunde, die Letzteren verzehren, dürfen daher stolz auf ihre Kenntnisse sein. Bestimmte essbare Rötlinge wie der Schildrötling (Entoloma clypeatum, Foto unten) sind dem Riesenrötling ebenfalls sehr ähnlich, erscheinen jedoch nur im Frühjahr und sind weniger fleischig. Der allseits geschätzte Mairitterling (Calocybe gambosa, Foto oben) ist auch ein Frühjahrspilz, und seine eng gedrängten Lamellen sind cremefarben, aber niemals rosa.

Entoloma lividum
(Bulliard) Quélet
Hutdurchmesser: bis zu 20 cm
Stielhöhe: 4-15 cm
Stieldurchmesser: 1-3,5 cm

Schwefelgelber Schuppenritterling

ohne kulinarischen Wert

- **Familie:** Squamanitaceae
- **Jahreszeit:** Herbst
- **Lebensraum:** Rasen, Magerrasen auf trockenen Kalksteinböden
- **Verbreitung:** Europa, äußerst selten

Das Phantom der Pilzfreunde

Nur wenigen ist das Glück vergönnt, diese faszinierende Art einmal anzutreffen. Sein auffällig lebhaft gelb oder olivgelb gefärbter Hut kann respektable Ausmaße erreichen. Die auffällige Färbung allerdings gilt nur für junge Exemplare. Ausgewachsene Pilze hingegen verblassen cremefarben bis matt gelblich. Allein der Überzug aus dichten, flockig abstehenden Schuppen verleiht dem Schwefelgelben Schuppenritterling sein unverwechselbares Gepräge. In der unteren Stielhälfte wirken diese Schuppen zerzaust und bilden eine Art Strumpf. Sein Fleisch ist dicht und weiß, fast geruchs- und geschmacklos.

Ein typisches Merkmal: die Sporen

Für die Bestimmung sowie für die Klassifizierung der Pilze ist es oft wichtig, jene Merkmale und besonders die der Sporen genauer zu untersuchen, die mit bloßem Auge nicht erkennbar sind. *Flocculara straminea* bildet ganz unspektakuläre Sporen aus: In gut tausendfacher Vergrößerung erscheinen sie als kleine, elliptische, glatte und farblose Samen. In Verbindung mit einer jodhaltigen Tinktur wie Melzers Reagens jedoch verfärben sie sich violett bis dunkelblau. Melzers Reagens unterscheidet sich nicht wesentlich vom Jodwasser, das Generationen von Studenten in naturwissenschaftlichen Kursen nutzten, um den Stärkegehalt in Lebensmitteln zu markieren. Dieser Vorgang ist sehr aufschlussreich, denn er zeigt, ob die Spore »amyloid« (griechisch *amylo* = Stärke) reagiert, d. h., ob sie färbbar ist – bei Pilzen ein wichtiges Bestimmungsmerkmal.

Wohin mit ihnen?

Ihre mikroskopischen Merkmale (siehe oben) brachten die Schuppenritterlinge in die Nähe zu den Ritterlingen *(Tricholoma)*. Heute werden sie zusammen mit *Cystoderma* (S. 76) und anderen Gattungen der Familie Squamanitaceae zugeordnet. *Flocculara* scheint nah mit dem *Phaeolepiota aurea* (Foto unten) verwandt zu sein, einem Pilz, dessen Hut einen Durchmesser von bis zu 25 cm erreichen kann.

Glimmerschüppling
(Phaeolepiota aurea)

Eine schützenswerte Art

Flocculara straminea ist nach neuesten Untersuchungen in Europa eine ausgesprochene Rarität und wird in den Roten Listen der Europäischen Länder als bedrohte Art geführt. Es ist daher wichtig, für den Schutz seiner Lebensräume zu sorgen. Er wächst in Europa auf Kalk-Trockenrasen, der vor allem für seine Artenvielfalt bekannt und gleichzeitig das Biotop zahlreicher Orchideen ist! Es mag überraschen, aber die Mehrheit dieser Trockenrasen-Gesellschaften ist nicht natürlichen Ursprungs. Sie entstanden meist durch größere Waldrodungen im Zuge extensiver landwirtschaftlicher Nutzung. Überlässt man diese Wiesen sich selbst, siedeln sich bald Sträucher und Bäume an, die Wiesen verschwinden, und die Wiederbewaldung beginnt.

Floccularia
straminea
(P. Kummer) Pouzar

Hutdurchmesser:
bis zu 20 cm
Stielhöhe: 4–10 cm
Stieldurchmesser:
1–2,5 cm

Gift-Häubling

Tödlich giftiger Häubling

Der Gift-Häubling enthält die gleichen giftigen Moleküle (Amatoxine) wie der Grüne Knollenblätterpilz (S. 32). Eines dieser Toxine blockiert entscheidende Etappen der Proteinsynthese in den Zellen, was zum Zerfall der Leber führt. (Das Organ ist besonders anfällig, da es in seiner Funktion als »Entgifter« Giftstoffe in hoher Konzentration im Gewebe einlagert.) Die Symptomatik des Gift-Häublings mit meist tödlichem Ausgang ist daher mit der des Grünen Knollenblätterpilzes vergleichbar. Tatsächlich kommt es jedoch zu weniger Vergiftungen als durch seinen entfernten Vetter, denn Gift-Häublinge landen nur selten in den Körben der Pilzsammler. Dennoch kann er leicht mit dem in einigen Regionen hoch geschätzten **Stockschwämmchen** (*Kuehneromyces mutabilis*, Foto unten) verwechselt werden.

- **Familie:** Hymenogastraceae
- **Jahreszeit:** Sommer bis Herbst
- **Lebensraum:** auf Totholz, seltener auf dem Boden unter Laub- und Nadelbäumen
- **Verbreitung:** Europa, Asien und Nordamerika, weit verbreitet

Irrtum ausgeschlossen? Aber wie?

Die wichtigsten Merkmale, die den Gift-Häubling vom Stockschwämmchen unterscheiden, sind an der Stielbasis zu suchen. Der Gift-Häubling zeigt einen gut ausgebildeten Ring und darunter einen nahezu glatten oder gelegentlich nur leicht, unregelmäßig geflockten Stiel. Die unteren zwei Drittel des Stockschwämmchen-Stiels stecken in einer Art Strumpf mit Manschette, der sogenannten Armilla, die mit feinen gelblich braunen, flockigen Schüppchen bedeckt ist und an ihrem oberen Ende einen kleinen Ring entfaltet, der sich schnell auflöst. Das Fleisch des Gift-Häublings riecht mehlig, ist immer zartfleischig – und lässt sich zwischen den Fingern zerreiben. Das Stockschwämmchen dagegen riecht nach Pilz. Die Art wächst vorzugsweise in Laubwäldern und büscheligen Kolonien, wobei die Stiele der einzelnen Pilze an der Basis verwachsen sind – ganz im Gegensatz zum Gift-Häubling, der hauptsächlich unter Nadelbäumen und in Grüppchen aus einzeln stehenden Exemplaren gedeiht.

Warum ist diese Galerina ein Häubling?

Warum hat man diesen Pilz als »Galeere« bezeichnet? Nun, dieser Begriff leitet sich nicht von den Ruderkriegsschiffen der Antike ab. *Galerina* ist die weibliche Verkleinerungsform des lateinischen *galerus*, das eine Art Haube bezeichnet, und verweist auf die kappenförmige Hutform des Pilzes. Die *Galerina* wurde erstmals 1789 (als *Agaricus marginatus*) von A. J. Batsch in seinem *Elenchus fungorum* beschrieben. Darin schildert er ein wichtiges Merkmal dieser Art, das sie als »marginata« ausweist: *Margine angustissimo extimo ultra laminas prominulo membranaceo*; übersetzt: »Die membranöse Haut des Hutes reicht etwas über den Lamellenrand hinaus.« Bei aufmerksamer Betrachtung sieht man, dass die Huthaut des Häublings geringfügig (einige zehntel Millimeter) über den Lamellenrand hinausragt und einen schmalen, lichtdurchlässigen Saum bildet.

Das Stockschwämmchen (Kuehneromyces mutabilis) ist ein sehr guter Speisepilz, darf aber keinesfalls mit dem sehr ähnlichen Gift-Häubling verwechselt werden.

Einmal ist keinmal!

*Lange waren Pilzexperten bemüht, einige ähnliche Formen des Gift-Häublings als eigene Arten auszuweisen: Der **Überhäutete Häubling** (Galerina autumnalis) unterscheidet sich durch einen leicht schleimigen Hut, der **Einfarbige Häubling** (Galerina unicolor) durch seine geringere Größe etc. Neueste Studien scheinen zu beweisen, dass die angewandten Unterscheidungskriterien keinen Artenstatus rechtfertigten und diese Varianten lediglich Erscheinungsformen derselben Art, also des **Gift-Häublings** (Galerina marginata) sind. Oft verkomplizieren molekularbiologische Erkenntnisse die Klassifikation der Pilze. Freuen wir uns, dass diese wenigstens »einmal« den Disput unter den Mykologen vereinfachen könnten.*

Galerina marginata
(Batsch) Kühner
Hutdurchmesser: bis zu 6 cm
Stielhöhe: 3-7 cm
Stieldurchmesser: 0,5-1 cm

Morcheltrüffel

ohne kulinarischen Wert

Die Glücklichen leben im Verborgenen

Pilze erscheinen normalerweise nur in einem kurzen Zeitraum des Jahres. Man muss daher aufpassen, den Austrieb seiner Lieblingspilze nicht zu versäumen. Hat jedoch die Evolution darüber hinaus bestimmt, dass dieser Pilz unter der Erde gedeihen möge, wie z. B. bei der Morcheltrüffel, gleicht das Sammeln einer »mission impossible«! *Gautieria otthii* bildet eine rundliche, unregelmäßig geformte, bräunliche Knolle. Da sie unterirdisch wächst, ist sie fast unbekannt und dennoch sehr häufig. Die Gattung *Gautieria* umfasst über 30 Arten und ist in den meisten Wäldern der gemäßigten Zonen der Welt weit verbreitet.

- **Familie:** Gomphaceae
- **Jahreszeit:** Sommer und Herbst
- **Lebensraum:** unterirdisch, unter Nadelbäumen
- **Verbreitung:** Europa, Nordamerika und Südamerika, sehr verbreitet

Von unterirdischen Pilzen

Die Morcheltrüffel ist einer der sogenannten »hypogäischen Pilze«, womit ihre rein unterirdische Lebensweise bezeichnet wird. Diese Pilze gehören zu sehr unterschiedlich verwandten Gruppen. Fast alle Pilzgruppen haben, von Blätterpilzen über Röhrenpilze bis zu den Becherlingen *(Peziza)*, im Laufe der Evolution ihre eigenen kleinen »Trüffeln« entwickelt. Die Lebensbedingungen im Untergrund sind so bestimmend, dass alle eine mehr oder weniger regelmäßige Kugel- oder Knollenform annahmen. Ihr einziges Unterscheidungskriterium ist ihr fleischiges Inneres auf mikroskopischer Ebene. Ein Schnitt (s. Foto links) durch den Fruchtkörper zeigt dunkle Bereiche, die durch eine gallertige, verzweigte »Achse« voneinander getrennt sind, die sogenannte Columella. Die dunklen, fleischigen, Sporen produzierenden Bereiche heißen Gleba. Die Sporen sind zunächst gelblich braun. Später verfärbt sich das Fleisch mit den nachdunkelnden Sporen in tiefes Kaffeebraun. Werden die reifen Sporen freigesetzt, bleiben dort, wo sie entstanden, kleine Hohlräume in der Trüffel zurück.

Die engsten Vettern

Gautieria-Sporen ähneln braunen Rugbybällen, deren Sporenwände ein längsrippiges Relief haben. Damit erinnern sie an tropische Röhrlingsarten, was Mykologen dazu verleitete, über eine Zugehörigkeit der *Gautieria* zu den Röhrenpilzen zu spekulieren. Dagegen zeigen jüngste Untersuchungen, dass sie sehr nah mit den Schweinsohren (*Gomphus*, S. 96) und Korallenpilzen (*Ramaria*, S. 38) verwandt sind.

Unterirdische Leckerbissen

Auch wenn die rundlichen Formen der Gautieria die verwöhnten Gaumen der Trüffelliebhaber kaum reizen können, werden sie doch von einigen Tieren sehr geschätzt. In Nordamerika zum Beispiel zögern die Gleithörnchen (Glaucomys) nicht, auf der Suche nach diesen Pilzen, auf die sie ganz versessen sind, ihre Bäume zu verlassen. Am anderen Ende der Welt, in Australien, sind die Kängurus große Liebhaber der dort vorkommenden Gautieria-Arten. Offenbar kommen die Pilze durchaus auch auf ihre Kosten, denn die Tiere tragen damit zur Ausbreitung ihrer Sporen bei.

Trotz seiner äußeren Ähnlichkeit mit der Trüffel ist der Kleinsporige Hellsporschleimtrüffel (Alpova diplophloeus), *ein unterirdischer Pilz, der eng mit Rot-Erle oder Oregon-Erle* (Alnus rubra) *zusammenlebt, mit den Röhrlingen verwandt!*

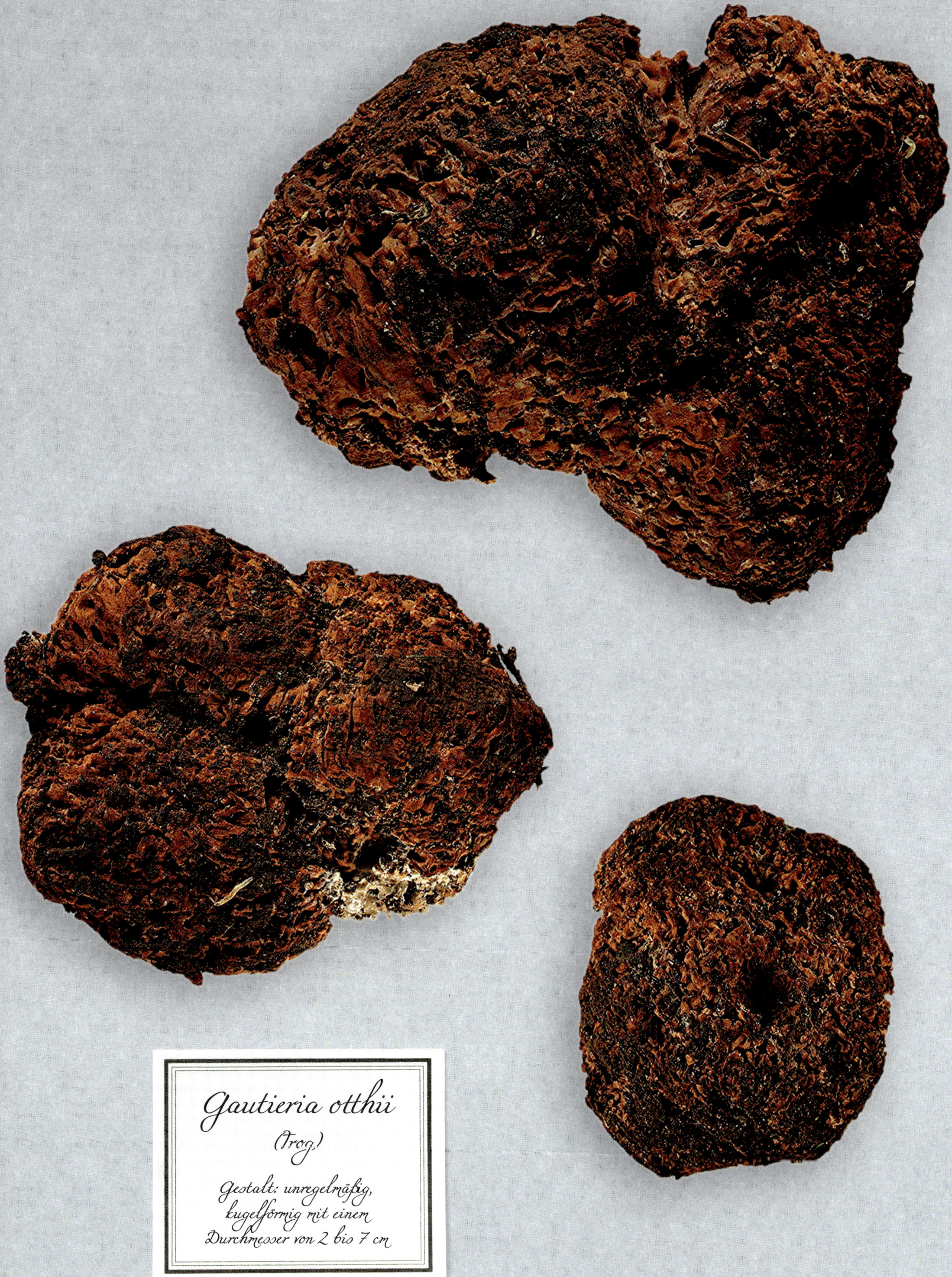

Gautieria otthii

(Trog)

Gestalt: unregelmäßig,
kugelförmig mit einem
Durchmesser von 2 bis 7 cm

Großer Nesterdstern

unbedeutend

Erdsterne

Der Gattungsname *Geastrum*, der sich auf die ausgeprägte Sternform dieser Pilze bezieht, setzt sich aus dem griechischen *gê* für »Erde« und *aster* »Stern« zusammen. Letztere Vokabel finden wir in der Bezeichnung der Gattung *Astraeus* (siehe Kasten unten) wieder: In der griechischen Mythologie gingen aus der Verbindung zwischen Astraeus, einem der Titanen, mit Aurora, Tochter des Titanen Hyperion und der Titanin Theia, Sterne und Winde hervor.

- **Familie:** Geastraceae
- **Jahreszeit:** Sommer bis Herbst, selten im Frühjahr
- **Lebensraum:** auf dem Boden unter verschiedenen Baumarten
- **Verbreitung:** Europa, verstreut und selten

Nützliches Vokabular

Die Pilze aus der Gattung der Erdsterne sind eine faszinierende Gruppe, deren Arten nicht immer leicht zu unterscheiden sind. Um sie eines Tages sicher erkennen zu können, ist ein wenig Fachvokabular nötig. Die innere, weiche Fruchtkörperhülle, die die Sporen enthält, heißt »**Endoperidium**«. Am Scheitel dieser Hülle befindet sich eine kleine Öffnung oder Mündung, die »**Ostiole**«, deren Kragen oder Hof, das »**Peristom**«, gefurcht, fransig, bewimpert oder glatt ausgebildet sein kann. Die Lappen, die wie Sternstrahlen aussehen, bilden die Außenhülle, das »**Exoperidium**«. Schließlich ist die innere Hülle mit der äußeren Hülle durch einen Stiel verbunden. Der Stiel ist häufig über einen unterschiedlich gestalteten Flansch, die »**Apophyse**«, mit der inneren Hülle, der »**Endoperidie**«, verbunden.

Wie auf Stelzen

Der Große Nesterdstern und der Kleine Nesterdstern (*Geastrum quadrifidium*, S. 92) sind die einzigen ihrer Art in Europa. Das Epitheton »*fornicatum*« (lateinisch = gewölbt) bezeichnet einen Erdstern, dessen Außenhülle (»Exoperidie«) im Reifezustand in mehr oder weniger dreieckige Segmente aufreißt, die zurückgekrümmt werden, damit die Spitzen dieser sternförmig ausgebreiteten Lappen fest auf dem Boden zu stehen kommen. Dabei hinterlassen sie eine Myzelmulde (»Nest«) auf dem Boden. Letztere ist schalenförmig. In ihr sammeln sich Erdkrümel und andere organische Reste. Der wie aufgestelzt wirkende, ballförmige Innenkörper (»Endoperidium«) samt »Nest« ist besonders deutlich auf der nebenstehenden Bildtafel oben links zu erkennen. Bei der Differenzierung der beiden Erdsternarten ist der Steckbrief des Kleinen Nesterdsterns hilfreich.

Der Wetterstern (Astraeus hygrometricus) *ist trotz seiner auffallenden Ähnlichkeit mit dem* Geastrus *dennoch näher mit den Röhrenpilzen verwandt.*

Der Wetterstern – ein falscher Freund

Nichts ist einem Erdstern ähnlicher als ein Erdstern, und man muss schon Sinn für das Bizarre besitzen, um zu akzeptieren, dass diese Pilze nicht unmittelbar miteinander verwandt sind. Die Außenhülle des Wettersterns (Astraeus hygrometricus, nebenstehendes Foto) schließt sich in Trockenperioden und breitet sich bei Regen wieder aus. Und exakt dieser Eigenschaft verdankt er seinen Namen. Dagegen gibt es Erdsterne (Geastrum), deren Außenhüllen sich ausgerechnet bei Trockenheit schließen! Und dennoch ... Die Astraeus sind mit den Röhrenpilzen verwandt, während die Geastrum (Wettersterne) Seite an Seite mit den Gomphus (Schweinsohr, S. 96) in der Klassifikation stehen.

Geastrum
fornicatum
(Hudson) Hooker
Gestalt: ballförmige
Körper getragen von 4 bis 5
sternförmig ausgebreiteten
Segmenten
Höhe insgesamt: 3-10 cm
Durchmesser (ausgebreitet)
4-15 cm

Kleiner Nesterdstern

unbe-
deutend

Im Mittelpunkt – das Peristom

Ein »Ball« auf weichen, mehr oder weniger sternförmig ausgebreiteten »Lappen oder Segmenten« wie auf Stelzen sitzend: Es ist fast unmöglich, einen Nesterdstern nicht auf den ersten Blick zu erkennen. Wesentlich schwieriger wird dann die Bestimmung der Art. Auch der Kleine Nesterdstern (hier abgebildet) ist nicht auf Anhieb vom Großen Nesterdstern (vorherige Seite) zu unterscheiden. Natürlich sollte der Erste kleiner sein als der Letztgenannte, aber dieses Merkmal hilft nicht weiter, wenn der Kleine Nesterdstern groß und der Große Nesterdstern klein ausgefallen ist! Das entscheidende Bestimmungsmerkmal ist die Beschaffenheit des Peristoms (des Hofs oder Kragens um die Mündung »Ostiole«). Beim Kleinen Nesterdstern umgibt ein scharfrandiger, bleicher Peristomring die spitz vorspringende, mittige Sporenöffnung »Ostiole«. Dieser Ring oder Hof ist dagegen bei dem Großen Nesterdstern nicht zu erkennen: Das Endoperidium (also der ballförmige Fruchtkörper) verjüngt sich hier nach oben und mündet übergangslos in die Ostiole.

- **Familie:** Geastraceae
- **Jahreszeit:** Sommer und Herbst, selten im Frühjahr
- **Lebensraum:** Boden, unter verschiedenem Gehölz
- **Verbreitung:** Europa, verstreut und selten

Kuriositätenkabinett

Erst kürzlich erschien eine umfassende Studie, die sich ausschließlich mit den seltsamsten Pilzformen – eine bizarrer als die andere – befasst. Diese Arbeit widmete den Pilzen mit unterirdischer Lebensweise besondere Aufmerksamkeit: Dazu gehören Trüffeln, Korallenpilze (*Ramaria* S. 38) und andere eindrucksvolle Formen wie die Stinkmorchel (*Phallus impudicus*, Bild unten) oder, auch hier, der Erdstern. Dabei kommt die Studie zu dem Ergebnis, dass diese Pilze, trotz ihrer sehr unterschiedlichen Morphologie, in einer einzigen großen Gruppe, der Unterklasse der »Phallomycetidae« klassifiziert werden können – denn ihnen ist sämtlich gemeinsam, dass sie ihre Sporen völlig passiv abgeben, während andere Pilz-Gruppen ihre Sporen geradezu herauskatapultieren (siehe Kasten rechts unten).

Die anderen *Geastrum*

Tatsächlich gibt es noch viele andere Erdsterne. Der häufigste ist wohl der Gewimperte Erdstern (*Geastrum fimbriatum*, s. Foto ganz unten) mit sechs oder sieben Lappen (Segmenten) und einem fransig gewimperten Peristom. Er erscheint mit Vorliebe an recht feuchten Plätzen. Man kann ihn besonders gut entdecken, wenn man die Reisigstreu unter Fichten beiseiteschiebt. Allerdings wächst er durchaus auch unter Laubbäumen.

Stinkmorchel (Phallus impudicus, *Foto rechts*); *Gewimperter Erdstern* (Geastrum fimbriatum, *Foto unten*).

Pilze als Kanoniere

Entgegen der allgemeinen Vorstellung »fallen« Sporen nicht einfach aus den Lamellen oder Röhren der Pilze. Ganz im Gegenteil. In vielen Fällen werden sie mithilfe eines kinetischen Ausschleudermechanismus«, der sogenannten »Ballochorie« (vom griechischen »ballein« = werfen, schleudern), entlassen. Dieses Phänomen finden wir bei 30.000 Pilzarten, und ihre Sporen erreichen eine Beschleunigung von 10.000 g (= Erdschwerebeschleunigung) beim Ausschleudern: Das ist das 3000-Fache des Drucks, den Astronauten beim Start der Raumschiffe aushalten müssen. Die Phallomycetideae, die große Gruppe, zu der auch die Geastrum gehören, haben diese Fähigkeit des »Ausschleuderns« im Lauf der Evolution verloren.

Geastrum quadrifidum
(Persoon: Persoon)
Gestalt: ballförmiger Fruchtkörper auf 4 oder 5 Lappen
Gesamthöhe: 1,5-6 cm
Gesamtdurchmesser: 1,5-9 cm

Rosenroter Schmierling

genießbar

Ein Pilz mit Charakter

Dieser Schmierling ist sehr leicht zu erkennen. Sein schleimiger, rosa leuchtender Hut bringt Farbe in die Tristesse der Kiefernnadelstreu. Sein ebenso schleimiger Stiel ist graubraun bis graulila und geht fast übergangslos in die weitständigen, herablaufenden, zuerst weißlichen, dann grauen oder olivgrünen Lamellen über. Seine Gestalt ist durch seinen wissenschaftlichen Namen treffend beschrieben: Das griechische *gomphos* bedeutet »keilförmiger Schiffsnagel«. Seine reifen, dunkelolivbraunen bis schwärzlichen Sporen werden aus den Lamellen ausgeschleudert und färben den Rand des strumpfartigen Stielüberzugs leicht ein, was einen dunklen Ring vortäuscht.

- **Familie:** Gomphidiaceae
- **Jahreszeit:** Spätsommer und Herbst
- **Lebensraum:** nur unter Kiefern
- **Verbreitung:** Europa, weit verbreitet und häufig bis nicht sehr häufig

Ein Pilz als Pilz-Schmarotzer

Der Rosenrote Schmierling erscheint auf den ersten Blick unbedeutend. Allerdings fiel schon lange auf, dass er stets in Gesellschaft des Kuhröhrlings (*Suillus bovinus*, s. unten) und gelegentlich sogar dicht neben ihm wächst. Tatsächlich liegt er dem armen Röhrling regelrecht »auf der Tasche«, denn sein Myzel bildet krampenähnliche »Sauger«, die sich an die *Suillus*-Mykorrhiza und sogar an die Wurzelzellen der Kiefern hängen, den natürlichen Symbiosepartnern des Röhrlings. Der Schmierling produziert in der Röhrlings-Mykorrhiza ungeschlechtliche, dickwandige Sporen, die sogenannten »Chlamydosporen«. Aus diesen entwickelt sich der Schmierlingsnachwuchs, der im Myzel des Kuhröhrlings schmarotzt.

Der grosse Schmierling

Unter Schmierlingen ist besonders der **Große Schmierling** (*Gomphidius glutinosus*) erwähnenswert, der vorwiegend in Fichtenwäldern im Gebirge wächst. Sein dunkelvioletter Hut, der schmutzig bis sepiagraue Flecken annimmt, und sein an der Basis leuchtend gelber Stiel erleichtern seine Bestimmung. Seine Lamellen gleichen denen des Rosenroten Schmierlings. In einigen Regionen Frankreichs ist er ein beliebter Speisepilz, wo man allerdings den Stiel knapp unter den Lamellen abschneidet und nur den Hut verwendet, nachdem die schleimige, leicht abführend wirkende Haut abgezogen wurde.

Der Kuhröhrling (Suillus bovinus) wird häufig von dem parasitischen Rosenroten Schmierling befallen, der auf dessen Kosten gedeiht.

Klub der Schmarotzer

Während Schmierlinge auf Röhrlingen schmarotzen, agieren auch Röhrlinge selbst als Parasiten. Der Parasitische Röhrling (Pseudoboletus parasiticus, S. 182) ist bekannt, doch auch andere Arten haben sehr befremdliche Ernährungsgewohnheiten entwickelt. So tut sich ein großer brasilianischer Röhrling (Phlebopus tropicus) mit den Schmierläusen (Pseudococcus comstocki) zusammen, um sich über die Wurzeln der Zitronenbäume herzumachen. Das Myzel des Röhrlings härtet dabei aus, bildet Gänge um die Baumwurzeln, in denen sich die Schmierläuse genüsslich von den Pflanzenzellen ernähren. Um die Gaunerei komplett zu machen, kommen die Ameisen ins Spiel, welche die Schmierläuse von einem Fresstempel zum anderen transportieren.

Gomphidius roseus

Persoon: Persoon

Hutdurchmesser: bis zu 6 cm

Stielhöhe: 3-5 cm

Stieldurchmesser: 0,8-1,5 cm

Schweinsohr

genießbar

Schweinsohr, bleib bei deinem Leisten

- **Familie:** Gomphaceae
- **Jahreszeit:** Sommer bis Herbst
- **Lebensraum:** vorwiegend unter Koniferen (Kiefer, Fichte), selten unter Buchen
- **Verbreitung:** Europa und Nordamerika, selten

Abgesehen davon, dass sich unter seinem Hut Leisten statt echter Lamellen finden, hat das Schweinsohr wenig Ähnlichkeit mit den Kraterellen (*Craterellus*, S. 70). Sein weißes Fruchtfleisch schmeckt süßlich, riecht angenehm (manche behaupten, nach Mirabelle) und ist viel dicker als das der Kraterellen. Seine mikroskopischen Merkmale rücken es zweifelsfrei in die Nähe einiger Keulenpilze wie *Ramaria* (S. 38), wirkt es doch fast wie eine farblich in Lila uminterpretierte Abgestutzte Keule (*Clavariadelphus truncatus*, S. 56). Dieser Form verdankt das Schweinsohr seinen Gattungsnamen *Gomphus*, der sich direkt vom griechischen *gomphos* = »Nagel, Keil« ableitet. Im Amerikanischen wie im Deutschen trägt der Pilz den Trivialnamen *pig's ear* oder eben Schweinsohr, wobei er in den USA wenig geschätzt wird, da sein Fleisch oft madig ist.

Eine eigentlich tropische Art

In Europa gibt es neben *Gomphus clavatus* nur noch eine weitere *Gomphus*-Art: Das Zedern-Schweinsohr (*Gomphus crassipes*), das sich vom Schweinsohr durch sein lila Fleisch (im Gegensatz zum weißfleischigen Schweinsohr, das nur außen lila ist) und durch sein Habitat unterscheidet. Davon abgesehen wächst es nur in mediterranen Regionen und dort ausschließlich unter Zedern. In den Tropen dagegen blühen die *Gomphus* regelrecht auf. Bis heute wurden über dreißig Arten beschrieben, und viele andere warten in den Truhen der Mykologen auf ihre offizielle Erstbeschreibung – einmal ganz abgesehen von all jenen, die noch ihrer Entdeckung harren!

Falsche Pfifferlinge und falsche Schweinsohren

Wenn die *Gomphus* allgemein den Pfifferlingen nacheifern, indem sie Leisten unter ihrem Hut ausbilden, so hat ein Schweinsohr sein Erscheinungsbild definitiv einem afrikanischen Pfifferling, dem Kongo-Pfifferling (*Cantharellus congolensis*, Foto links), angeglichen. Er ist in fast allen tropischen Ländern Afrikas verbreitet, hat einen schmutzig ockerbraunen Hut, mausgraue bis schwarzgraue Leisten und nachdunkelndes Fleisch! Alles in allem kaum appetitanregend, hat er einen eher bitteren Geschmack, wird jedoch von Benin bis Kamerun und von Gabun bis Tansania reichlich konsumiert.

Der Kongo-Pfifferling (Cantharellus congolensis), *überall im tropischen Afrika verbreitet und als Speisepilz geschätzt, ähnelt den falschen Pfifferlingen der Gattung* Gomphus *sehr.*

Ein schützenswerter Speisepilz

Wie viele bekannte Speisepilze löste auch das Schweinsohr in bestimmten Regionen Frankreichs einen wahren Ansturm der Gourmets auf seine Bestände aus. Die Quittung für diesen Pilzkannibalismus folgte auf dem Fuße: Er ist in einigen Departements bereits vom Erdboden verschwunden. Erschwerend kommt hinzu, dass sein angestammter Lebensraum, alte Waldbestände, ebenfalls überall auf dem Rückzug sind. Schon aus diesem Grund erscheint er auf den Roten Listen bedrohter Arten vieler europäischer Länder. Das Schweinsohr sollte daher weder gesammelt noch verzehrt werden, wollen wir sicherstellen, dass dieser sehr schöne Pilz uns noch weitere Jahre erfreut.

Gomphus clavatus

(Persoon) S. F. Gray

Hutdurchmesser: bis zu 10 cm

Stiel: kurz, vom restlichen Fruchtkörper nicht sichtbar abgesetzt

Becherförmiger Haargallertpilz

unbedeutend

- **Familie:** Dacrymycetaceae
- **Jahreszeit:** Sommer und Herbst
- **Lebensraum:** auf totem Holz verschiedener Laubbäume
- **Verteilung:** Kosmopolit, sehr verbreitet, aber nicht häufig

WANDERER ZWISCHEN DEN GATTUNGEN

Dieser kleine, leuchtend gelbe, becherförmige Pilz mit nur kurzem Stiel erscheint in kleinen Trupps auf Totholz und vorzugsweise auf Buchenholz. Vor allem seine Gestalt erinnert stark an Pilze aus der Gruppe der Grünspanbecherlinge (S. 54). Übrigens hat der große Mykologe Christian Persoon diesen Pilz anfänglich in seinem 1801 erschienenen Werk *Synopsis methodica fungorum* den Schlauchpilzen zugeordnet. *Peziza buccina*, wie der Becherförmige Haargallertpilz damals hieß, durchlief danach in einem Zickzackkurs nicht weniger als fünf verschiedene Gattungen, bevor er schließlich 1958 seinen gegenwärtigen, aber vielleicht nicht einmal endgültigen Platz in der Gattung *Guepiniopsis* fand.

KONVERGENZEN

Die mehrfache Umbenennung macht die Schwierigkeiten der Mykologen deutlich, einen angemessenen Platz für *Guepiniopsis* im Klassifizierungsschema zu finden. Tatsächlich hat diese Gattung absolut nichts mit *Peziza* gemein. Die Art *G. buccina* ist vielmehr nah mit dem **Roten Gallerttrichter** (*Tremiscus helvelloides*, S. 220) und den kleinen gelben, gallertartigen Pilzen aus der Gattung der Gallerttränen, (*Dacrymyces*, Foto unten), verwandt, die ebenfalls auf Totholz wachsen. Die oberflächliche Ähnlichkeit ist in der Biologie ein bekanntes Phänomen, die sogenannte Konvergenz. Sie bezeichnet beliebig auftauchende Entwicklungen verwirrend ähnlicher Merkmale bei nicht näher verwandten Arten im Lauf der Evolution. Diese scheinbaren Ähnlichkeiten gehören zu den größten Gefahren der Evolutionswissenschaften.

Die hier eher rötliche Zerfließende Gallertträne (Dacrymyces stillatus) *ist eine der engsten Verwandten des Becherförmigen Haargallertpilzes.*

ALLES HAT SEINEN PLATZ

Pilze werden nach dem Modus der Sporenentstehung in zwei große Gruppen unterteilt: in »Ascomyzeten« und »Basidiomyzeten«. Erstere produzieren ihre Sporen in einer schlauchförmigen Zelle, dem sogenannten »Askus«. In diesem Fall spricht man von »endogenen« Sporen. Trüffeln, Morcheln und Echte Becherlinge sind Ascomyzeten. Die zweite Gruppe bildet ihre Sporen außen an keulenförmigen Zellen, den sogenannten Basidien, aus. Die Sporen sind damit »exogene« Sporen. Blätter- und Röhrenpilze, Bauch- und Keulenpilze sind Basidiomyzeten. Die Haargallertpilze bilden eine eigene Unterabteilung der Basidiomyzeten, die »Heterobasidiomycetes«. Diese Gruppe ist sehr heterogen. Sie enthält Pilze, die zwar exogene Sporen hervorbringen, bei denen die Sporen produzierenden Zellen (Basidien) jedoch nicht keulenförmig sind, sondern ein variables Aussehen haben. Es handelt sich dabei also entweder um längs unterteilte (septierte), gegabelte Basidien (sie erinnern an winzige Stimmgabeln) oder um quer unterteilte (gestapelte) Basidien.

Wunderwelt unter dem Mikroskop

Falls Sie Kontakte zu Mykologen haben, haben Sie diese sicher schon versunken über ihr Mikroskop gebeugt erlebt, um die mikroskopisch kleinen Merkmale ihrer neuesten Pilzsammlung zu identifizieren. Und dann haben Sie sich sicher gefragt, was diese Experten sehen, welche Erkenntnisse sie aus ihren Präparaten wohl gewinnen. Als Erstes untersuchen sie vermutlich die Sporen, aber auch ungeschlechtliche Zellen, deren Morphologie von unvorstellbarer Vielfältigkeit ist, Pigmente im Inneren der Zellen oder an ihrer Zellwand, ganz zu schweigen von den Reaktionen, die all diese zusammen mit bestimmten chemischen Reagenzien zeigen etc. Kurzum, es gibt stets eine völlig neue Welt zu entdecken.

Guepiniopsis
buccina
(Persoon: Fries)
L. L. Kennedy
Gestalt: becherförmig
Durchmesser: 4-8 mm
Stiel: kurz, in
Verlängerung des Bechers

Hasenröhrling

unbedeutend

Der Hasenröhrling

Ein mehr oder weniger zimt- bis kastanienbrauner Samthut, ein glatter, brüchiger Hohlstiel (Gattungsmerkmal) von ähnlicher Farbe, weißes, nicht blauendes Fleisch und schließlich weiße Poren, die für einen attraktiven Kontrast sorgen: Die Merkmale sind so zahlreich, dass der Hasenröhrling relativ leicht zu erkennen sein dürfte. Zudem wird diese Art in vielen Veröffentlichungen als guter Speisepilz erwähnt, eine Eigenschaft, die ihm im Französischen vermutlich den Beinamen »Maronen-Steinpilz« einbrachte. Dennoch scheint er gelegentlich zu leichten Magenverstimmungen ohne weitere Folgen geführt zu haben. Aber Vorsicht! Eine Verwechslung mit dem Falschen Hasenröhrling (*Gyroporus ammophilus*, siehe Kasten) ist möglich.

- **Familie:** Sclerodermataceae
- **Jahreszeit:** Herbst
- **Lebensraum:** meist unter Eichen, seltener unter anderen Laubbäumen, auf sauren Böden
- **Verbreitung:** kosmopolitisch, eher selten

Ein Kosmopolit?

Fast in jedem Land der Welt ist der Hasenröhrling bekannt und scheint sowohl das raue Klima der weiträumigen nördlichen Waldzonen als auch das feuchtheiße Klima in den Tropen zu vertragen. Wahrscheinlicher allerdings ist es, dass wir es hier mit verschiedenen, biogeografisch getrennten Arten zu tun haben, ein Phänomen, das bereits für viele andere Pilz-Gruppen nachgewiesen wurde. Die Wissenschaftler stoßen hier auf ein immer wiederkehrendes Problem: Im Vergleich zu Tieren und Pflanzen ist die Zahl der zur Verfügung stehenden morphologischen Merkmale zur Bestimmung der Pilze geringer. Darüber hinaus ist eine große Variabilität zwischen den Individuen innerhalb der gleichen Spezies sehr häufig. Daher kann es sich als sehr schwierig erweisen, bestimmte Arten zu unterscheiden – besonders wenn sie sich im Laufe ihrer langen Entwicklungsgeschichte relativ spät voneinander getrennt haben und die Unterschiede noch nicht ausgeprägt genug sind. Der Vergleich von kleinen DNA-Abschnitten ist in diesem Fall für eine Präzisierung sehr hilfreich!

Der Vetter mit dem Hang zur Farbe Blau

Neben Hasenröhrling und Falschem Hasenröhrling (s. Kasten) gibt es nur noch eine andere *Gyroporus*-Art in Europa: den schmackhaften Kornblumenröhrling *(Gyroporus cyanescens)*. Dieser einheitlich cremefarbene, hellgelbe oder beige Röhrling blaut bei geringster Verletzung. Dazu der berühmte französische Insektenforscher Jean-Henri Fabre in seinem Buch *Erinnerungen eines Insektenforschers*: »Drücken Sie Kappe, Stiel und Röhrenschicht sanft zusammen. Die Druckstellen verfärben sich sofort in prachtvollem Blau. Geben Sie daraufhin den Kornblumenröhrling in ein Gefäß, das mit Kohlendioxidgas aufgefüllt wurde. Jetzt können wir ihn zerstoßen, zu einem Brei zerstampfen – die blaue Verfärbung bleibt aus. Kommt der Pilzbrei jedoch mit Luft in Kontakt, verblaut das Material.« Dieses einfache Experiment zeigt, dass die Farbänderung wie bei den anderen blauenden Pilzen durch Oxidation verursacht wurde.

Ein falscher Bruder

Im Jahr 1988 machten zwei spanische Mykologen auf einen neuen giftigen Röhrling aufmerksam, der bis zu diesem Zeitpunkt mit dem Hasenröhrling verwechselt wurde: auf den Falschen Hasenröhrling (Gyroporus ammophilus, Foto links). Er verursacht bei 60 Prozent der Konsumenten heftigen Brechdurchfall und unterscheidet sich vom Hasenröhrling durch sein rosafarbenes bis lachsrotes Fleisch, durch seine Vorliebe für Kiefernwälder und natürlich durch seine Giftigkeit. Zahlreiche Mykologen haben bezweifelt, dass es sich um zwei unterschiedliche Arten handelt. Neueste molekularbiologische Untersuchungen konnten das definitiv widerlegen.

Falscher Hasenröhrling (Gyroporus ammophilus)

Gyroporus castaneus
(Bulliard: Fries) Quélet
Hutdurchmesser: bis zu 10 cm
Stielhöhe: 3-8 cm
Stieldurchmesser: 1-2,5 cm

Wurzelfälbling

unbe-
deutend

PAPIERKLEBER ODER MARZIPAN?

Der Wurzelfälbling ist ein leicht zu erkennender Pilz, den wir gern sammeln, allein um seinen Duft nach Bittermandel zu genießen, einer Geruchsnote, die an den alten Papierkleber Coccoina aus unserer Schulzeit erinnert. Andere wiederum denken dabei eher an Marzipan. Aber lassen wir die Erinnerungen beiseite … Wer sich nicht auf seine Nase verlassen möchte, erkennt ihn sowieso an seinem Ring und seinem wurzelnden Stiel (er scheint in den Boden eine lange »Wurzel« zu schicken). Seine Sporen sind von einem satten Milchkaffeebraun, ein Merkmal, das er mit allen *Hebeloma* teilt.

- **Familie:** Hymenogasteraceae
- **Jahreszeit:** Herbst
- **Lebensraum:** unter verschiedenen Laubhölzern auf eher gut versorgten Böden
- **Verbreitung:** Europa, weit verbreitet und relativ häufig

NUR ETWAS FÜR *HEBELOMA*-FREUNDE

Die Gattung *Hebeloma* verdankt ihren wissenschaftlichen Namen den flaumigen Velumresten, die am eingerollten Hutrand der jungen Exemplare häufig zurückbleiben. *Hebeloma* leitet sich daher vom griechischen *ebe* = Jugend und *loma* = Rand ab. Ansonsten beißen sich die Mykologen an den Fälblingen praktisch die Zähne aus. Nicht, dass es sich um einen schmackhaften, besonders zähen Pilz handeln würde! Es gibt keinen einzigen geschmacklich wertvollen Fälbling. Vielmehr sind die Arten dieser Gattung einander derart ähnlich, und die Unterscheidungsmerkmale so wenig ausgeprägt, dass man schon ein Spezialist für *Hebeloma* sein muss, um diese zu erkennen. Aber sogar ausgewiesene Liebhaber der Fälblinge haben hier ihre Schwierigkeiten. Offenbar existieren in dieser Gattung sogenannte »Zwillingsarten«, d. h. Arten, die sich zwar genetisch, aber nicht allein durch morphologische Merkmale unterscheiden.

EINEN FÄLBLING ZUM DESSERT

Trotzdem gibt es durchaus einige Fälblinge, die sich nicht allzu schwer bestimmen lassen. Der Wurzelfälbling ist ein berühmtes und der Bräunende Fälbling (*Hebeloma laterinum*, s. Foto unten) ein weiteres Beispiel. Letzterer duftet nach Birnen und Schokolade und erinnert damit an den Nachtisch, der ihm den französischen Trivialnamen »Birne Helene« eingebracht hat. Er unterscheidet sich vom Wurzelfälbling durch einen Stiel ohne Ring, der weniger wurzelt und an der Basis bräunt. Zudem wächst er vornehmlich unter Kiefern. Er gilt zwar mancherorts als Speisepilz, aber sein leicht bitteres Fleisch ist kaum schmackhaft zu nennen.

Der unangenehme Geschmack des Bräunenden Fälblings (Hebeloma laterinum) enttäuscht Gourmets, die sein süßer Geruch aus einer Mischung von Birne und Schokolade verlockt hat.

Der Wurzelstiel des Wurzelfälblings

Dieser endlos lange Stiel, den unachtsame Sammler oft abbrechen, mag für einen Pilz unnütz erscheinen, der kaum heftigen Winden ausgesetzt ist. Also kann diese Wurzel nicht der Befestigung in der Erde dienen. Vielmehr ist sie der Eigenheit des Wurzelfälblings geschuldet, stickstoffhaltige Böden zu bevorzugen. Diese Vorliebe geht so weit, dass er sich auf die Suche nach Stickstoff macht – und zwar in den mit den Exkrementen der Waldmäuse, Wühlmäuse und Maulwürfe gefüllten unterirdischen Gängen. Was ihn allerdings nicht daran hindert, wie alle anderen Fälblinge Mykorrhizen mit den Wurzeln seiner Wirtsbäume zu bilden.

Hebeloma
radicosum
(Bulliard: Fries)
Ricken
Hutdurchmesser:
bis zu 12 cm
Stielhöhe: 5-20 cm
Stieldurchmesser: 1-2 cm

Semmel-Stoppelpilz

schmackhaft

Wildschwein und Froschfuss

Das ist kein Roman von Marcel Proust! Dies sind vielmehr die alten Bezeichnungen für den Semmel-Stoppelpilz in Frankreich. Nachzulesen in der Abhandlung über essbare und giftige Pilze aus dem Pyrenäenbereich von 1838 von Dr. Jean-Baptiste Noulet und Augustin Dassier. Darin beschreiben die beiden diesen Pilz auf eine detaillierte, umfassende Weise, die das Erkennen des Pilzes auch heute noch ermöglicht: »Der breite, mehr oder weniger runde Hut mit gewelltem Rand … ist fahlgelb oder rötlich, manchmal cremeweißlich … die Stacheln [auf der Hutunterseite] sind zerbrechlich, spitz zulaufend, aber auch gedrungen … der oft seitlich ansetzende Stiel ist kurz und dick, an der Basis angeschwollen, aus der häufig neue Exemplare sprießen.«

- **Familie:** Hydnaceae
- **Jahreszeit:** Herbst
- **Lebensraum:** vor allem unter Laubgehölz, seltener unter Nadelbäumen
- **Verbreitung:** Europa und Nordamerika, weit verbreitet und häufig

Parfümiert und etwas bitter

Der Semmel-Stoppelpilz hat festes, weißes, eher sprödes Fleisch. Es duftet angenehm, wird aber leicht bitter, wenn der Pilz zu alt ist oder austrocknet. Sein Vetter, der **Rotbraune Semmel-Stoppelpilz** *(Hydnum rufescens)* schmeckt noch bitterer. Er ist kleiner, die Kappe intensiver rot, häufig mit einer Vertiefung in der Mitte, die manchmal bis zum Stiel hinabreicht. Während der Semmel-Stoppelpilz gelegentlich als »verdächtig« eingestuft wurde, behaupten Noulet und Dassier: »Die gesunden Eigenschaften dieses Pilzes stehen außer Zweifel, Behauptungen von Autoren, die ihn als giftig betrachten, haben für uns keine Gültigkeit …«

Viele andere Stoppelpilze

Der Stamm »Hydne« setzt sich aus dem griechischen *hys* = Schwein und *ednon* = Speise zusammen und bezeichnet einen Pilz, der gerne von Schweinen verspeist wird. Pilze mit »Stiel, Hut und Stacheln bzw. Stoppeln auf der Hutunterseite« mit sehr unterschiedlicher Entwicklungsgeschichte erschienen in diversen Gruppen. Während die Gattung *Hydnum* eher weiches, gut für den Verzehr geeignetes Fleisch hat, sind die Pilze der Gattung *Hydnellum* hart und ungenießbar: Der Gezonte Korkstacheling (*Hydnellum concrescens,* links unten) z. B. wächst in Trupps aus vielen Einzelpilzen, deren Kappen gern miteinander verwachsen. Der Habichtspilz (*Sarcodon imbricatum,* rechts unten), der mitunter gegessen wird, ist durch robuste Struktur, schönen Wuchs unter Nadelbäumen und einen mit braunen Schuppen bedeckten Hut gut zu erkennen.

Ein beliebter Pilz

Die Beliebtheit eines Pilzes lässt sich an der Zahl seiner regionalen Trivialnamen messen. Der Semmel-Stoppelpilz gehört zu den Pilzen, die, je nach regionalem Dialekt, zahlreiche Namen tragen, wie z.B.: Semmelpilz, Woazrecherl, Ausgeschweifter Stachelpilz, Blasser Hirschschwamm sowie im Altfranzösischen eben auch Froschfuß (Rignoche) und Wildschwein (Euchron). Dasselbe gilt für den Habichtspilz, der ebenfalls als Hirschschwamm, Habichtsstachling, Hirschpilz, Hirschzunge sowie als Hirschling und Rehfellchen bezeichnet wird.

Der Gezonte Korkstacheling (Hydnellum concrescens, *links*) *ist für den Verzehr zu hart. Der Habichtspilz* (Sarcodon imbricatum, *oben*) *dagegen ist essbar.*

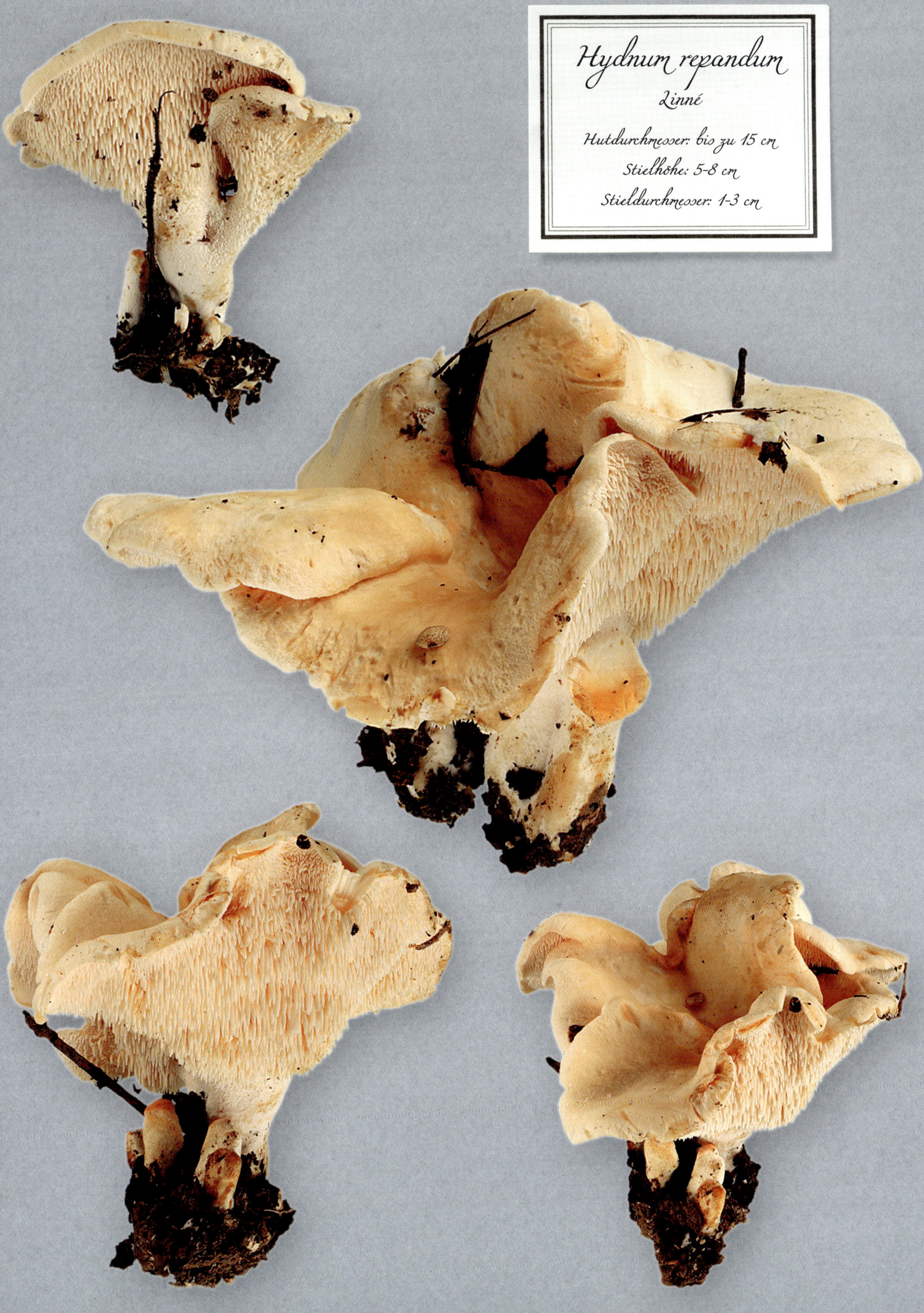
Hydnum repandum
Linné
Hutdurchmesser: bis zu 15 cm
Stielhöhe: 5-8 cm
Stieldurchmesser: 1-3 cm

Feuerschuppiger Saftling

ohne kulinarischen Wert

Ein Ausreisser unter den Saftlingen

Die Saftlinge haben sehr oft leuchtende Farben. Der Feuerschuppige Saftling steht dabei zwischen gelborangen und roten Arten der Gattung *Hygrocybe*, die alle eine schlanke Erscheinung und einen konischen Hut aufweisen – viele mit sehr glatter, oft schleimiger Haut. Die feuchtglänzende Kappe verhalf der Gattung zum Namen *Hygrocybe*, der Wasserkopf (griechisch *hygros* = Wasser, griechisch *kybe* = Kopf) bedeutet. Der Feuerschuppige Saftling ist eine Ausnahme: Hut und Stiel sind trocken und mit schönen, auffälligen Fasern überzogen, die sich gelegentlich über dem Hut ein wenig aufkrümmen. Beachten Sie, dass das Fleisch nie schwarz wird, denn das verhindert eine Verwechslung mit der Gruppe der Kegeligen Saftlinge (Bild unten).

- **Familie:** Hygrophoraceae
- **Jahreszeit:** Herbst
- **Lebensraum:** auf alten, unbestellten Wiesen, auf Kalkböden
- **Verbreitung:** Europa, verstreut und selten

Hygrophorus oder *Hygrocybe*?

Die Saftlinge im weitesten Sinne (Familie der Hygrophoraceae) zählen etwa 200 Arten in Europa, die sich vor allem auf die Gattungen *Hygrophorus* und *Hygrocybe* verteilen. Charakteristisch für die Saftlinge ist ihr wassergesättigtes Gewebe. Das Wort »Hygrophorus« bedeutet urprünglich »Wasserträger« (griechisch *hygros*= feucht, nass, Wasser und *phorein* = tragen). Das wichtigste Unterscheidungsmerkmal zwischen den beiden Gattungen ist ihre Lebensweise. Die *Hygrophorus* sind Mykorrhizapilze (d. h., ihr Myzel ist immer eng mit Baumwurzeln verbunden), während die *Hygrocybe* vermutlich alle Saprophyten sind, sich also von zerfallenden organischen Stoffen ernähren. Diese unterschiedliche Lebensart hat zur Folge, dass die *Hygrocybe* sowohl im Wald als auch in Wiesen vorkommen, das heißt, überall wo Pflanzen verrotten, während im Gegensatz dazu die *Hygrophorus* nur in Wäldern oder an Waldrändern auftauchen, da ihre Symbiose mit Bäumen zwingend ist.

Ein paar andere Saftlinge

Unter den Saftlingen, die leicht mit dem Feuerschuppigen Saftling verwechselt werden können, ist der Kegelige Saftling oder Schwärzende Saftling (*Hygrocybe conica*, siehe unten) am leichtesten zu erkennen, denn sein Fleisch schwärzt sehr schnell. Das geht sogar so weit, dass diese Pilze häufig auf den Wiesen nur als fremdartige, schwarze Gestalten erscheinen. Der **Breitsporige Saftling** *(Hygrocybe konradii)* schwärzt nicht, aber sein Hut ist deutlich klebrig.

Saftlings-Wiesen

Die Saftlinge der Gattung Hygrocybe sind so etwas wie die mykologische Entsprechung zu Blaubeeren und Klatschmohn. Viele, und darunter die farbenprächtigsten, wachsen tatsächlich nur auf alten, naturnahen Wiesen, die durch die landwirtschaftliche Bewirtschaftung längst vergangener Tage und auf ungedüngten Böden entstanden. Aus diesem Grund sind Saftlinge gute ökologische Indikatoren. Man spricht sogar von »Saftlings-Wiesen«, um diese Lebensräume zu klassifizieren, die überall in Europa aus unterschiedlichen Gründen rückläufig sind. Dazu gehören Überweidung, moderne Landwirtschaft und zahlreiche andere menschengemachte Probleme. Auch wenn der Feuerschuppige Saftling auf kurze Sicht nicht vom Aussterben bedroht ist, blüht dies mit Sicherheit anderen Arten, die negativ auf Stickstoffdünger reagieren.

Kegeliger Saftling oder Schwärzender Saftling (Hygrocybe conica)

Hygrocybe intermedia
(Passerini) Fayod
Hutdurchmesser: bis zu 7 cm
Stielhöhe: 3–10 cm
Stieldurchmesser: 0,5–1,5 cm

Falscher Pfifferling

genießbar

- **Familie:** Hygrophoropsidaceae
- **Jahreszeit:** Herbst
- **Lebensraum:** auf dem Boden unter Kiefern
- **Verbreitung:** kosmopolitisch, weit verbreitet und sehr häufig

EIN FALSCHER PFIFFERLING

Der Falsche Pfifferling ist auch als Orangegelber Gabelblättling bekannt. Obwohl er essbar ist, sollte man ihn vom Echten Pfifferling (*Cantharellus cibarius,* S. 50) unterscheiden können, da der »Echte« wesentlich schmackhafter ist. Der Falsche Pfifferling zeigt unter seinem Hut deutliche Lamellen, die sich mithilfe des Fingernagels oder einer Messerspitze leicht aus dem Fleisch trennen lassen. Seine Farbe ist orangegelb und oft rosa getönt. Der eher dottergelbe Echte Pfifferling bildet gegabelte Leisten, die nur Verdickungen des Hutfleisches sind und daher nicht so eindeutig hervortreten wie beim Falschen Pfifferling. Darüber hinaus ist der Falsche Pfifferling vorwiegend unter Kiefern, im Moos, manchmal auch auf morschem Holz, also überall dort anzutreffen, wo man den Echten Pfifferling nur selten findet.

EIN SEHR SCHLECHTER RUF

Auch wenn der Falsche Pfifferling heute als essbar, aber ohne großen kulinarischen Wert gilt, kann er mit diesem Ruf gut leben, bedenkt man, wie wenig Schmeichelhaftes unsere Vorväter über ihn zu sagen wussten. So schreibt der berühmte Mykologe Christian Persoon beim Vergleich mit dem Echten Pfifferling über ihn: »So ähnlich wie er ihm in der Farbe, so gefährlich ist er. Er erscheint spät im Jahr auf feuchten Plätzen, zweifellos Ursache für seine todbringenden Eigenschaften.« Jean-Baptiste Noulet und Augustin Dassier wussten über ihn 1838 nur zu sagen: »Er hat weder Aroma noch Geschmack, nicht mal die Konsistenz des Echten und man hält ihn auch für giftig. Gleichwohl wir trotz einiger positiver Dinge von seiner Giftigkeit nicht überzeugt sind, halten wir ihn dennoch für suspekt und für den Verzehr keinesfalls geeignet.«

Der Leuchtende Ölbaumpilz (Omphalotus illudens) *ist giftig und gelangt manchmal wegen seiner vagen Ähnlichkeit mit den essbaren Falschen und Echten Pfifferlingen irrtümlich in eine Pilzmahlzeit.*

AB ZU DEN RÖHRENPILZEN

Früher der Gattung der Trichterlinge (*Clitocybe*) zugeordnet, ist der Falsche Pfifferling heute in der Gattung *Hygrophoropsis* zu finden (griechisch *opsis* = Anblick, Erscheinung, also »wie« *Hygrophorus*). Damit ist er auch noch ein »Falscher Hygrophorus«, also ein Falscher Schneckling! Weder Schneckling noch Trichterling noch Pfifferling? Was denn dann? Der Falsche Pfifferling ist nachweislich ein echter Röhrenpilz, aber mit Lamellen – ein einmaliges Merkmal, das er mit den Kremplingen (S. 218) und Schmierlingen (S. 94) teilt. Während sich die Klassifikation zahlreicher Arten durch Methoden verändert hat, erfuhren die »Röhrenpilze mit Lamellen« kaum Veränderungen. Schon in den 1980er-Jahren erkannte man die Affinitäten dieser Arten mit ihren Vettern, den Röhrenpilzen. Im Gegensatz dazu werden die Falschen Trichterlinge aus der Gattung der Ölbaumpilze (*Omphalotus*, s. unten), die früher ebenfalls als Verwandte der Röhrenpilze galten, heute einer Gruppe zugeordnet, die auch bestimmte Rüblinge, wie den Butterrübling (*Rhodocollybia butyracea,* S. 188), umfasst.

Ein anderer »Falscher« und »Giftiger«

Nach dem Falschen Pfifferling ein weiterer »Falscher«, diesmal der Leuchtende Ölbaumpilz (Omphalotus illudens, s. links). Dieser hübsche und große, leuchtend orangegelbe Pilz wächst büschelig auf Baumstämmen und scheint daher kaum mit Echten oder Falschen Pfifferlingen verwechselbar. Dennoch kommen alljährlich schwerere Vergiftungsfälle nach dem Verzehr von angeblich »besonders schönen und großen Pfifferlingen« vor! Der Leuchtende Ölbaumpilz ist, wie sein Name andeutet, lumineszent: Die Lamellen der ausgewachsenen Exemplare verbreiten ein recht intensives grünlich gelbes Leuchten, bei dem ein berühmter Mykologe behauptete, seine Zeitung lesen zu können.

Hygrophoropsis aurantiaca
(Wulfen: Fries) Maire
Hutdurchmesser: bis zu 8 cm
Stielhöhe: 2-7 cm

Graubrauner Schneckling

genießbar

Das französische Rätsel mit den Ziegen

Diese Gattung wird aufgrund ihres wässrigen Fleisches als *Hygrophorus* (griechisch *hygros* Wasser und *phorein* tragen = »Wasserträger«) bezeichnet. Der deutsche Trivialname »Schneckling« übernimmt diese Andeutung. Die Etymologie des Artnamens *camarophyllus* stammt aus dem Griechischen *kamara*, lateinisch *camara* = Gewölbe und *phyllon* = Blatt und weist damit auf die Ausprägung der gewölbeartig gebogenen Lamellenblätter hin. Im Französischen lautet der Trivialname wörtlich übersetzt »Schneckling der Ziegen«, eine Bezeichnung, die Rätsel aufgibt. Vermutlich handelt es sich um eine spätere Abwandlung des wissenschaftlichen Namens, den der Naturforscher Joannis Antoni Scopoli diesem Pilz 1772 gab: *Agaricus caprinus*. Das lateinische *caprinus* bedeutet »von der Ziege«. Aber welche Verbindung sollte dieser Pilz mit Ziegen haben? Es bleibt ein Rätsel.

- **Familie:** Hygrophoraceae
- **Jahreszeit:** Herbst.
- **Lebensraum:** unter Tannen, Fichten und Kiefern.
- **Verbreitung:** kosmopolitisch, weit verbreitet und sehr häufig.

Namensdebatte

Zwei wissenschaftliche Namen stehen als Bezeichnung des Graubraunen Schnecklings zur Debatte: *Hygrophorus camarophyllus* und *Hygrophorus atramentosus*. In ihrer Abhandlung *Conspectus fungorum in Lusatiae superioris*, 1805, schlugen Johannes Albertini und Ludwig v. Schweinitz beide Namen vor, um damit zwei Varietäten ihres *Agaricus camarophyllus* zu bezeichnen. *Agaricus camarophyllus* war dabei der ursprüngliche Name unseres Schnecklings. Erst 170 Jahre später wurde der Name *Hygrophorus atramentosus* erneut vorgeschlagen. Allerdings nicht als Bezeichnung einer Varietät, sondern einer eigenen Art – eine unhaltbare Position, bedenkt man die letzte Monografie der Gattung *Hygrophorus*. Wir halten uns hier an die letzte autorisierte Namensgebung und gehen davon aus, dass die beiden Namen lediglich farbliche Varianten des Graubraunen Schnecklings bezeichnen, wobei der Artname »*atramentosus*« weiterhin für dunkle Exemplare dieses Pilzes benutzt wird.

Die »wächsernen« Lamellen der Schnecklinge

In Pilzführern finden Sie vermutlich diese, für Sie vielleicht rätselhafte Merkmalsbezeichnung bei der Beschreibung der Gattung der *Hygrophorus*. Schnecklinge haben breite und weit abstehende Lamellen, deren Konsistenz verhältnismäßig weich und ein wenig nachgiebig ist und damit an warmes, weiches Kerzenwachs erinnert. Bedenken Sie, dass bei bestimmten Saftlingen das Merkmal »wächsern« nicht nur auf die Lamellen, sondern auch auf den gesamten Pilz zutrifft, wie z. B. beim zu Recht als Gebrechlicher Saftling bezeichneten *Hygrocybe ceracea* (Foto links unten).

Der Gebrechliche Saftling (Hygrocybe ceracea) *verdankt seinen Artnamen (lateinisch* cera *= Wachs) der wachsartigen Beschaffenheit seiner Lamellen und seines Hutes, die entfernt an warmes Wachs erinnern.*

Ein Doppelgänger für den Gourmet

Anfang Frühjahr haben Sie vielleicht Gelegenheit, in Tannenwäldern, mit oder ohne Bucheneinmischung, den Märzschneckling (Hygrophorus marzuolus) anzutreffen, der dem Graubraunen Schneckling sehr ähnlich ist. Er besitzt einen kürzeren Stiel und wirkt damit gedrungener. Sein stets unregelmäßig geformter Hut ist blasser gefärbt, gelegentlich sogar fast weiß und grau gefleckt, eine ungewöhnliche Färbung, die am Graubraunen Schneckling so gut wie nie zu beobachten ist. Der Märzschneckling ist schwer zu finden, denn er wächst verborgen unter Laub- oder Nadelstreu. Er ist ein guter Speisepilz, in einigen Bergregionen Frankreichs und Spaniens sehr beliebt, wo er reichlich vorkommt.

Hygrophorus camarophyllus

(Albertini & Schweinitz: Fries)

Dumée, Granjean & Maire

Hutdurchmesser: bis zu 10 cm, sogar bis 15 cm

Stielhöhe: 3–12 cm

Stieldurchmesser: 0,8–3 cm

Isabellrötlicher Schneckling

genießbar

- **Familie:** Hygrophoraceae
- **Jahreszeit:** Herbst
- **Lebensraum:** nur unter Buche auf kalkhaltigen Böden
- **Verbreitung:** Europa, zerstreut und eher selten

Die schönsten Schnecklinge

Die Natur hält für jeden etwas bereit! Nur müssen wir der blumigen Sprache des Mykologen Georges Becker (1906–1994) angesichts der bevorstehenden Beschreibung dieses Schnecklings durch Heim nicht zwangsläufig folgen, den er wohl sehr gut kannte: »Für mich ist er der Beste, der *Hygrophorus poetarum*, der wie ein großer, erblasster Orangeschneckling *(H. pudorinus)* anmutet und Hexenringe in tonige Bergbuchenwälder zaubert. Er ist wunderschön, mit der samtig getönten Haut eines Kindes, und der wohl größte und schmackhafteste. Unbegreiflich, dass er bisher der Aufmerksamkeit der Mykologen entgangen ist …« Und dennoch …

Eine reiche Farbskala

Einige Saftlinge und Schnecklinge (*Hygrocybe* und *Hygrophorus*) gehören mit ihren auffallend eleganten Silhouetten und Farben zu den schönsten Pilzen. Ihre Farbskala reicht von Rosa, Orange, Rot, Scharlachrot, Blauviolett bis Grün, wobei einige sogar gemischt gefärbt sind! Die Strahlkraft ihrer Farben wird durch die wie »eingefettet« wirkende Außenhaut ihrer Hüte betont. Daneben gibt es auch weiße, beige, graue oder schwarze Saft- und Schnecklinge, aber die sind angesichts ihrer so brillant gefärbten Verwandten schnell vergessen. Keine dieser Arten ist giftig, aber nur sehr wenige sind tatsächlich essbar. Alles in allem trifft das auf die lebhaft gefärbten Saft- und Schnecklinge nie zu.

Eine lange missachtete Art

Der Isabellrötliche Schneckling wurde lange mit dem Orangeschneckling (*Hygrophorus pudorinus*, s. Foto unten links) verwechselt. Seine Beschreibung von 1947 haben wir dem Mykologen Roger Heim (s. Blatt links unten) zu verdanken. Der Orangeschneckling ist ein Begleiter der Nadelbäume in Gebirgsregionen, hat eine feucht glänzende, einheitlich rosa und blassocker getönte Kappe und riecht harzig. Der stets weiß gerandete Hut des Isabellrötlichen Schnecklings dagegen ist trocken und duftet stark aromatisch mit einem Hauch von Zimt.

Der trockene Schneckling

Die Verwechslung des Isabellrötlichen Schnecklings mit dem anderen großen, blasseren **Trockenen Schneckling** (*Hygrophorus penarius*, unten rechts) ist noch leichter, da er ebenfalls gern unter Buchen wächst. Er trägt den Beinamen Essbarer Schneckling, was sein wissenschaftlicher Artname (lateinisch *penarius* = Speisekammer) andeutet. Seine trockene Kappe ist weiß oder fast weiß. Einen besonderen Geruch hat er nicht. Er ist ein guter, in einigen Regionen geschätzter Speisepilz.

Roger Heim, Mykologe von Weltruf

1900 geboren, war Roger Heim die Liebe zur Naturwissenschaft schon in die Wiege gelegt. Seine Doktorarbeit widmete er mutigerweise der Gattung der Risspilze (Inocybe). Während des Krieges arbeitete er für die Résistance, was ihm 14 Monate Haft und Folter einbrachte. Erst nach der Befreiung Frankreichs wurde er Direktor der Laboratorien für Kryptogamie am staatlichen Naturkundemuseum in Paris und hetzte in aller Welt von Aufgabe zu Aufgabe. Er veröffentlichte fast 600 wissenschaftliche Abhandlungen und zahlreiche Werke über Pilze oder den Naturschutz. Er war Gründungsmitglied und später Präsident der UICN, der internationalen Union für die Bewahrung der Natur und Natürlicher Ressourcen. Er verstarb am 17. September 1979 in Paris.

Der Orangeschneckling (Hygrophorus pudorinus, *links*) *und der Trockene Schneckling* (H. penarius, *rechts*).

Hygrophorus poetarum
R. Heim
Hutdurchmesser: bis zu 15 und sogar 20 cm
Stielhöhe: 5-10 cm
Stieldurchmesser: 1-3 cm

Gefleckblättriger Purpurschneckling

ohne kulinarischen Wert

- **Familie:** Hygrophoraceae
- **Jahreszeit:** Herbst
- **Lebensraum:** unter Laubbäumen, tendiert zu kalkhaltigen Böden
- **Verbreitung:** Europa und Nordamerika, weit verbreitet und relativ häufig, wärmeliebend

Ein Imitat des Täublings …

Der Vergleich, den wir dem bekannten schwedischen Botaniker und Mykologen Elias Fries (1795–1878) verdanken, ist nicht abwegig. Dieser schöne, fleischige Schneckling mit ebenmäßiger und eleganter Silhouette erinnert tatsächlich an einige Täublinge (siehe *Russula*, S. 192 ff.). Aber hier enden die Ähnlichkeiten auch schon. Das faserige Fleisch der Schnecklinge hat eben nicht die typische krümelige, trockene und mürbe Konsistenz der Täublinge. Obwohl der Gefleckblättrige Purpurschneckling gelegentlich verzehrt wird, ist sein Fleisch oft bitter und wenig schmackhaft, sodass er eigentlich zu den Pilzen zählt, auf die man nur in Notzeiten zurückgreift!

… mit den Lamellen der Ritterlinge

Der Gefleckblättrige Purpurschneckling gefällt sich nicht nur in Äußerlichkeiten eines Täublings. Seine Lamellen verlaufen in der Regel horizontal, während die der meisten anderen Schnecklinge leicht ausgebaucht sind und am Stiel herablaufen wie die Leisten des Pfifferlings. Dieses besondere Merkmal hat die Mykologen sehr verwirrt und unserem Schneckling einen Platz in der Gruppe der Ritterlinge (siehe *Tricholoma*, S. 224 ff.) eingebracht, eine Gattung, in der sich Arten mit vergleichbarer Silhouette tummeln, die ähnlich gerade Lamellen aufweisen. Dennoch: *Tricholoma russula*, der alte wissenschaftliche Name für den Gefleckblättrigen Purpurschneckling, ist Geschichte – zeitgenössische Mykologen atmen bei diesem Namen förmlich den Duft alter Aquarelle.

Und dann läuft er auch noch rot an!

Eines der Hauptmerkmale des Gefleckblättrigen Purpurschnecklings ist, dass er mehr oder weniger weiß aus der Erde kommt, sich dann jedoch komplett mit den Lamellen schnell rosa oder purpurbräunlich »einfleckt« und die Färbung annimmt, die für erwachsene Exemplare typisch ist. Diese Farbänderung teilt er mit anderen Schnecklingen, wie z.B. dem **Rasigen Purpurschneckling** *(Hygrophorus erubescens)*, einem Doppelgänger des Gefleckblättrigen Purpurschnecklings, der unter Nadelbäumen wächst, dessen Lamellen jedoch weiß bleiben, und dem **Weinroten Schneckling** (*Hygrophorus capreolarius*, s. unten), der ebenfalls unter Nadelbäumen gedeiht, kleiner ist und ausgeprägt rosapurpurfarbene Lamellen hat.

Der Weinrote Schneckling (Hygrophorus capreolarius) *ähnelt dem Gefleckblättrigen Purpurschneckling, wächst jedoch nur unter Nadelbäumen.*

Farbpigmente

*Einige Saftlinge der Gattung Hydrocybe, aber auch bestimmte Wulstlinge, wie der **Fliegenpilz**, verdanken ihre lebhafte Färbung bestimmten Farbpigmenten, den sogenannten Betalainen. Diese roten, violetten, gelben oder orangen Pigmente finden wir überraschenderweise auch in Blütenpflanzen, nämlich in den Nelkengewächsen. Der Farbstoff der Roten Rüben, die scharlachrote Farbe der Hochblätter der Bougainvillea, die violetten Töne der Blütenblätter des Portulaks, die rosaroten Schattierungen der Feigenkaktusblüten … und das lebhafte Rot des größten Saftlings Hygrocybe punicea, für sie alle sind dieselben Pigmente verantwortlich.*

Hygrophorus russula
(Fries: Fries) Quélet
Hutdurchmesser: bis zu 15 cm
Stielhöhe: 5-10 cm
Stieldurchmesser: 1-2 cm

Sternsporiger Risspilz

giftig

- **Familie:** Crepidotaceae
- **Jahreszeit:** Herbst
- **Lebensraum:** vor allem im Laubwald
- **Verbreitung:** Europa und Nordamerika, weit verbreitet und relativ häufig

Inocybe – oder wie man Mykologen leimt

Inocybe, Risspilze ... ein Begriff, der viele Pilzexperten ins Schwitzen bringt. Machen Sie die Probe aufs Exempel: Sammeln Sie einige Risspilze, die sich durch ihren Mangel an markanten Vergleichsmerkmalen auszeichnen – das ist nicht schwer, denn die meisten Risspilze sind sich so ähnlich, dass sie sich mit bloßem Auge kaum unterscheiden lassen. Dann präsentieren Sie die Sammlung einigen Pilzexperten. Sie werden sich über die unterschiedlichsten Meinungen wundern. »Das ist der Kegelige Risspilz«, werden einige behaupten. Eine zweckdienliche, nichtssagende Antwort, denn dieser Risspilz ist der häufigste der Gattung. Die anderen werden in einem Fachchinesisch auf Sie einreden, dass Ihnen der Kopf schwirrt. Damit ist der Fall besiegelt, und Ihre Sammlung landet im Mülleimer.

Allem zum Trotz – ein Leitfaden

Auch in diesem dunklen Kapitel gibt es einen Hoffnungsschimmer. Risspilze haben i. d. R. einen konischen, sich später ausbreitenden, rissigen Hut, der in der Mitte gebuckelt ist. Sie verdanken ihren wissenschaftlichen Namen der faserigen Hutmitte (das Wort *Inocybe* leitet sich vom griechischen *inos* = Fasern und *kybe* = Kopf ab und weist auf dieses Merkmal hin). Einige der verbreiteten Arten von *Inocybe,* wie z. B. der Sternsporige Risspilz, können ohne Schwierigkeit erkannt werden. Sein erst kegelförmiger, dann ausgebreiteter Hut ist von der Mitte aus mit ocker- bis tabakbraunen Fasern bedeckt, die strahlenförmig voneinander abstehen, sodass das blasse Fleisch darunter sichtbar wird. Der rötlich oder orangebraune Stiel ist mit einer dünnen, reifartigen Schicht (leicht wachsartig, mehlig) überzogen. Die Stielbasis verdickt sich zwiebelartig mit deutlich abgesetztem Rand. Die tabakbraunen Lamellen nehmen im Laufe der Zeit einen rötlichen Ton an und verströmen beim Zerreiben einen spermaartigen Geruch.

Eine vertrackte Gattung?

Einige Mykologen sind Kämpfer, die mit viel Idealismus versuchen, das Labyrinth der Gattung *Inocybe* zu entwirren. Weltweit sind mittlerweile rund 700 Arten beschrieben, davon nicht weniger als 350 in Europa. Fast alle müssen aufgrund ihrer mikroskopischen Merkmale sehr aufwendig bestimmt werden, da eine Differenzierung der Arten ohne Untersuchung der Sporen und Zystiden fast unmöglich ist. Roger Heim (S. 112) war einer dieser Vorkämpfer. Seine Arbeitshypothesen zur Klassifikation der Gattung *Inocybe* sind genial. So jedenfalls schreibt es auch der damalige Präsident der französischen Gesellschaft für Mykologie, Georges Becker: »Ermüdet von all den mit Preisen überhäuften literarischen Ergüssen, wende ich mich ›Le genre *Inocybe*‹ zu, um meinen Geist zu erfrischen.«

Verlassen Sie sich auf Ihre Nase

Es gibt andere Risspilze, mit denen der Sternsporige Risspilz einige seiner Merkmale teilt. So verströmen manche denselben wenig angenehmen, süßlich ekeligen Geruch. Andere wiederum lassen sich verhältnismäßig leicht von denen »mit Geruch« unterscheiden. Der ***Rundknollige Risspilz*** *(Inocybe umbrina), ebenfalls ein Bewohner der Nadelwälder, hat eine hübsche, zwiebelartige Verdickung an der Stielbasis, und sein Fleisch riecht leicht nach Kautschuk oder Erde. Der* ***Gefleckte Risspilz*** *(Inocybe maculata, rechts außen) wiederum, dessen Fleisch den Duft nach Honig oder Gewürzkuchen verströmt, hat überhaupt keine Verdickung an der Stielbasis. Dafür weist seine Kappe häufig kleine weiße Schuppen auf, die sich leicht abziehen lassen.*

Der Gefleckte Risspilz (Inocybe maculata) *ist dem Sternsporigen Risspilz* (Inocybe asterospora) *ähnlich, unterscheidet sich aber durch seinen Honiggeruch.*

Inocybe
asterospora
Quélet
Hutdurchmesser: 7 cm
Stielhöhe: 3-7 cm
Stieldurchmesser:
0,5-1 cm

Rötender Risspilz

giftig

- **Familie:** Crepidotaceae
- **Jahreszeit:** Herbst
- **Lebensraum:** vor allem in Laubwäldern, auf eher kalkhaltigen Böden
- **Verbreitung:** Europa und Nordamerika, verstreut und selten

RÖTENDE RISSPILZE

Die Risspilze sind eine so artenreiche Gattung und so schwierig voneinander zu unterscheiden, dass die Mykologen stets auf der Jagd nach jedem, auch noch so kleinem Merkmal sind, das eine Differenzierung erleichtern oder sogar erst ermöglichen könnte. Dennoch lassen sich einige Gruppen aufgrund morphologischer Merkmale zusammenfassen: Es gibt Arten mit zylindrischem, an der Basis kaum verdicktem Stiel und Arten mit deutlich gerandeter, knolliger Stielbasis. Die Rötung des Fleisches gehört zu den hilfreichsten Unterscheidungsmerkmalen, wie das Beispiel des Rötenden Risspilzes zeigt, der zuerst in sehr blassem Kaolinweiß erscheint, das sich augenblicklich feurig orange oder lebhaft rosaorange verfleckt. Diese sehr besondere Verfärbung erfasst den gesamten Pilz, einschließlich des Stiels, der in einer zwiebelartig verdickten Basis endet, die sich durch einen Rand deutlich vom Stiel absetzt. Der **Rötlichfuchsige Risspilz** *(Inocybe bresadolade)* zeigt das gleiche Phänomen der Verfärbung und die gleiche »Zwiebel« an der Stielbasis. Deutlich allerdings unterscheiden sich die beiden Arten durch den Geruch. Der Rötende Risspilz riecht eher unangenehm und aufdringlich spermaartig, während der Rötlichfuchsige Risspilz einen aromatischen, rosenähnlichen Duft verbreitet.

DER ZIEGELROTE RISSPILZ

Ein weiterer Risspilz mit rötendem Fleisch ist der berühmt-berüchtigte **Ziegelrote Risspilz** (*Inocybe patouillardii*, s. Foto unten), der – wie seit Anfang des vorigen Jahrhunderts dokumentiert – für etliche tödliche Vergiftungsfälle verantwortlich war und immer wieder ist. Er enthält wie der Fliegenpilz (S. 28) das Toxin Muscarin, jedoch in weit höherer Konzentration. Es ist hochwirksam, greift das Nervensystem an und kann zum Herzstillstand führen. Der Ziegelrote Risspilz wächst nur im Frühjahr und Frühsommer. Er ist ein relativ großer Risspilz. Sein Hut kann einen Durchmesser von bis zu 10 cm erreichen. Sein Stiel ist nahezu zylindrisch und zeigt keine deutlich ausgeprägte Knolle an der Basis. Sein Geruch ist eher schwach, aber dafür angenehm. Offenbar wird er gern mit dem Mairitterling (*Calocybe gambosa*, S. 82) verwechselt, jenem hervorragenden Speisepilz, der zur selben Jahreszeit erscheint. Dabei wäre Letzterer eigentlich ganz einfach durch seine dicht anliegenden Lamellen und das sich nie verfärbende, auffällig nach frischem Mehl riechende Fleisch zu unterscheiden.

Ziegelroter Risspilz (Inocybe patouillardii)

Hochgiftige Pilze

Man kann mit gutem Gewissen behaupten, dass es unter den Risspilzen eigentlich keinen genießbaren Pilz gibt. Tatsächlich sind alle mehr oder weniger giftig. Einige sind ausgesprochen gefährlich, wie der ***Ziegelrote Risspilz*** *(Inocybe patouillardii, nebenstehendes Foto). Eine kleine Zahl von Risspilzen ist sogar psychoaktiv, denn sie enthalten in unterschiedlicher Konzentration Psilocybin und Aeruginascin, beides Halluzinogene. Abgesehen davon, dass diese Stoffe den Realitätssinn schwer stören, versetzen sie das Opfer in einen Zustand der Euphorie, der zu Angstzuständen und Panikattacken führen kann. Gleichzeitig können sie langwierige psychische Probleme auslösen, wie Depressionen oder Phobien. Es ist daher ratsam, sich an Steinpilze oder Maronen zu halten.*

Inocybe godeyi
Gillet
Hutdurchmesser: bis zu 4 cm
Stielhöhe: 2-5 cm
Stieldurchmesser: 0,5-1 cm

Violetter Lacktrichterling

genießbar

Häufig und doch wenig bekannt

Dieser hübsche, kleine Pilz, auch Bläuling, Lackpilz, Lack-Trichterpilz oder Violetter Bläuling genannt, ist in unseren Wäldern sehr häufig. Obwohl essbar, kennen ihn die wenigsten. Allerdings ist das Sammeln eine Geduldsprobe, denn er ist klein und wächst weit verstreut. Der Nabel (eine kleine Vertiefung) in der Hutmitte, der sich später zeigt, ist ein Charakteristikum seiner Art. Das Epitheton *laccaria* (mittellateinisch *lacca* = Lack) ist eine Anspielung auf die lackartige Oberfläche des Fruchtkörpers. Seine purpurne Farbe verblasst beim Austrocknen zu einem sehr matten Lila bis zur Unkenntlichkeit. Erhält der ausgetrocknete Pilz wieder Feuchtigkeit, frischt die Farbe sofort wieder auf. Die feuchtigkeitsabhängige Verfärbung dieser Pilze bezeichnet man als »hygrophan«. Die weitständigen, spärlichen Lamellen sind in der gleichen Farbe gehalten wie der Hut. Der Stiel ist schlank und faserig. Es empfiehlt sich, nur den Hut zu verwenden. Der Stiel ist eher schwer verdaulich.

Zweifarbiger Lacktrichterling (Laccaria bicolor)

- **Familie:** Hydnangiaceae
- **Jahreszeit:** Herbst
- **Lebensraum:** vor allem in Laubwäldern, aber auch in Nadelwäldern
- **Verbreitung:** Europa und Nordamerika, weit verbreitet und häufig

… nie ohne meinen Baum

Die unscheinbaren Lacktrichterlinge wirken inmitten der zahlreichen, größeren Pilze in unseren Wäldern unbedeutend. Die Wissenschaft allerdings weiß seit Langem, welche wichtige Rolle die Lacktrichterlinge im Leben des Waldes in ihrer Eigenschaft als Mykorrhizapilze spielen. Daher ist der Pilz auch in der Forstwirtschaft von Nutzen. Es hat sich gezeigt, dass sie sowohl das Sämlingswachstum stimulieren, das Gedeihen der Jungpflanze fördern und sie gegen verschiedene Krankheitserreger im Boden schützen. In Europa gibt es inzwischen einige Baumschulen, die neben *Laccaria* eine Reihe weiterer Symbiosebildner (z. B. Fliegen- und Steinpilz, *Glomus*, *Paxillus* …) in die Wurzelware injiziert anbieten, um das Anwachsen nach dem Verpflanzen zu erleichtern.

Andere Lackpilze

Es gibt weitere *Laccaria*-Arten in Mitteleuropa. Der *Violette Lacktrichterling* ist allerdings der einzige vollständig lilafarbene der Gattung. Der Zweifarbige Lacktrichterling (*Laccaria bicolor*, linkes Bild) ist orangebraun mit einem helllila Myzel an der Stielbasis. Die Rötlichen Lacktrichterlinge (*Laccaria laccata* und verwandte Arten) sind hellbraunorange bis ockerrosa getönt. Ihnen allen sind weitständige Lamellen, geruchloses Fleisch und weißes, inamyloides Sporenpulver gemeinsam.

Der Gemeine Rettichhelmling (Mycena pura) *und verwandte Arten sind sehr giftig und können mit dem Violetten Lacktrichterling verwechselt werden.*

Verwechslungsgefahr!

Haben Sie Lust auf eine Mahlzeit mit Lacktrichterlingen, sollten Sie unbedingt darauf achten, sie nicht mit dem Rettichhelmling (Mycena pura, Syn. Prunulus purus, nebenstehendes Bild) oder anderen Helmlingen, wie dem Rosa Rettichhelmling (Mycena rosea, S. 160), zu verwechseln, die allesamt sehr giftig sind. Von unterschiedlicher Färbung (sie variieren von Rosa bis Lila) unterscheiden sie sich trotz des schönen, täuschenden Scheins deutlich durch ihre engständigen Lamellen, ihren stets leicht gebuckelten Hut und vor allem durch ihren starken Rettichgeruch.

Laccaria
amethystina
Gillet
Hutdurchmesser:
bis zu 6 cm
Stielhöhe: 4-8 cm
Stieldurchmesser:
0,3-0,8 cm

Rosascheckiger Milchling

ungenießbar

MILCHLINGE – PILZE MIT »KÖRNIGEM« FLEISCH

Die überwiegende Mehrheit der Pilze hat faseriges Fruchtfleisch. Machen Sie die Probe aufs Exempel: Versuchen Sie, das Fleisch an der Stielhaut abzuzupfen, und Sie stellen fest, dass sich lange Fasern aus dem Geflecht feiner »Röhren« lösen lassen, die das Myzel bilden. Bei Milchlingen oder Täublingen (*Russula*, S. 192 bis 202) wird dieses nicht gelingen. Ihr Fleisch ist mürbe und brüchig wie alter Parmesan, denn ihr Gewebe setzt sich aus kleinen, rundlichen Zellen zusammen, die für diese sogenannte »körnige« Konsistenz sorgen. Die Unterscheidung zwischen Milch- und Täublingen wiederum ist einfach. Sowohl der Trivialname »Milchling« als auch der wissenschaftliche Name weisen auf eine Besonderheit des Milchlings hin: Das Fleisch dieser Gattung »milcht« (lateinisch *lactaius* = milchend) bei der geringsten Verletzung.

- **Familie:** Russulaceae
- **Jahreszeit:** Herbst
- **Lebensraum:** unter Weiden und Pappeln
- **Verbreitung:** Europa und Nordamerika, weit verbreitet und häufig

Anmerkungen zur Mykotherapie

Der Pfeffermilchling (Lactarius piperatus) ist wesentlich kleiner als der Rosascheckige Milchling, hat einen glatten Hut und dicht gedrängt stehende Lamellen. Getrocknet und pulverisiert wurde er früher als Heilmittel gegen Schwindsucht genutzt. Ein Universal-Lexikon der Medizin und ihrer Heilmethoden von F. J. Mérat und A. J. de Lens (1837) verzeichnet das Rezept eines Arztes aus Valenciennes: »Man mischt ungefähr 11 g des Pilzpulvers mit einem Opiat aus 15 g eingelegten Rosenblüten, 4 g Walrat, ebenso viel Flusskrebsaugen und Schwefelpulver, vermengt mit Schafgarben-Sirup.« Das Opiat und der Sirup aus Schafgarbe, eine heute für seine kräftigende Wirkung bekannte Pflanze, brachte sicher Besserung ... zumindest für eine Zeit.

EIN RIESEN-MILCHLING

Der Rosascheckige Milchling ist zusammen mit dem **Wolligen Milchling** (s. unten) einer der beiden größten europäischen Milchlinge. Daneben fällt er durch seinen blassen, trichterförmigen Hut auf, den mehrere konzentrisch verlaufende, oft unterbrochene, rosa oder rötliche Zonen zeichnen, sowie durch kräftig rosa Lamellen, festes, pikantes, weiß milchendes Fleisch und nicht zuletzt durch seinen besonderen Lebensraum: Er wächst in Gesellschaft mit Weiden oder Pappeln. Der **Riesen-Krempentrichterling** *(Leucopaxillus giganteus)* ähnelt großen Milchlingen sehr, gedeiht jedoch im Rasen und auf Wiesen, und sein faseriges Fleisch milcht nicht.

EIN HUT AUS SAMT

Der Wollige Milchling (*Lactarius vellereus*, Bild unten) ähnelt dem Rosascheckigen Milchling, gedeiht jedoch unter Eichen und Buchen und trägt – wie sein Name schon andeutet – einen »samtigen« Hut. Eine Rosatönung zeigt er im Übrigen nie. Seine weiße Milch fließt bei Verletzung reichlich, und sein Fleisch schmeckt unangenehm pfeffrig. Damit ist er eigentlich nicht zum Verzehr geeignet. Dennoch scheint er in einigen osteuropäischen Ländern Verwendung in Pulverform als Würzmittel zu finden oder wird in dünne Scheiben geschnitten und gegrillt verzehrt.

Wolliger Milchling (Lactarius vellereus)

Lactarius controversus

Persoon: Fries

Hutdurchmesser: bis zu 25 cm und sogar 30 cm

Stielhöhe: 3-5 cm

Stieldurchmesser: 1,5-2,5 cm

Echter Reizker

schmackhaft

- **Familie:** Russulaceae
- **Jahreszeit:** Herbst
- **Lebensraum:** nur unter Kiefern
- **Verbreitung:** Europa und Nordamerika, weit verbreitet und häufig

Ein Speisepilz

Der Echte Reizker ist leicht zu erkennen: Sein Hut ist in der Mitte trichterförmig vertieft und trägt konzentrische, orange bis bleichorange Farbringe, die später einen kupfergrünlichen Einschlag bekommen können. Das Fleisch »milcht« lebhaft karottenrot bei jeder Verletzung, und sein stämmiger, mürber Stiel ist mit dunkleren Grübchen überzogen. Auch wenn nicht unbedingt »delikat«, ist er schmackhaft, vorausgesetzt, man verwendet sehr junge Exemplare. Hat er erst einmal einen grünlichen Farbton angenommen, ist er schnell eine Beute der Maden. Mancherorts legt man ihn ein wie Essiggürkchen und serviert ihn als Vorspeise oder grillt ihn, vorzugsweise mit mildem Olivenöl. Der Verzehr dieses Pilzes verfärbt den Urin rötlich – ohne die geringste Gefahr für Leib und Leben.

Der Weinrote Reizker

Wie im Französischen hat der Echte Reizker auch im Deutschen viele Regionalbezeichnungen wie Karottenmilchling, Röstling, Wacholder-Schwamm, Milchblätterling ... Der Weinrote Kiefernreizker *(Lactarius sanguifluus)* ist mit seinem orangen und grünlichen Trichterhut dem Echten Reizker sehr ähnlich, ist aber ein ausgesprochener Südländer und kommt in Deutschland nur im Süden vor. Der Milchsaft ist weinrot, Lamellen und Stiel sind im gleichen Ton überfärbt. Auch er ist genießbar, vorausgesetzt, man mag Pilze mit festem Fleisch. Das Adjektiv »delikat« hat er verdient: Der Erstbeschreiber des Edelreizkers, Carl von Linné, hielt seinen Pilz offenbar für den aus dem Süden bekannten Weinroten Reizker, der sich über seine angestammte Region hinaus nach Norden bewegt hatte.

Nach dem Guten das weniger Gute

Mehrere andere Reizker der Gattung *Lactarius* können mit dem Echten Reizker verwechselt werden. Diese Reizker sind sich morphologisch ziemlich ähnlich, unterscheiden sich jedoch anhand ihrer unterschiedlichen Lebensräume. Erwähnenswert sind der Fichtenreizker (*Lactarius deterrimus*, unten). Er ist schon beinahe ein Doppelgänger des Echten Reizkers, wobei sein Stiel keine Grübchen zeigt und er, wie der Name schon sagt, nur unter Fichten wächst. Sein Fleisch ist nicht unbedingt ungenießbar, aber recht bitter. Der Lachsreizker *(Lactarius salmonicolor)*, ist nur von mittelmäßiger Qualität, manchmal schlecht verträglich und tritt nur unter Kiefern und in Bergregionen auf. Darüber hinaus unterscheidet er sich durch seine Farbe (Lachs- statt Karottenrot), und vor allem nimmt er weder bei Verletzungen noch im Alter eine grünliche Färbung an.

Wie der Echte Reizker seinen lateinischen Artnamen deliciosus *nicht unbedingt verdient, wird der Fichtenreizker* (Lactarius deterrimus) *geschmacklich unterbewertet!*

Pilze vom Ende der Welt

Der Pilzmarkt in Europa floriert. Mehr als 30 Arten in Kultur sind rund ums Jahr fast wie industriell hergestellte Lebensmittel erhältlich. Dennoch können viele Waldpilze, Mykorrhizapilze, Milchlinge eingeschlossen, auch heute noch nicht gezüchtet werden. Das bedeutet, dass Tausende Tonnen Waldpilze, die alljährlich zum Beispiel in Frankreich verkauft werden, allesamt gesammelt werden ... Die europäischen Wälder wären schnell leer geräumt, würden nicht ganze Sammlertrupps, vor allem in Asien, unsere bevorzugten Pilze ... oder ihnen mehr oder weniger ähnliche Pilze liefern. Im Gegensatz zur Schweiz gehören Frankreich und Deutschland zu den europäischen Ländern, die keine offiziellen Pilzkontrollorgane haben.

Lactarius deliciosus

(Linné: Fries)

S. F. Grey

Hutdurchmesser:
bis zu 11 cm

Stielhöhe: 3-6 cm

Stieldurchmesser:
1,5-2,5 cm

Olivbrauner Milchling

giftig

EIN GROSSER EINZELGÄNGER

Der Olivbraune Milchling zeigt einen Hut in schmutzigen Farben, bräunlich olivgrün, manchmal sehr dunkel und mit einer Vertiefung in der Mitte. Seine schmuddelig weißen Lamellen sind dicht anliegend. Der kurze, stämmige Fuß hat in etwa die gleiche, wenn auch eine blassere Farbe als der Hut. Sein weißes Fleisch schmeckt scharf, und die Milch verfärbt sich beim Abtrocknen nicht. Ein kleiner Tropfen Kalilauge (*Cortinarius dibaphus*, S. 60) färbt den Hut lila, was für diese Art sehr typisch ist. Der Olivbraune Milchling ist der einzige seiner Gruppe in Europa, alle übrigen gedeihen in Nordamerika.

- **Familie:** Russulaceae
- **Jahreszeit:** Herbst
- **Lebensraum:** unter Birken und Fichten
- **Verteilung:** Europa und Nordamerika, weit verbreitet und häufig

EIN KANZEROGENER PILZ

Der Olivbraune Milchling wird, wie der Wollige Milchling (S. 122), traditionell in Osteuropa als Gewürz verwendet. Dennoch oder gerade deshalb ist von seinem Verzehr dringend abzuraten! Dieser Pilz enthält in der Tat die höchst krebserregende Substanz »Necatorine«, ein sogenanntes Mutagen. Zudem ist er leicht mit dem Kahlen Krempling (*Paxillus involutus*, S. 218), einem sehr giftigen Pilz, zu verwechseln. Ein Grund mehr, ihn unbedingt zu meiden! Beide Arten treten übrigens oft gemischt in Birkenbeständen auf, wobei der Krempling allerdings nicht milcht, wenn man ein Stück von ihm abbricht.

DAS VERWIRRSPIEL DER TERMINOLOGIE

Für Uneingeweihte ist es praktisch unmöglich zu verstehen, wie die Mykologen heutzutage beim Olivbraunen Milchling auf den Namen *Lactarius necator* verfallen konnten. Tatsächlich bezieht sich die ursprüngliche Beschreibung des *Lactarius necator* durch Bulliard (1752–1793) zweifellos auf den Birkenreizker (*Lactarius torminosus*, nächste Seite). Bulliard kannte den Olivbraunen Milchling ebenfalls sehr gut und widmete ihm eine Abhandlung unter der Bezeichnung *Lactarius plumbeus* – ein Name, unter dem die Art auch in zahlreichen Werken auftaucht und der in Frankreich zum Trivialnamen »Lactaire plombé«, »Bleifarbener Milchling«, führte. Der erste Fehler passierte seinem illustren Nachfolger, dem Schweden Fries (1794–1878), der in einem Nachschlagewerk für Pilznamen den Artnamen *necator* … für unseren Olivbraunen Milchling übernahm. Danach folgte eine Reihe von Korrekturen in der Nomenklatur, die vermutlich den wissenschaftlichen Namen dieses armen Milchlings für die Ewigkeit festlegten. Man wird sich daher immer fragen müssen, warum Bulliard dem Birkenreizker den Artnamen »*necator*« (Mörder) verpasste.

Grubiger Tannenmilchling (Lactarius intermedius)

Die Milch der Milchlinge

Die Milch, die aus dem Fleisch der Milchlinge fließt, ist ein wichtiges Bestimmungsmerkmal. Sie kann transparent oder undurchsichtig sein. Ist sie undurchsichtig, hat sie eine weiße, orangerote oder weinrote Färbung. Bei weißer Milch sollte man unbedingt prüfen, ob sie beim Abtrocknen ihre Farbe verändert. In diesem Fall kann sie sich schnell mehr oder weniger grünlich, braun, gelb, lila oder rosa verfärben. Diese Eigenschaften der Milch dienen gelegentlich zur Bestimmung einer klar umrissenen Pilzgruppe. Der Grubige Tannenmilchling (Lactarius intermedius, links unten), der unter Nadelbäumen in Bergregionen wächst, gibt zum Beispiel eine weiße Milch ab, die sich an der frischen Luft sehr schnell gelb verfärbt.

Lactarius necator
(Bulliard: Fries) P.A. Karsten
Hutdurchmesser: bis zu 15 cm
Stielhöhe: 2-7 cm
Stieldurchmesser: 1-2,5 cm

Birkenreizker

giftig

- **Familie:** Russulaceae
- **Jahreszeit:** Herbst
- **Lebensraum:** nur unter Birken, auf eher feuchten Böden
- **Verbreitung:** Europa und Nordamerika, weit verbreitet und häufig

Ein Pilz mit Bart

Der Birkenreizker gehört zu einer kleinen Gruppe von Milchlingen, die durch ihren großen, mit feinen Fasern bedeckten Hut gekennzeichnet sind. Die Fasern reichen, in unregelmäßigen Strähnen angeordnet, über den Rand der Kappe hinaus und bilden einen zottig-haarigen Saum. Weitere Charakteristika sind die konzentrischen, helleren und dunkleren, fleischfarbenen bis rosaroten Ringzonen auf cremefarbenem Hutuntergrund, die leicht rosastichigen, cremefarbenen Lamellen, der lachsrosa Stiel und sein Standort unter Birken. Damit dürfte der Birkenreizker leicht zu erkennen sein. Sein Fleisch hat einen scharfen, fruchtigen Geschmack, und die weiße Milch fließt spärlich.

Mörderpilz

Unter diesem wenig einladenden Namen war der Birkenreizker einst in Frankreich bekannt. Wir finden ihn unter dieser Bezeichnung in der Abhandlung über »Essbare und giftige Pilze« von Jean-Baptiste Noulet und Augustin Dassier von 1838. Dennoch scheint seine Giftigkeit ein Gerücht zu sein. Bereits 1818 schrieb Christian Persoon in Anlehnung an seinen berühmten Vorgänger Jean Jacques Paulet: »An Tiere verfüttert, zeigt er keine Wirkung. In einigen Landstrichen wird er gegessen. Mit Butter und Salz zubereitet, schmeckte er mir ganz passabel und sogar besser als der Weißpfeffrige (womit er den **Pfeffermilchling**, *Lactarius piperatus*, meinte), und Beschwerden stellten sich keine ein.«

Dennoch wenig empfehlenswert!

Trotz allem sollten wir nicht vergessen, dass unsere illustren Vorväter wahrscheinlich wesentlich robustere Mägen hatten als wir heute. Der Birkenreizker ist in der Tat sehr schwer verdaulich. Wird er versehentlich verspeist, verursacht er das sogenannte gastrointestinale Syndrom. Die Symptome machen sich wenige Stunden nach dem Verzehr durch schwere Magen- und Darmkrämpfe, Durchfall und Erbrechen bemerkbar. Der Birkenreizker wird im Französischen auch »Kolikmilchling« genannt. Amüsanterweise ist das lateinische Epitheton *torminosus* im Gegensatz zu dem, was der französische Name andeutet, unkorrekt, denn es bedeutet nicht »der Koliken verursacht«, sondern »an der Kolik leidend«. Das allerdings kann offenbar nicht daran hindern, den würzigen Pilz zu versuchen. In einigen skandinavischen Ländern und in Russland jedenfalls wird er wie Gürkchen in Essig eingelegt und verzehrt.

Noch ein Bärtiger

*Beim Birkenreizker besteht Verwechslungsgefahr mit dem **Flaumigen Milchling** (Lactarius pubescens, Foto rechts). Letzterer ist zwar weniger zottig-fransig behangen, wächst jedoch ebenfalls unter Birken. Er ist allerdings sehr viel kleiner, sein Hutdurchmesser erreicht kaum je 10 cm. Und er ist immer sehr blass, kaum kräftiger als mit einem rosa überhauchten Cremeweiß gefärbt. Mit leichteren, trockeneren Böden hat er weniger Probleme als sein Cousin und ist sogar noch häufiger. Sobald Birken in der Nähe sind, unter denen er sich wohlfühlt, erscheint er massenhaft an Wegesrändern, in Wiesen, Gärten und Parks.*

Lactarius torminosus

(Schaeffer: Fries) Persoon

Hutdurchmesser: bis zu 15 cm

Stielhöhe: 5-7 cm

Stieldurchmesser: 2-3 cm

Hellstielige Rotkappe

schmackhaft

EIN RAUFUSS

Die Rotkappe gehört aufgrund ihrer rauen Schuppen oder Flocken an den langen Stielen zur sogenannten Gattung der Raufüße beziehungsweise Raustielröhrlinge. Die Farbe dieser Schuppen, die sich während des Wachstums des Pilzes ändern kann, ist wichtig für die Identifikation verschiedener Arten. Die Unveränderlichkeit oder Verfärbung des Fleisches an der Luft – sie kann grau, schwärzlich oder rötlich ausfallen – ist ebenfalls ein wichtiges Bestimmungskriterium. Und nicht zuletzt sollten die spezifischen Lebensräume genau analysiert werden, denn *Leccinum* ist, was die Symbiosepartner betrifft, sehr wählerisch. Demnach erkennt man Rotkappen an ihrem lebhaft orangen Hut, an den zuerst reinweißen, dann im Alter allmählich leicht »ergrauenden« Schuppen und an ihren streng auf Pappeln beschränkten Symbiosepartnern.

- **Familie:** Boletaceae
- **Jahreszeit:** Sommer und Herbst
- **Lebensraum:** nur unter Pappeln
- **Verbreitung:** Europa und wahrscheinlich auch in Nordamerika, weit verbreitet und häufig

ROTKÄPPCHEN, WECHSLE DICH!

Der Name *Leccinum albostipitatum* (lateinsch: weißer Stiel) wurde erstmals 2005 für diesen häufigen Röhrling vorgeschlagen! Wie ist es denkbar, dass eine so bekannte, obendrein gut schmeckende und beliebte Röhrlingsspezies erst jetzt einen wissenschaftlichen Namen erhielt? Ganz einfach, weil für ihn seit Generationen ein anderer Artname, nämlich *Leccinum aurantiacum*, galt. Nun aber stellten die Mykologen in ihrem Bemühen, die von ihren Vorgängern benannten Arten korrekt zu beschreiben, fest, dass die früher als *Boletus aurantiacus* (später *Leccinum aurantiacum*) bekannte Art auf ihrem Stiel gar keine weißen Schuppen (wie beim hier abgebildeten Röhrenpilz), sondern rötliche Schuppen aufweist. Allerdings kannte man bereits eine Art mit roten Schuppen, die unter Eichen (*Leccinum quercinum*) wächst. Durch eine einzigartige Rochade wurde aus dem alten *Leccinum aurantiacum Leccinum albostipitatum* (mit weißem Fuß), und *Leccinum quercinum* heißt jetzt *Leccinum aurantiacum*. Damit ist *Leccinum quercinum* von der Bildfläche verschwunden. Alles klar?

DIE EICHENROTKAPPE UND ANDERE RAUFÜSSE

Neben der **Eichenrotkappe** (die famose *Leccinum aurantiacum*, nächste Seite) gibt es weitere Raustielröhrlinge mit orangeroten Kappen. Die **Birkenrotkappe** (*Leccinum versipelle*) hat eine braune, statt einer orangen Mütze, die Schüppchen auf ihrem Stiel sind auch in der Jugend schwarz, und sie wächst nur unter Birken. Die **Nadelwald-Rotkappe** (*Leccinum vulpinum*) ähnelt der Eichenrotkappe in der Farbe ihre Hutes und ihrer Schüppchen, gedeiht jedoch unter Kiefern und Fichten. Alle diese Raustielröhrlinge mit orangefarbenem Hut sind essbar, vorausgesetzt, man wählt junge Exemplare, denn ihr Fleisch wird im Alter gern schwammig.

Die Hellstielige Rotkappe gedeiht nur unter Pappeln.

Verwirrende Farbvariationen

1995 veröffentlichten zwei französische Mykologen und Spezialisten für Röhrlinge eine umfangreiche Monografie über die Gattung Leccinum, die nicht weniger als 32 Arten umfasst, viele makroskopische und mikroskopische Bestimmungsdetails und eine Beschreibung der jeweiligen Lebensräume enthält. Eine aktuelle Studie, die auf dem Vergleich von DNA-Fragmenten basiert, gab zu einigen Änderungen Anlass: Etliche der beschriebenen Arten sind in Wirklichkeit Farbformen anderer Arten. Tatsächlich ist es schwierig, sich vorzustellen, dass eine Pilzart mit dunkelbraunem Hut gelegentlich vollkommen weiß erscheinen sollte. Heute geht man davon aus, dass die Gattung Leccinum in Europa nur ein Dutzend Arten umfasst.

Leccinum albostipitatum
Den Bakker & Noordeloos
Hutdurchmesser: bis zu 20, teils sogar bis zu 25 cm
Stielhöhe: 5-20 cm
Stieldurchmesser: 1,5-5 cm

Laubwald-Rotkappe

schmack-haft

Zurück zu den Wurzeln

Der Botaniker und Mykologe Jean-Baptiste Bulliard, der im späten 18. Jahrhundert die Erstbeschreibung dieser Rotkappe vornahm, belegte diese durch Illustrationen. Wenig bekannt dabei ist, dass Bulliard diese Zeichnungen selbst anfertigte (sein Werk umfasst immerhin mehr als 600 Illustrationen!). Hier ein Auszug aus der Originalbeschreibung: »Diese prächtige Röhrlingsart finden wir oft in herbstlichen Wäldern … fester, länglicher, gänzlich rauer, sich verjüngender (sic!) Stiel, am Hutansatz leicht geschwollen, trägt einen dicken, orange gefärbten Hut; ihr Fleisch ist weich und weiß, vergrünt nicht, sondern nimmt am Anschnitt eine weinrote Färbung an, und die Hutunterseite ist mit einer außergewöhnlich dicken, leicht lösbaren Schicht aus langen, dünnen Röhren ausgekleidet … Weder Geschmack noch Geruch sind unangenehm, was nicht ausschließt, dass der Verzehr gefährlich sein könnte.« Ein immerhin recht genaues Porträt unserer Laubwald-Rotkappe. Bleibt nur hinzuzufügen, dass die Schüppchenfasern auf dem Stiel charakteristischerweise auch bei jungen Exemplaren rot sind.

- **Familie:** Boletaceae
- **Jahreszeit:** Sommer und Herbst
- **Lebensraum:** unter verschiedenen Laubgehölzen wie Pappeln, Eichen, Birken etc.
- **Verbreitung:** Europa und wahrscheinlich auch in Nordamerika, weit verbreitet und relativ häufig

Bäumchen, wechsle dich!

Aus dem Porträt über die **Hellstielige Rotkappe** (*Leccinum albostipitatum*, vorherige Seite) ging hervor, dass dieser ursprünglich als *Leccinum quercinum* (von lateinisch *quercus* = Eiche) bekannte Pilz vor einigen Jahren eine plötzliche Namensänderung erfuhr. Aber es geht noch komplizierter. Ein weiterer Fall, die **Pappelrotkappe** (*Leccinum populinum*, von lateinisch *populus* = Pappel), erwies sich als die gleiche Art wie *Leccinum aurantiacum*! Im Allgemeinen sind die Pilze der Gattung *Leccinum* sehr wählerisch bei der Auswahl der Bäume, mit denen sie eine Symbiose eingehen. Die schließlich so treffend bezeichnete Laubwald-Rotkappe bildet eine Ausnahme von der Regel. Sie ist eine ausgesprochene »Allrounderin« und in der Lage, eine Mykorrhiza mit vielen Laubholzarten – Eichen, Weiden, Buchen, Birken, Edelkastanien, Linden, aber auch Pappeln – zu bilden. Sie akzeptiert sie, wie sie vorkommen. Die Art *Leccinum populinum* ist damit Vergangenheit. Es handelt sich lediglich um eine Form der Laubwald-Rotkappe, die unter Pappeln wächst.

Hübsche Braune

Die Raustielröhrlinge haben meist einen mehr oder weniger dunklen braunen oder ockerbraunen Hut. Der häufigste ist der **Birkenpilz** (*Leccinum scabrum*, Bild unten): Sein Hut ist graubraun bis rötlich graubraun. Seine braunen bis schwärzlichen Schüppchenfasern heben sich deutlich vom weißen Untergrund des Stiels ab, und sein Fleisch wird an der Luft nicht grau. Er wächst in Symbiose mit Birken.

Der Birkenpilz (Leccinum scabrum) *ist der häufigste Raustielröhrling mit braunem Hut, ein Mykorrhizapartner der Birken.*

Raustielröhrlinge weltweit

Wir kennen mittlerweile über 160 Arten von Raustielröhrlingen der Gattung Leccinum, meist aus den gemäßigten Zonen der nördlichen Hemisphäre. Einige wenige kommen sogar in arktischen Regionen vor. Nach gegenwärtigem Kenntnisstand ist die Gattung mit 15 Arten auch in Nordamerika vertreten. Daneben beschränkt sich Leccinum mit sehr wenigen Arten auf isolierte Areale in Ostafrika und Südostasien. Eine Ausnahme vom borealen Verbreitungsmuster macht Leccinum australiense, eine Spezies, die in Australien beheimatet ist und vermutlich in Symbiose mit Eukalyptus wächst.

Leccinum aurantiacum

(Bulliard) S. F. Gray

Hutdurchmesser: bis zu 20,
teils sogar bis zu 25 cm

Stielhöhe: 5-20 cm

Stieldurchmesser: 1,5-5 cm

Mittelmeer-Raufuß

unbedeutend

Ein hübscher Röhrenpilz

An der Atlantikküste Frankreichs, unter Steineichen und Kiefern der Charente-Maritime, wurde dieser Pilz mit brauner Kappe, zitronengelben Röhren, gelben bis bräunlichen Schüppchen und schwärzendem Fleisch entdeckt. Schon damals stand fest, dass er dem *Boletus crocipodius* (heute *Leccinum crocipodium*, unten) in etwa ähnelt. Dennoch unterscheidet er sich von diesem durch seinen Lebensraum und seinen Hut, der während der Aufschirmung selten rissig wird. Der Erstbeschreiber schlug für ihn den Namen *Boletus crocipodius* var. *eximius* (lateinisch *eximius* = besonders, selten) vor. Allerdings unterscheidet er sich von *Boletus crocipodius* so deutlich, dass er keine einfache Varietät des Letzteren sein konnte. Daher benannte man ihn *Boletus eximius*. Tatsächlich gab es einen *Boletus eximius* bereits in den USA. Der Internationale Code der Botanischen Nomenklatur lehnte den Vorschlag rundweg ab, dass zwei Arten denselben Namen führen sollten. Daher wurde ihm die Bezeichnung *Boletus lepidus* (lateinisch *lepidus* = charmant, anmutig) zugesprochen.

- **Familie:** Boletaceae
- **Jahreszeit:** Herbst
- **Lebensraum:** unter Stein- und Korkeichen
- **Verbreitung:** Südeuropa, ausschließlich an Mittelmeer- und Atlantikküsten

Gelbporige Raustielröhrlinge

Der Mittelmeer-Raufuß gehört zu einer kleinen Gruppe von Raustielröhrlingen, die durch gelbe Röhren gekennzeichnet sind. Sie bilden die Subsektion *Luteoscabra* (lateinisch *luteus* = gelb und *scaber* = rau). Gegenwärtig gehören neben dem Mittelmeer-Raufuß zu dieser Subsektion lediglich zwei weitere Arten: der **Zistrosen-Raustielröhrling** *(Leccinum corsicum)*, ein kleiner Röhrling mit ockerbrauner Kappe, der in der Mittelmeerregion mit der Zistrose als Symbiosepartner wächst, wobei er sich im restlichen Frankreich mit dem Sonnenröschen *(Helianthemum)* begnügt. Der **Gelbporige Raufuß** *(Leccinum crocipodium)* ist die häufigste der drei Arten. Man findet ihn überall in Frankreich unter Eichen.

Die Gattung *Leccinum* – eine schwierige Geburt

Die Etymologie von *Leccinum* ist voller Überraschungen. Abgeleitet vom italienischen *leccino*, das Röhrlinge bezeichnet, die unter Steineichen wachsen (denn *leccio* bedeutet auf Italienisch Steineiche), wurde 1821 durch den britischen Botaniker Samuel Frederick Gray die latinisierte Form *Leccinum* festgelegt 1881 schlug dann der Finne Petter Adolf Karsten für die Gattung der Raustielröhrlinge die Bezeichnung *Krombholzia* vor, die allerdings bereits einer Süßgras-Gattung vorbehalten war. Also wurde der Name in *Krombholziella* umgewandelt, den bis 1987 zahlreiche Autoren benutzten – bis man sich (hoffentlich) endgültig auf die Bezeichnung *Leccinum* einigte.

Gelbporiger Raufuß (Leccinum crocipodium)

Die kulinarische Qualität der Raustielröhrlinge

Kein Raustielröhrling ist giftig, doch der kulinarische Wert dieser Gattung erscheint relativ fraglich. Die Raustielröhrlinge mit orangefarbenem Hut sind allemal zum Verzehr geeignet. Allerdings hat ihr Fleisch kein besonderes Aroma, ist jedoch bei jungen Exemplaren von akzeptabler Konsistenz. 1818 schrieb der schwedische Botaniker und Mykologe Christian Persoon in seinem Werk »Essbare Pilze« über Rotkappen: »Für die Tafel sollte man nur junge Exemplare verwenden, deren Fleisch noch fester ist. Man serviert sie mit einer weißen Buttersoße, entfernt Stiel und Röhrenschicht und genießt sie gegrillt mit Butter, Salz und Pfeffer.« Dem ist nichts hinzuzufügen!

Leccinum lepidum
(Bouchet)

Quadraccia

Hutdurchmesser:
bis zu 15 cm

Stielhöhe: 6-10 cm

Stieldurchmesser:
2-4 cm

Grüngelbes Gallertkäppchen

unbedeutend

- **Familie:** Leotiaceae
- **Jahreszeit:** Herbst
- **Lebensraum:** vor allem unter Laubholz, aber auch unter Nadelbäumen, Bodenbewohner
- **Verbreitung:** Europa, Nordamerika und wahrscheinlich auch in anderen Regionen der Welt, weit verbreitet und häufig

PILZE WIE GUMMIBÄRCHEN

Französische Mykologen sind in der Regel nicht sehr einfallsreich, geht es darum, volkstümliche Namen für Pilze zu ersinnen. Meistens bleibt es bei einer Übersetzung der lateinischen Namen. Hier nimmt sich die »Schleimige Leotie« oder die »Schlüpfrige Leotie« gegenüber dem amerikanischen »Gummibärchen« ziemlich blass aus. Tatsächlich schillern diese kleinen, zähen Pilze mit gummiartiger Konsistenz in ausgesprochen hübschen Farben von Orange über Ockerbraun bis Olivgrün und erinnern damit tatsächlich an das süße Kinderglück. Allerdings enden die Ähnlichkeiten hier, denn das »Gallertkäppchen«, wie es recht fantasievoll im Deutschen heißt, hält nicht, was das »Gummibärchen« verspricht: Es ist völlig geschmacklos und zudem zweifellos noch leicht giftig, denn es enthält Spuren der hochgiftigen Substanz **Gyromitrin** (siehe *Gyromitra esculenta*, S. 154).

VERWECHSLUNGSGEFAHR

Das Grüngelbe Gallertkäppchen ist unschwer mit kleinen **Trompetenpfifferlingen** (*Craterellus tubaeformis*, S. 70) zu verwechseln, unter die es sich gelegentlich mischt. Die Ähnlichkeit zwischen den beiden Pilzen ist zwar beunruhigend, doch ein aufmerksamer Vergleich der Merkmale genügt, die Unterschiede offenzulegen: Pfifferlinge sind weder gallertartig noch schleimig, und ihr Fleisch ist wesentlich dünner als das des Grüngelben Gallertkäppchens. Außerdem ist die Lebensweise der beiden sehr verschieden: Während die Gallertkäppchen Saprophyten sind (sie ernähren sich von verrottendem Holz), sind die Kraterellen Mykorrhizapilze.

NÄGEL, KEULEN, KREISEL – EINE FORMENREICHE FAMILIE

Einige wenige *Leotia* haben zwar die Form von Nägeln, aber Rückschlüsse auf den Rest der Familie lässt das nicht zu. Der **Schmutzbecherling** (*Bulgaria inquinans*, unten rechts) gleicht eher schwarzen, gallertartigen Kreiseln, die sich vorwiegend an die Stämme frisch geschlagener Eichen heften. Abertausende schwarzer Sporen, die sich auf seiner Oberfläche bilden, verschmutzen bei Berührung die Finger – ein namengebendes Merkmal. Die **Grünen Erdzungen** (*Microglossum viride*) erscheinen als hübsche kleine Keulenformen in Olivgrün mit Vorliebe auf Kalkböden in Wiesen und Wäldern (**Behaarte Erdzunge**, S. 222). In aller Welt gibt es nur ein halbes Dutzend Pilze der Gattung *Leotia*.

Schleimiger geht's nicht

Auch andere kleine Pilze in unseren Wäldern haben eine gummiartige und schleimige Konsistenz. Einer der bekanntesten ist der leicht zu erkennende ***Klebrige Hörnling*** *(Caloceras viscosa, Foto rechts), der ebenso zu der Gruppe der Heterobasidiomyzeten gehört wie der* ***Becherförmige Haargallertpilz*** *(Guepiniopsis buccina, S. 98). Er wächst in kleinen leuchtend gelben oder gelborangefarbenen Büscheln, die fest an totem Holz haften. Sein Fleisch ist sehr elastisch, und sein stark schleimiger Überzug während feuchter Witterung macht das Sammeln schwer, denn er entgleitet unseren Fingern wie ein Aal.*

Der Schmutzbecherling (Bulgaria inquinans, *oben*) *ist mit dem Grüngelben Gallertkäppchen verwandt und hat eine sehr charakteristische Form.*

Klebriger Hörnling (Caloceras viscosa, *links*)

Leotia lubrica
(Scopoli) Persoon
Hutdurchmesser: bis zu 2 cm
Stielhöhe: 1-5 cm
Stieldurchmesser: 0,2-0,5 cm

Nebelgrauer Trichterling

genießbar

Ein wenig frostempfindlicher Trichterling

Ende Herbst, wenn die Bäume ihre Blätter verlieren, sich die kalte Jahreszeit mit den ersten Frösten ankündigt, scheinen alle Pilze verschwunden – bis auf einige wenige, die die Kälte offenbar nicht fürchten. Zu diesen gehört der Nebelgraue Trichterling. Er gedeiht in weiten Kreisen (Feen- od. Hexenringen) und breitet seinen großen, grauen Hut über dem dicken Laubteppich im Unterholz aus. Seine deutlich am Stiel bogig herablaufenden Lamellen sind oft weiß oder cremefarben. Das Fleisch des Nebelgrauen Trichterlings ist faserig fest, später weich. Er verströmt einen eigenartigen, undefinierbaren Geruch. Gelegentlich erwachsen aus einer Scheide zarte, weiße Pilze auf dem Hut eines alten Nebelgrauen Trichterlings: Es ist der **Parasitische Scheidling** *(Volvariella surrecta)*.

- **Familie:** Tricholomataceae
- **Jahreszeit:** Herbst und früher Winter
- **Lebensraum:** vor allem in Laubwäldern, aber auch in Nadelwäldern
- **Verbreitung:** Europa und Nordamerika, weit verbreitet und sehr häufig

Achtung, Verwechslungsgefahr!

Im Herbst sind die Risiken einer Verwechslung eigentlich sehr begrenzt und der Nebelgraue Trichterling ist grundsätzlich leicht zu erkennen. Er ist gewöhnlich essbar, vorausgesetzt, er wird abgekocht. Dennoch wird er von manchen Pilzfreunden gelegentlich nicht vertragen, da er leichtere Verdauungsstörungen hervorrufen kann. Trotzdem ist Vorsicht geboten. Auch der **Riesenrötling** (S. 82) erscheint noch spät im Herbst: Der Hut dieses hochgiftigen Pilzes ist praktisch kaum vom Nebelgrauen Trichterling zu unterscheiden. Seine Lamellen dagegen, anfangs dottergelb, dann rosa überhaucht, sind nie herablaufend. Im Gegenteil! Sie sind vom Stiel getrennt. In diesem Fall spricht man von ausgebuchteten Lamellen. Außerdem riecht das Fleisch deutlich nach Mehl.

Ein komplexer Duft

Bei der Umschreibung des Geruchs des Nebelgrauen Trichterlings sind sich alle Befragten in einem Punkt einig: Er ist stark und besonders bei etwas älteren Exemplaren ausgesprochen unangenehm, wenn nicht gar widerlich. Soll man ihn detaillierter erklären, wird es kompliziert. Das ist kaum verwunderlich, denn am Geruch des Nebelgrauen Trichterlings sind Dutzende unterschiedlicher flüchtiger Verbindungen beteiligt! Zusätzlich zu den typischen Pilzaromen konnten bei dieser abstoßenden Duftnote Komponenten wie »erdig-muffig« (Beta-Barbatene) oder sogar »fäkal« (Indolderivate) ausgewiesen werden. Auch andere Moleküle, die ebenfalls in der Aromaindustrie verwendet werden, wie Buttersäure (Käsegeruch), Phenylethanol (Rosenduft) oder Benzaldehyd (Bittermandelölaroma) sind beteiligt. Alle diese Moleküle ergeben in ihrer Kombination den sehr komplexen Duft dieses Pilzes.

Der Samtfußrübling (Flammulina velutipes) *ist ein weiterer Pilz, der noch am Saisonende erscheint und sehr widerstandsfähig gegen Kälte ist.*

Der Spaghettipilz

*Der **Samtfußrübling** (Flammulina velutipes, nebenstehendes Foto) gehört zu den kälteunempfindlichsten Pilzen des Spätherbstes. Ihm können Fröste nichts anhaben, im Gegenteil: Sie scheinen sein Wachstum geradezu zu fördern, und er wächst sogar noch unter einer Schneedecke. Er ist ein schmackhafter Pilz, der leicht an seinem orangeroten, mit einer feuchten Haut überzogenen Hut und seinem braunen, zart samtig weichen Stiel zu erkennen ist. In Ländern Asiens, wie zum Beispiel Japan, wird er unter dem Namen Enokitake (kleine Flamme) kultiviert. In feinmaschigen Säcken ohne Lichteinwirkung gehalten, bildet er einen unverhältnismäßig langen Stiel aus, der weiß bleibt. Er wird in Büscheln verkauft, die wie Spaghettipäckchen aussehen.*

Lepiota nebularis
(Fries) Harmaja
Hutdurchmesser: bis zu 15 cm
Stielhöhe: 5-10 cm
Stieldurchmesser: 1-4 cm

Orangeroter Träuschling

giftig

2008 – Ein neuer Name

Der Orangerote Träuschling ist ein schöner Pilz mit glattem, bei nasser Witterung sogar ein wenig schleimigem, leuchtend rotem bis ziegelrotem Hut über einem weißen Stiel mit fragilem, flüchtigem Ring. Obwohl eine Verwechslungsgefahr nahezu unmöglich ist, stiftete er stets Verwirrung unter den Mykologen. Seit seiner Erstbeschreibung im 19. Jahrhundert durchlief er in einer Odyssee nicht weniger als sechs Gattungen, bevor er 2008 in der Gattung *Leratiomyces* landete! Zuvor rangierte er als *Stropharia aurantiaca* neben dem **Grünspanträuschling** (*Stropharia aeruginosa*, S. 212) der ebenfalls an seiner lebhaften Färbung zu erkennen ist.

- **Familie:** Strophariaceae
- **Jahreszeit:** Frühling und Herbst
- **Lebensraum:** auf gut versorgten, totholzreichen Böden, oft in Beeten
- **Verbreitung:** weltweit, verstreut, aber zunehmend häufig

Ein Eindringling?

Zahlreiche eingeschleppte exotische Tier- und Pflanzenarten gedeihen hierzulande so konkurrenzlos prächtig, dass sie sich nachteilig auf die heimische Flora und Fauna auswirken. Zu den schlimmsten sog. Invasoren, die zu zweifelhafter Popularität gelangt sind, gehören die hochallergene Beifußblättrige Ambrosie und das Drüsige Springkraut, die unsere heimische Vegetation verdrängen. Pilze machen hier keine Ausnahme: Der gefürchtete ***Ophiostoma ulmi***, ursprünglich in Asien beheimatet, ist für das Ulmensterben verantwortlich, das diesen Baum in den meisten Gegenden Europas so gut wie ausgerottet hat. Auch der Orangerote Träuschling ist invasiv. Als Saprophyt entwickelt er sich auf gut versorgten, totholzreichen Böden (Reisig, Hackgut). Ursprünglich vermutlich aus Australien eingeführt, hat er sich in wenigen Jahren in vielen Ländern angesiedelt, wo er bis dahin völlig unbekannt war. Begünstigt haben diese Entwicklung neue gartenbauliche Methoden, wie z. B. die Nutzung von Mulch in Beeten. Im Gegensatz zu vielen anderen invasiven Arten ist beim Orangeroten Träuschling allerdings noch keine schädigende Auswirkung auf Umwelt und Mensch bekannt.

Lebhaft gefärbte Pilze

Weltweit gibt es nur zehn *Leratiomyces*, und die meisten von ihnen wachsen lediglich in tropischen Zonen. Sie haben, von ihren stets auffälligen Farben abgesehen, sehr wenig Ähnlichkeit mit unserem Orangeroten Träuschling. ***Leratiomyces atrovirens*** (Bild unten) zum Beispiel, ist ein ausgesprochen wunderlicher, leuchtend blaugrüner Pilz aus Neukaledonien: Er hat gewöhnlich das Aussehen einer kleinen mehr oder weniger regelmäßig geformten Kugel und ist mit dem Boden durch einen kurzen Stiel verbunden. Allerdings ist seine Erscheinungsform zudem äußerst unterschiedlich. Er präsentiert sich mal wie eine Kugel, mal wie eine Morchel, mal wie ein normaler Pilz.

Invasive Pilze

Zahlreiche Pilze überqueren Länder und Kontinente in unserem »Gepäck«. Daher hat die Globalisierung der Kieferplantagen auch zur weltweiten Verbreitung der europäischen Pilze geführt, die mit diesen Bäumen in Symbiose leben. In Zukunft können wir also köstliche Milchlinge (Lactarius) in Argentinien oder Neuseeland sammeln oder nach dem Verzehr des Grünen Knollenblätterpilzes (Amanita phalloides) in Südafrika sterben. Umgekehrt wurden unfreiwillig Pilze nach Europa eingeführt, wie zum Beispiel der ***Tintenfischpilz*** *(Anthurus archeri). Dieser seltsame Pilz in Form eines roten Sterns mit üblem Geruch erschien 1920 zum ersten Mal in den Vogesen, wo er vermutlich mit Wolle aus Australien eingeführt worden war. Heute ist er in Mittel-, Süd- und Osteuropa verbreitet.*

Leratiomyces atrovirens *ist eine Art aus Neukaledonien, bei der sich der Hut über den Pilz selbst einrollt.*

Leratiomyces
ceres
(Cooke & Massee)
Spooner & Bridge
Hutdurchmesser:
bis zu 6 cm
Stielhöhe: 3-9 cm
Stieldurchmesser: 0,5-1 cm

Knolliger Schleierritterling

ohne kulinarischen Wert

Ein klassenloser Pilz

Der Knollige Schleierritterling besitzt eine Merkmalskombination, die Mykologen lange irreführte: einen etwas schleimigen Hut, eine ausgeprägte Stielknolle, die am Übergang zum Stiel deutlich gerandet ist, und schließlich eine Cortina, ein feines Fasernetz, das sich über Hutrand und Lamellen spannt. Alles scheint auf einen ganz gewöhnlichen Haarschleierling *(Cortinarius)* hinzudeuten. Vergleichen Sie ihn nur mit dem **Dottergelben Klumpfuß** (*Cortinarius meinhardii*, S. 64)! Aber es gibt ein Problem: seine Sporen. Farbe, Größe und Form der Sporen sind sehr zuverlässige Identifikationsmerkmale. Während die der *Cortinarius* rostfarben und feinwarzig sind, zeigen sich die des Knolligen Schleierritterlings farblos durchscheinend und glatt. Aus diesem Grund wird dieser Pilz manchmal auch als Weißsporiger Haarschleierling bezeichnet.

- **Familie:** noch unklar
- **Jahreszeit:** Herbst
- **Lebensraum:** unter Kiefern und Fichten
- **Verbreitung:** Europa, zerstreut und relativ selten

Falscher Haarschleierling, falscher Ritterling oder falscher Fälbling?

Bei der Frage, wo der Knollige Schleierritterling im Klassifizierungsschema steht, wurden viele Hypothesen aufgestellt. Einige hielten ihn für einen *Cortinarius* mit atypischen Sporen, in Anlehnung an die Fälblinge *(Hebeloma)*, eine Art mit gewöhnlich braunen Sporen, die auch Pilze mit blassen, glatten Sporen kennt. Warum sollte diese Anomalie nicht auch bei den *Cortinarius* auftreten? Andere meinten, diese Ähnlichkeit sei nicht zufällig, und sahen den Knolligen Schleierritterling in verwandtschaftlicher Nähe zu Fälblingen. Wieder andere glaubten, er wäre ein ungewöhnlicher Ritterling *(Tricholoma)*, sowohl mit Schleier (Cortina) als auch knolliger Stielbasis – bis dahin unbekannte Eigenschaften dieser Gattung. Ohne molekulare Analysen ist es kaum zu beurteilen, wer recht hat – oder ob alle falschliegen.

Sehr ähnliche Cortinarius

Obwohl die Verwandtschaftsverhältnisse des Knolligen Schleierritterlings noch unbekannt sind, ist tatsächlich nicht zu übersehen, dass große Ähnlichkeit zu einigen echten Haarschleierlingen besteht. Der **Ockerblasse Klumpfuß** (*Cortinarius ochropallidus*, Bild unten) hat einen cremeocker- bis rosfarbenen, schleimigen Hut, der mit feinen braunen Streifen überzogen ist. Seine Lamellen sind blassbraun, und die Haut des knolligen Stiels vergilbt deutlich bei Berührung. Beim Anritzen des Fleischs mit dem Fingernagel verströmt das Fleisch einen feinen Honigduft.

Der Ockerblasse Klumpfuß (Cortinarius ochropallidus) *kann sehr leicht mit dem Knolligen Schleierritterling verwechselt werden.*

Die Gattung Mycologus

Der Mykologe und Autor Georges Becker hat sich zu seiner Zeit an einer interessanten Klassifikation der Mykologen versucht. Die Gattung Mycologus »ist durch mikroskopische Merkmale kaum zu unterscheiden. Allerdings eignen sich die lebenden Exemplare schlecht für Analysen, und den hingeschiedenen dürfte man schwerlich habhaft werden.« Sein besonderes Augenmerk galt der Varietät der Pseudomykologen, »die mit häufig unbekannten lateinischen Begriffen um sich werfen, unbeirrt bestimmen, alles verwechseln, ihre Umgebung mit ihrer Eitelkeit belästigen, mit ihrem missionarischen Eifer nur Verwirrung stiften, schon alles gesehen und alles gesammelt haben und auch bei einem Cortinarius nie ins Zögern geraten ...« Es gibt noch den Mycophilus devorans, von dem wir sämtliche Spielformen kennen ... Namen werden nicht genannt.

Leucocortinarius bulbiger

(Albertini & Schweinitz: Fries)

Singer

Hutdurchmesser: bis zu 12 cm

Stielhöhe: 4-10 cm

Stieldurchmesser: 1-1,5 cm

Getropfter Schleimschirmling

schmackhaft

Ein falscher *Amanita*

Die Schleimschirmlinge gehören zu den Knollenblätterpilzartigen (Amanitaceae), haben jedoch keine Volva. Sonst hat der Getropfte Schleimschirmling viele Merkmale mit einigen *Amanita* gemeinsam, wie reinweiße, freie und gedrängte Lamellen, den abstehenden, häutigen Ring am Stiel. Aber keine Spur von einer Scheide, nicht einmal als Schuppen auf der Kappe! Diese ist, bei nassem Wetter, leicht klebrig, als hätten Schnecken Spuren hinterlassen – worauf der Name, lateinisch *limacella* = kleine Schnecke, verweist. Das feste, weiße Fleisch des Schleimschirmlings verströmt einen starken Geruch nach frischem Mehl oder Gurken. Ein charakteristisches Merkmal, das wir, mehr oder weniger akzentuiert, bei allen Schleimschirmlingen finden. Nicht so bei den *Amanita*!

- **Familie:** Amanitaceae
- **Jahreszeit:** Herbst
- **Lebensraum:** unter Nadelbäumen, selten unter Laubgehölz, vorwiegend in Bergregionen
- **Verbreitung:** Europa und Nordamerika, ziemlich verbreitet

Einige Riesenschirmlinge *(Macrolepiota)* mit blassem Hut, manchmal unverdaulich, ähneln ihm ebenfalls, haben jedoch einen für sie typischen, auf dem Stiel verschiebbaren Ring. Aber Vorsicht vor der Verwechslung mit den weißen Formen der tödlich giftigen *Amanita*, wie dem **Kegelhütigen Knollenblätterpilz** *(Amanita virosa)*, dem **Frühlings-Knollenblätterpilz** *(Amanita verna)* oder den weißen Formen des **Grünen Knollenblätterpilzes** (S. 32). Alle haben eine ausgeprägte weiße Scheide an der Stielbasis und verbreiten niemals einen mehligen Geruch.

Ein weinender Pilz

Die Jungexemplare produzieren am Stiel kleine Tropfen (daher das Epitheton *guttata* sowie der deutsche Trivialname »Getropfter«), die langsam verbraunen, sich an der Oberseite des Ringes sammeln, zu dunkelbraunen Flecken eintrocknen und als solche noch auf erwachsenen Exemplaren sichtbar sind.

Der Schmierige Schleimschirmling (Limacella glioderma) *ist eine von sieben europäischen Schleimlingsarten und ist nicht essbar.*

Verwechslungsgefahr!

Der Getropfte Schleimschirmling ist eine schmackhafte, aber seltene Bereicherung der Küche. In Farbe und Form erinnert er in etwa an helle Schirmlinge (mit denen er nicht verwandt ist). Der **Rosablättrige Egerlingsschirmpilz** (*Leucoagaricus leucothites*, unten) ist ähnlich, aber sein Hut ist fast weiß, sein Fleisch riecht nicht mehlig, und er wächst im Rasen und auf Wiesen. Da er essbar ist, wäre eine Verwechslung nicht gefährlich.

Der Rosablättrige Egerlingsschirmpilz (Leucoagaricus leucothites)

Die anderen Schleimschirmlinge

*Von den sieben in Europa bekannten Schleimschirmlingsarten ist der Getropfte Schleimschirmling die einzige mit einem Ring. Der **Schmierige Schleimschirmling** (Limacella glioderma, oben) ist eine kleine Art mit rostbraunem, recht schleimigem Hut, weißen Lamellen und fetzig abstehenden Hüllresten in der Farbe des Hutes am Stiel. Sein Fleisch verströmt einen kräftigen Mehlgeruch. Er wächst auf frischen Standorten auf stickstoffhaltigen, häufig stickstoffangereicherten Böden in Parks, unter Hecken am Straßenrand, mitunter auch im Wald. Er gilt nicht als essbar.*

Limacella guttata
(Albertini & Schweinitz: Fries) Singer
Hutdurchmesser: bis zu 15 cm
Stielhöhe: 4–15 cm
Stieldurchmesser: 1–2 cm

Igelstäubling

ohne kulinarischen Wert

- **Familie:** Agaricaceae
- **Jahreszeit:** Herbst
- **Lebensraum:** meist unter Buchen, selten unter anderen Laub- oder Nadelgehölzen
- **Verbreitung:** Europa und Nordamerika, ziemlich verbreitet

Wolfs-Furz oder Hyänen-Tabak

Der Gattungsname *Lycoperdon* setzt sich aus dem griechischen *lycos* = Wolf und *pordê* = Furz zusammen, wobei ersterer Begriff als ein bekanntes und veraltetes Synonym für den zweiten gilt. Das Adjektiv *echinatum* leitet sich unmittelbar vom lateinischen *echinatus* = stachelig ab und bezieht sich auf die Büschel aus langen, spröden Stacheln, die den Pilz bedecken. Im Senegal wird der Igelstäubling *sum busi buki* genannt, was »Hyänen-Tabak« bedeutet. Die Briten nennen ihn *puffball*, weil die Pilze »rauchen«, wenn die reifen, ballförmigen Fruchtkörper zusammengedrückt werden. Diese erstaunlichen Pilze haben Menschen auf der ganzen Welt inspiriert.

Wolfs-Fürze und *Morganella*

Stäublinge sind Bauchpilze beziehungsweise Gasteromyzeten: Ihr Sporen produzierender Fruchtkörper bildet im Inneren eine schwammige Masse, die Gleba, welche durch eine geschlossene Hülle, die Peridie, geschützt wird. Im ausgereiften Zustand verwandelt sich die Gleba in braunen Staub aus Millionen von Sporen, die bei dem geringsten Druck durch ein Loch an der Spitze entlassen werden. Die Stäublinge waren einst alle in der Gattung *Lycoperdon* untergebracht. Heute jedoch bilden Arten, die auf Totholz gedeihen, die Gattung *Morganella*. Es gibt nur zwei Morganellas in Europa, wobei die verbreitetste der **Birnenstäubling** (*Morganella pyriformis*, Foto unten) ist, die in Kolonien auf alten Baumstümpfen wächst.

Von Dick- und Dünnhäutern

Oft fälschlicherweise als Stäublinge bezeichnet, sind die klassischen Boviste, die Kartoffel- oder **Hartschalboviste** (*Scleroderma*, unten) leicht zu unterscheiden. Ihr Name leitet sich vom griechischen *sklêros* = hart und *derma* = Haut ab, was schon viel über die Unterschiede zu den Stäublingen aussagt. Keiner von beiden besitzt eigentlich eine dicke Haut. Während die Kartoffelboviste oft hart wie Gummibälle sind, sind die Stäublinge weich. Und bei den Stäublingen sitzt der obere, kugelig geformte Teil, welcher die Sporen enthält, auf einem mehr oder weniger langen Stiel, wohingegen der Fruchtkörper der Kartoffelboviste direkt auf dem Boden aufliegt.

Der Gefelderte Kartoffelbovist (Scleroderma areolatum, oben) hat eine gummiartige Konsistenz und ist mit einer fleischigen Haut geschützt. Verbreiteter ist der Birnenstäubling (Morganella pyriformis, unten)

Pilze, habt ihr eine Seele?

Im Leben der animistischen Santals, die einem indigenen Stamm im Nordosten Indiens angehören, nehmen die Pilze eine besondere Stelle ein. Die Sprache der Santal unterscheidet nicht zwischen maskulin und feminin, sondern nur zwischen Dingen, denen eine Seele innewohnt, und Dingen, denen keine Seele innewohnt, also seelenvollen oder seelenlosen Dingen. Das Pflanzenreich ist seelenlos, wie auch die Pilze ... mit drei Ausnahmen, den sogenannten putka, die unseren Igelstäublingen entsprechen, einer Scleroderma-Art und dem ***Wetterstern*** *(Astraeus hygrometricus, S. 90). Ihren Ruf, besonders zu sein, verdanken die putka dem Glauben der Santal, nach dem ihr Erscheinen durch den Donner bestimmt ist ...*

Lycoperdon echinatum
Persoon: Persoon
Gestalt: kugelförmig mit kurzem Stiel
Höhe: 4-8 cm

Flockenstäubling

ohne kulinarischen Wert

Ein typischer Schleier

Aufgrund versauernder Böden ist der Bestand dieses Kalk liebenden Sträublings rückläufig. Der junge Pilz, der noch nie Regen ausgesetzt war, ist an seinen weißen, filzigen Flocken (Schleierreste) zu erkennen, die den Fruchtkörper überziehen und die kleinen weißen Stacheln sowie seine aus fragilen Borsten bestehende Oberfläche bedecken. In Regenzeiten brechen die Placken und kleinen Stacheln aus und fallen zu Boden. Dann sieht der Pilz ziemlich gewöhnlich aus, was sehr irreführend sein kann.

- **Familie:** Agaricaceae
- **Jahreszeit:** Herbst
- **Lebensraum:** kühle Wälder und Waldränder, auf kalkhaltigen Böden
- **Verbreitung:** Europa und Nordamerika, verstreut, selten und rückläufig

Von der Geniessbarkeit der Stäublinge

Nach heutigem Kenntnisstand ist kein europäischer Stäubling giftig. In Mexiko besitzen verschiedene *Lycoperdon*-Arten halluzinogene Eigenschaften, die von einigen indigenen Völkern (z. B. den Mazateken) zu schamanischen Riten konsumiert werden. Aber Ungiftigkeit ist kein Freibrief für Genießbarkeit. Das machen uns die Stäublinge bewusst. Ihr Fleisch, nur genießbar, solange es noch sehr weiß ist, ist weich, bestenfalls mild, sonst geschmacklos, im schlimmsten Fall widerlich. Nur der **Riesenstäubling**, auch Riesenbovist genannt *(Calvatia gigantea)*, kann als guter Speisepilz gelten. Diese riesige, weiße und glatte Kugel, die mehr als 50 cm im Durchmesser erreichen kann, sollte jung gegessen werden. In Würfel geschnitten und gedünstet oder wie ein Schnitzel in Scheiben in der Pfanne gebraten, hat das feste Fleisch Farbe und Textur von Tofu. Im Gegensatz dazu sind Kartoffelboviste (siehe vorherige Seite), die gelegentlich mit den Stäublingen verwechselt werden, eindeutig giftig. Sie können zu schweren Magen-Darm-Beschwerden führen.

Ein anderer gewöhnlicher Stäubling

Einer der häufigsten europäischen Stäublinge ist wohl der **Flaschenstäubling** (*Lycoperdon perlatum*, unten). Er wächst überall im Wald und ist leicht an seinen zwei Arten Stacheln zu erkennen: Die größeren, deutlich sichtbaren Stacheln sind konisch, spitz zulaufend und regelmäßig angeordnet. Die wesentlich kleineren, warzenartig stumpfen Stacheln sind unregelmäßig in den Lücken zwischen den Ersteren verteilt. Sobald die großen Stacheln abgefallen sind, bleibt ein recht regelmäßiges Netz aus kleinen Grübchen zurück.

Der Flaschenstäubling (Lycoperdon perlatum) *ist ein weitverbreiteter Stäubling.*

Die Heilkraft der Pilze

Die Heilkraft des Flockenstäublings ist in zahlreichen Arzneibüchern der traditionellen Medizin verzeichnet. In Ungarn wird der Flockenstäubling auch heute noch roh und in Scheiben als Pflaster oder in Pulverform zur Stillung äußerer Blutungen empfohlen, in Pulverform unter Kalk gemischt gegen Halsentzündungen, in wässriger Lösung gegen Durchfall und noch einfacher als Lebensmittel, um Magen- oder Gallebeschwerden zu lindern. Der ausgeprägte, kautschukartig zähe Stiel des ***Beutelstäublings*** *(Lycoperdon excipuliforme), der nach der Sporenausbreitung und dem Verschwinden des »Kopfes« des Pilzes stets fortbesteht, wurde früher auf dem Land zur Linderung von Knochenbrüchen genutzt.*

Lycoperdon mammiforme
Persoon: Persoon
Gestalt: kugelförmig mit kurzem Stiel
Höhe: 5-10 cm

Hornstieliger Schwindling

unbedeutend

Herkunft des Namens Marasmius

Der Gattungsname *Marasmius* leitet sich vom griechischen *marasmos* = das Hinschwinden und dem dazugehörigen Verb *marainesthai* = hinschwinden ab. Die Schwindlinge, wie sie im Deutschen treffend heißen, trocknen in der Tat sehr leicht aus. Das Wort »Marasmus« bezeichnet in der Medizin Mangelerscheinungen bei Unterernährung. In Frankreich hat *marasme* heute eine eher übertragene, politische Bedeutung im Sinne von »Flaute, Stillstand«. Das lateinische Artepitheton *cohaerens* = zusammengehörend bezieht sich auf die Tatsache, dass dieser Pilz oft in kleinen Büscheln wächst, deren Stielfüße miteinander verwachsen sind.

- **Familie:** Marasmiaceae
- **Jahreszeit:** Herbst
- **Lebensraum:** unter Laubgehölz, selten unter Nadelbäumen
- **Verbreitung:** Europa und Nordamerika, weit verbreitet, aber selten

Echte Stehaufmännchen

Entsprechend der etymologischen Bedeutung ihres Namens, trocknen oder schrumpfen Schwindlinge ein. Das mag bei widrigen und ungünstigen Wetterbedingungen logisch sein und ist doch etwas Besonderes. Denn die Schwindlinge und mit ihnen einige andere Pilze aus der gleichen Gruppe (einige *Collybia* zum Beispiel) sind selbst nach vollständiger Austrocknung in der Lage, nach dem ersten Regen wieder anzuschwellen und weiterzumachen wie zuvor, so als wäre nichts geschehen! Sie können die Sporenproduktion wieder aufnehmen oder weiterwachsen, sollte ihr Wachstum noch nicht abgeschlossen sein. Dieses, wenn auch seltene Phänomen gibt es auch im Tierreich (Bärtierchen) und bei Pflanzen (Moose).

Der Hornstielige und andere Schwindlinge

In Europa gibt es fünfzig Schwindlingsarten. Aus dieser Menge ist der Hornstielige Schwindling leicht herauszufinden: an seinem steifen und glänzenden Stiel und, für die mit guten Augen oder einer starken Lupe, an den feinen braunen Haaren, die den Fruchtkörper bedecken. Der **Nelkenschwindling** (*Marasmius oreades*, Bild unten) ist in seiner Eigenschaft als guter Speisepilz natürlich viel bekannter. Er wächst in feuchten bis trockenen Wiesen häufig in Hexenringen (unten). Sein Stiel ist besonders zäh, fast wie Gummi: Hält man den Stiel fest, lässt sich der Hut mehrmals um die eigene Achse drehen, ohne abzureißen. Der Nelkenschwindling ist im feuchten Zustand ocker bis fleischfarben und wird fast weiß, wenn er austrocknet. Vorsicht! Hier besteht Verwechslungsgefahr mit giftigen hellen Trichterlingen, wie dem **Feldtrichterling** (*Clitocybe dealbata*, S. 184)!

Der Nelkenschwindling (Marasmius oreades) *wächst oft in Hexenringen (wird daher auch Kreisling genannt) im Rasen. Er ist ein beliebter Speisepilz, der sich auch trocknen lässt.*

Hexen- oder Feenringe

Zahlreiche Pilze wachsen kreisförmig in Wiesen und Wäldern. Diese sogenannten Hexen- oder Feenringe galten früher als verwunschene Orte, die als Treffpunkte für Hexensabbate oder als Tor zur Feenwelt galten. Tatsächlich haftet diesen Pilzkreisen nichts Magisches an. Denn nach der Porenkeimung des Pilzes sendet jede Spore ein Myzelium in alle Richtungen aus, wobei ein ständig sich weiter ausbreitender Kreis entsteht. An der Peripherie dieses Rings, am Ende der Myzelfäden, erscheinen über dem Boden Gebilde, die wir Pilze nennen. In Wirklichkeit jedoch stellen sie lediglich die Fruchtkörper des Gesamtorganismus dar, die für die Sporenproduktion und die geschlechtliche Vermehrung sorgen.

Marasmius cohaerens

cohaerens (Persoon: Fries)

Cooke & Quélet

Hutdurchmesser: bis zu 4 cm

Stielhöhe: 5-9 cm

Stieldurchmesser: 0,1-0,4 cm

Blutblättriger Zwergschirmling

unbe-
deutend

DUNKLE LAMELLENBLÄTTER – ROTE SPOREN

Der Gattungsname *Melanophyllum* leitet sich vom griechischen *melanos* = dunkel, schwarz und *phyllon* = Blatt, blattähnliche Pflanzenteile ab und bezieht sich auf die Lamellen des kleinen Pilzes, die dunkler sind als die anderer Arten der Gattung. Das Epitheton *haematospermum* setzt sich aus dem griechischen *haimatos* = Blut sowie dem vulgärlateinischen *sperma* = Samen zusammen und beschreibt seine bräunlich roten Sporen. Die Schirmlinge *(Lepiota)* haben in der Regel schlanke Stiele mit knolliger Basis, einen gebuckelten Hut, oft mit dunkleren Fasern, die wie abstehende Schuppen oder Stacheln aussehen (**Spitzschuppiger Schirmling**, S. 78), und weiße Lamellen! Der Blutblättrige Zwergschirmling dagegen zeigt erhebliche Abweichungen.

- **Familie:** Agaricaceae
- **Jahreszeit:** Herbst
- **Lebensraum:** Wälder, Gebüsche und Wegränder auf relativ stickstoffreichen Böden
- **Verbreitung:** Europa und Nordamerika, weit verbreitet, aber recht selten

WOHIN MIT DIESEM PILZ?

Dieser Zwergschirmling stellt Pilznovizen vor ein Rätsel. Hut und Stiel sind mit einer dichten, graubraunen bis tabakbraunen Pulverschicht überzogen. Er riecht leicht nach Gummi. Seine Lamellen haben eine erstaunliche Färbung: erst karminrot, dann ein dunkles Rotbraun. Die Versiertesten versuchen die Farbe der Sporen genauer zu definieren, indem sie den Hut vom Stiel abtrennen und mit den Lamellen nach unten flach auf ein weißes Blatt Papier legen: Die Sporen fallen (oder vielmehr werden aktiv ausgeschleudert) aus den Lamellen auf das Papier. Später entsteht ein düsterer, braunroter Sporenabdruck auf dem Papier. Könnte es ein Haarschleierling *(Cortinarius)* sein? Niemals, nicht mit diesem gepuderten Hut. Ein Risspilz *(Inocybe)* vielleicht? Auch eine Enttäuschung …

FREIE LAMELLEN

In Verbindung mit der kleinen und schlanken Gestalt dieses Pilzes gibt es ein Merkmal, das uns in Richtung *Lepiota* leiten kann: Die Lamellen sind frei, das heißt, ihre Breitseite hat keinen Kontakt mit dem Stiel. Es ist daher möglich, die Kappe sorgfältig vom Stiel zu trennen, ohne dass die Lamellen reißen – was der Fall wäre, wenn sie am Stiel angewachsen wären. Dieses Charakteristikum weist auf die Wulstlinge (Familie der Amanitaceae) und die umfangreichen Familie der Champignonartigen *(Agaricaceae)* hin, der vor allem auch die Gattung *Lepiota*, angehört, und in der es viele kleine schlanke Pilze gibt, wobei einige ebenfalls einen mehligen Hut haben. Es ist daher durchaus wahrscheinlich, dass der Blutblättrige Zwergschirmling und die anderen Schirmlinge der Gattung *Melanophyllum* wieder in den Schoß der Gattung *Lepiota* zurückfinden, wozu sie jahrzehntelang gehörten! Die Identifizierung von Pilzen ähnelt oft einer kriminalistischen Ermittlung …

Der Grünsporschirmling (Chlorophyllum molybdites) *kommt in den Tropen und Subtropen vor.*

Der Schirmling der »Zoreilles«

So wie der Blutblättrige Zwergschirmling sich den Anschein eines exotischen Pilzes gibt, der in den Augen des europäischen Naturfreundes etwas schrill erscheinen mag, ist ein typisch tropischer Schirmling fast der perfekte Doppelgänger unseres Parasols (Macrolepiota procera, S. 78). Der ***Grünsporschirmling*** *(Chlorophyllum molybdites, links) ist sehr giftig und plagt jährlich viele Touristen, die glauben, in Schirmlingen schwelgen zu können … Die französischsprachigen Einwohner der Inseln im Indischen Ozean nennen den Pilz daher »Schirmling der Zoreilles« – Zoreilles ist das kreolische Wort für Weiße und Touristen.*

Melanophyllum haematospermum
(Bulliard: Fries) Kreisel
Hutdurchmesser: bis zu 3 cm
Stielhöhe: 2-5 cm
Stieldurchmesser: 0,1-0,3 cm

Hohe Morchel

gekocht schmackhaft

MORCHELJAGD UND KÜCHENZAUBER

Omelett, Huhn, Kalbsbries mit Morcheln ... Rezepte, die den guten Ruf der französischen Küche ausmachen. Aber Vorsicht! Morcheln sind roh genossen giftig. Man muss sie gut abkochen und das Kochwasser wegschütten. Sehr seltsam, diese Pilze ... und wahrscheinlich die einzigen, die nicht gesammelt, sondern »gejagt« werden. Bei der Morcheljagd rückt man aus wie zur Jagd auf Fasanen oder Wolpertinger. Morcheln sind schwer zu finden. Wie viele Pilzfreunde haben sich schon mit einem Morchelspezialisten auf Morcheljagd begeben und sind unverrichteter Dinge wieder heimgekehrt, wenn ihr Begleiter sie nicht mit der Nase darauf gestoßen hat. Morcheln jagt man auf Knien. Es ist ein mühsames Unterfangen ... und in der Regel friedlich, solange man nicht ertappt wird, wie man im angestammten Territorium eines Morchelfreundes räubert, der sich wenig freizügig zeigt ...

- **Familie:** Morchellaceae
- **Jahreszeit:** nur im Frühling
- **Lebensraum:** in Nadelwäldern und an ihren Rändern; auf eher frischen, feuchten Böden
- **Verbreitung:** Europa und Nordamerika, häufig und weit verbreitet

BLONDINEN MANCHMAL BEVORZUGT

Morcheln bevorzugen offenbar eher frische und feuchte Standorte im Schatten hoher Bäume oder Hecken. So finden wir den »schwarzhütigen« (graubeigen bis dunkelolivbraunen) Morcheltypus in Nadelbeständen, wie auch die hier abgebildete Hohe Morchel. In Laubwäldern stößt man häufiger auf helle Morcheltypen (mit hellbraunem Hut und Fleisch), wie z. B. die **Speisemorchel** *(Morchella esculenta)*. Was nicht heißt, dass Morcheln nicht überraschend auf anderen Plätzen auftauchen: in Beeten öffentlicher Anlagen, auf faulen Äpfeln, zwischen Artischocken im Gemüsebeet oder sogar auf Baustellenschutt.

EINS, ZWEI, DREI ... DREISSIG MORCHELARTEN?

Die Klassifizierung von Morcheln liegt noch weitgehend im Argen. Die einschlägige Fachliteratur verzeichnet zwischen drei und dreißig Arten Morcheln in Europa. Diese große Diskrepanz erklärt sich aus der hohen Variabilität dieser Pilze. So fassen manche Autoren unter dem Namen *Morchella conica* gleichzeitig *M. elata*, *M. costata*, *M. deliciosa* und *M. hortensis* zusammen. Während andere Mykologen die vorstehend bezeichneten Morcheln für eigene Arten halten. Neuere Studien, die die Evolution der Arten anhand ihrer DNA untersuchten, scheinen zu bestätigen, dass es etwas mehr als ein halbes Dutzend Morchelarten in Europa und rund dreißig weltweit gibt.

Tödlich giftige Cousine

*Die **Frühjahrslorchel** (Gyromitra esculenta, nebenstehendes Foto) unterscheidet sich von der Morchel durch ihren Hut. Während er bei Letzterer netzartig aufgeteilt Bienenwaben gleicht, ist der der Frühjahrslorchel hirnartig gewunden. Lange für essbar gehalten – ihr Geschmack ist noch feiner als der der Morcheln –, ist ihr Verkauf mittlerweile z. B. in Deutschland, Spanien, der Schweiz und Frankreich verboten. Die Lorchel enthält die giftige Substanz Gyromitrin, ein wasserlösliches Zellgift. Die Vergiftung wird als Gyromitra-Syndrom bezeichnet, das sich in Übelkeit, heftigem Erbrechen und Durchfall mit Fieber (bei Pilzvergiftungen einmalig) äußert und die Leber angreift, was tödlich enden kann. Zweimaliges Abkochen, wie in Russland und Finnland praktiziert, verringert die Giftigkeit, ist jedoch offenbar keine sichere Methode!*

Morchella elata
(Persoon)
Hut: 4–15 cm hoch,
3–5 cm im Durchmesser
Stielhöhe: 5–10 cm
(bis 15 cm)
Stieldurchmesser: 2–4 cm

Gelbmilchender Helmling

ohne kulinarischen Wert

WAS IST EIN HELMLING?

Die Bezeichnung *mykene* ist etymologisch gesehen nicht unbedingt originell. Das griechische Wort *mykene* ist die Verkleinerungsform von *mykes* und bedeutet schlicht »kleiner Pilz«. Die Helmlinge sind meist sehr dünnfleischige Pilze mit einem langen, fadenartigen Stiel, der ihnen die charakteristische grazile Gestalt verleiht. Ihre konischen Hüte wirken stark gerieft, denn das Fleisch ist so dünn, dass die Lamellen hindurchscheinen. Die Lamellen sind in der Regel, die Sporen immer weiß. Die Helmlinge bilden eine große, weltweit verbreitete Gruppe mit ca. 250 Arten in Europa, und jährlich werden neue Arten beschrieben. Sie sind Saprophyten, leben von verrottender, organischer Substanz und erscheinen daher beispielsweise auf Falllaub, Baumstümpfen und herabgefallenen Ästen. Keine Art hat praktische Bedeutung für den Menschen. Die meisten sind wohl essbar, aber wegen ihrer geringen Größe unbedeutend. Da einige Arten, wie z. B. der **Gemeine Rettichhelmling** (*Mycena pura*, S. 160), sehr giftig sind, ist es besser, ganz auf diese Pilzart zu verzichten.

- **Familie:** Favolasduaceae
- **Jahreszeit:** Herbst
- **Lebensraum:** meist unter Buchen, auf kalkhaltigen Böden
- **Verbreitung:** Europa und Amerika, weit verbreitet, aber selten

ANDERE MILCHENDE HELMLINGE

Bei dem besonders verbreiteten **Weißmilchenden Helmling** (*Mycena galopus*, Bild unten), ist es die Milch, die zu seinem Trivialnamen führte. Die Farbe seines Hutes variiert von Perlgrau bis Schwarz. Der **Große Bluthelmling** (*M. haematopus*) mit weinrotem bis braunrosa Hut und der **Purpurschneidige Bluthelmling** (*M. sanguinolenta*) mit blassrosabraunem oder in der Mitte dunklem Hut sondern Milch in zinnoberroter Farbe ab, die an ein veraltetes Antiseptikum (Merbromin) erinnert.

Weißmilchender Helmling (Mycena galopus)

EIN MILCHENDER HELMLING

Die Helmlinge weichen in Form und Farbe nur wenig voneinander ab. Dennoch sind einige leicht zu erkennen. Dies gilt besonders für diejenigen, die einen milchigen farbigen oder farblosen Saft absondern, wenn z. B. der Stiel sanft aufgeknickt wird. Der hier vorgestellte Gelbmilchende bzw. Gelborangemilchende Helmling ist ziemlich selten, und bleibt in der Laubstreu großer Buchenwälder fast unbemerkt. Er hat eine beigebräunliche Kappe, blassgraubeige Lamellen und einen langen rötlichen Stiel. Sein wichtigstes Merkmal ist, dass bei der geringsten Verletzung reichlich eine gelborange bis leuchtend orangerote Milch austritt, die zu seinem lateinischen Artnamen *crocata* = safranfarben inspirierte.

Favolaschia calocera *aus Neuseeland, Madagaskar, Australien und Italien*

Ein invasiver Vetter

Trotz des erstaunlichen Aussehens von Favolaschia calocera (links) mit lebhaft orangegelbem, an der Unterseite mit bizarren Röhren geschmücktem Hut steht er den Helmlingen sehr nahe. Die mikroskopischen Merkmale der beiden Arten sind so erstaunlich ähnlich und zahlreich, dass kaum vorstellbar ist, wie unterschiedlich sie aussehen. Dennoch haben molekularbiologische Analysen diese Verwandtschaft bestätigt. Wohl ursprünglich aus Madagaskar, ist Favolaschia calocera dabei, sich in verschiedenen Regionen der Welt zu verbreiten.

Mycena crocata
(Schrader: Fries)
P. Kummer

Hutdurchmesser:
bis zu 2,5 cm

Stielhöhe: 6–10 cm

Stieldurchmesser: 0,1–0,2 cm

Buntstieliger Helmling

ohne kulinarischen Wert

Der Kerzenwachs-Helmling

Den Duft eines Pilzes wahrzunehmen und vor allem die Bestimmungskriterien zu kennen; ist ein wichtiger erster Schritt zu seiner Identifizierung. Sind Helmlinge nicht völlig geruchlos, reicht das Geruchsspektrum dieser Pilze von mehlig, nach Javelwasser (Bleichmittel), ranzigem Fett oder Wachskerzen wie beim hier beschriebenen Buntstieligen Helmling. Dieser häufige Pilz wächst büschelweise auf Baumstümpfen. Sein Stiel ist unter den Lamellen hellbeige getönt und geht in Richtung Stielbasis ganz allmählich in Orangebraun oder Rotbraun über. Diese Merkmale und sein unverwechselbarer Geruch erleichtern das Erkennen dieses Helmlings.

- **Familie:** Agaricaceae
- **Jahreszeit:** Sommer bis Herbst
- **Lebensraum:** unter Laubbäumen, oft auf organisch angereicherten Böden
- **Verbreitung:** Europa, Nordamerika, weit verbreitet und häufig

Büschelweise auf Totholz

Der Buntstielige Helmling wächst, wie viele andere Helmlinge, büschelig auf Baumstümpfen oder Totholz. Der **Rosablättrige Helmling** (*Mycena galericulata*, Foto rechts oben) ist ebenfalls weit verbreitet, normalerweise reichlich blass gefärbt und trotz aller Variationen, denen er fähig ist, an seinen zuerst weißen Lamellen zu erkennen, die sich später rosa verfärben. Diese zeigen von vorne betrachtet zahlreiche Querverflechtungen. Mykologen sprechen hierbei von einer Anastomose. Darüber hinaus schmeckt das Fleisch typisch mehlig. Ein kleiner Geschmackstest ist völlig harmlos. Der **De Seynes Helmling** (*Mycena seynesii*, Foto rechts unten) öffnet seine hübschen, purpurbraunen bis rosabraunen, manchmal völlig rosafarbenen Kappen zwischen den Schuppen von Kiefernzapfen, die auf den Boden gefallen sind.

Helmlinge der Urzeit

Vor Millionen Jahren öffnete in der Dominikanischen Republik ein kleiner Blätterpilz seinen konischen Hut auf dem verrottenden Stamm eines Nadelbaumes, der in der Nähe einer Wasserstelle umgefallen war. Harz drang durch eine Stammverletzung, und unser unglücklicher Pilz wurde darin »eingegossen«. Das Harz härtete zu Bernstein aus und konservierte den darin befindlichen Pilz perfekt, sodass er sich zeitlich auf das Miozän vor etwa 15 bis 20 Millionen Jahren, datieren lässt. Es handelt sich zweifellos um einen Vorfahren unserer Helmlinge. Er erhielt den hübschen Namen *Protomycena electra* und ist einer der wenigen erhaltenen fossilen Blätterpilze. Der älteste bisher bekannte Helmling, der *Archaeomarasmius leggeti*, wuchs vor 90 bis 95 Millionen Jahren zu Zeiten der Dinosaurier. Wie wär's mit einem Jurassic Park der Pilze?

Der Rosablättrige Helmling (Mycena galericulata, oben) wächst in Büscheln auf Totholz, während der De Seynes Helmling (M. seynesii, unten) Kiefernzapfen bevorzugt.

Ein acht Meter hoher Pilz?

Ein paläontologisches Rätsel fand kürzlich eine interessante Fortsetzung. Mitte des 19. Jahrhunderts entdeckte der kanadische Biologe John Dawson den Prototaxites, ein gigantisches Fossil aus der Zeit des Devon (also vor etwa 400 Millionen Jahren). Dieser zylinderförmige Organismus von acht Meter Höhe mit einem Durchmesser von ca. 1,5 Metern gleicht einem Baumstamm. Doch in der Zeit des Devon gab es noch keine Bäume auf der Erde! Lange dachte man, es handle sich um einen Riesenpilz. 2010 jedoch haben Wissenschaftler die Hypothese aufgestellt, es sei eine flache Matte, die aus Moosen, Pilzen und Cyanobakterien gebildet wurde, austrocknete, vom Wind aufgerollt wurde und fossilisierte.

Mycena inclinata
(Fries) Quélet
Hutdurchmesser: bis zu 3 cm
Stielhöhe: 3-12 cm
Stieldurchmesser: 0,1-0,3 cm

Rosa Rettichhelmling

giftig

- **Familie:** Favolaschiaceae
- **Jahreszeit:** Herbst
- **Lebensraum:** unter Laub- und Nadelbäumen
- **Verbreitung:** Europa und Nordamerika, sehr verbreitet

EXAKTE BESTIMMUNG IST WICHTIG!

Der Rosa Rettichhelmling ist gut an seiner altrosa Färbung und seinem starken Rettichgeruch zu erkennen. Der nah verwandte **Gemeine Rettichhelmling** *(Mycena pura)* hat eine ähnliche Gestalt, den gleichen Geruch wie der Rosa Rettichhelmling, ist jedoch kleiner, und die Farbe seiner Kappe variiert von Graulila, einem dunklen Braunlila über Gelb bis zu Lila. Diese Helmlinge beherrschen darüber hinaus das Spiel mit Weiß, sodass man sich an ihrem stets charakteristischen Geruch orientieren sollte. Wichtig ist eine exakte Bestimmung, da sie giftig sind und mit Speisepilzen aus der *Laccaria*-Gruppe wie dem **Violetten Lacktrichterling** verwechselt werden können (Gattung *Laccaria*, S. 120).

SCHWERE VERGIFTUNGEN

Der irrtümliche Verzehr dieser Pilze verursacht schwere Vergiftungen, deren Symptome als das Muskarin-Syndrom bekannt sind. Starke Schweißausbrüche – durch die Betroffene schon in einer Nacht mehrere Kilogramm verlieren können – heftige Übelkeit, Erbrechen und akuter Durchfall sind die Folge. Begleitend treten Herzrhythmusstörungen auf, die möglicherweise zu Herz-Kreislauf-Komplikationen führen können. Das hier beteiligte Toxin ist Muscarin, das sich auch in mehreren Risspilzen, speziell im **Ziegelroten Risspilz** (*Inocybe patouillardii*, S. 118), oder im **Feldtrichterling** (*Clitocybe dealbata*, S. 184) findet. Diese Substanz wirkt auf die glatte Muskulatur, das Herz und die endokrinen Drüsen. Die Vergiftung verläuft für gesunde Menschen üblicherweise nicht tödlich. Die Symptome ebben im Allgemeinen nach ein paar Stunden ab. Bei Personen mit Herzinsuffizienz kann die Vergiftung allerdings lebensbedrohlich werden.

SCHÖNER – SELTENER – UND UNGIFTIG

Neben all den beängstigend giftigen Helmlingen gibt es jedoch einen, den **Korallenroten Helmling** (*Mycena adonis*, unten), der, besonders in der Jugend, aufgrund seiner reinen, attraktiven Farbtöne sicherlich einer der schönsten ist. Viel kleiner und auch viel seltener als der Rosa Rettichhelmling, scheint er als Lebensraum Wälder, Waldränder und städtische Parks zu bevorzugen, wo er zuweilen gesellig bis massenhaft auftritt. Zudem ist sein Fleisch sehr dünn, geruchlos und ohne kulinarischen Wert, aber immerhin nicht giftig!

Giftpilze unter sich

Die Pilze aus der Gruppe des Rosa Rettichhelmlings ähneln anderen Helmlingen in keiner Weise: Sie sind fleischiger, ihr Myzel bildet an der Stielbasis feine wurzelartige Myzelstränge, die sog. Rhizomorphen, und sie sind allesamt sehr giftig. Aus diesen Gründen haben einige Autoren vorgeschlagen, sie aus der Gattung der Mycena aus- und in die Gattung Prunulus einzugliedern, was die überwiegende Mehrheit der Mykologen noch nicht akzeptiert hat. Wir können jedoch wetten, dass wir in einigen Jahren nur noch von den Prunulus roseus und Prunulus purus sprechen werden.

Der hübsche Korallenrote Helmling (Mycena adonis) *ist ein seltener, rosafarbener, ungiftiger Helmling.*

Mycena rosea
(Bulliard) Gramberg
Hutdurchmesser: bis zu 6 cm
Stielhöhe: 4-9 cm
Stieldurchmesser: 0,4-0,8 cm

Sieberdstern

ungenießbar

Der Pfefferstreuer

Mit etwas Glück können Sie vielleicht einmal auf diesen erstaunlichen Pilz stoßen, der zur Gattung *Myriostoma* gehört. In der polyphyletischen Einteilung der Bauchpilze gehört er zur Gruppe der Erdsterne *(Geastrum)*, von denen zwei weitere Arten in diesem Buch bereits besprochen wurden (S. 90 ff.). *Myriostoma* (griechisch *myrios* = unzählig und griechisch *stoma* = Mund, also wörtlich Vielmünder) ist eine Anspielung auf die zahlreichen, siebartigen Öffnungen beziehungsweise Ostiolen, in der Endoperidie, durch die bei der geringsten Berührung die reifen Sporen wie bei einem Pfefferstreuer entlassen werden. Der deutsche Trivialname Sieberdstern umschreibt dieses Merkmal bildhaft. Die Art ist in Deutschland wie in Frankreich sehr selten und auf wenige isolierte Gebiete mit warmen, sandigen Böden beschränkt. In Ungarn allerdings scheint er häufiger zu sein.

- **Familie:** Geastraceae
- **Jahreszeit:** Herbst
- **Lebensraum:** unter Laub- und Nadelbäumen, auf eher leichten, sandigen Böden
- **Verbreitung:** weltweit, in Deutschland sehr selten, häufiger in Ungarn

Der Mehr-Komponenten-Erdstern

Erst bei genauerem Hinsehen offenbart der Sieberdstern seine Geheimnisse. Er zeigt sich als eine große Kugel (Endoperidium), getragen und fixiert durch kleine »Füße« auf sternförmig abstehenden, pappeartig dicken Lappen, dem Exoperidium, wobei die Zahl dieser Lappen von einem Pilz zum anderen variiert. Drehen Sie den Pilz um und zählen Sie! Ihre Zahl ist zwar variabel, stimmt jedoch stets mit der Zahl der die Sporen entlassenden Öffnungen (Ostiolen) überein. Vergleichen Sie den Sieberdstern mit einem normalen Erdstern (S. 90). Letzterer hat nur einen Stiel und eine einzige Ostiole! Fazit: Der Sieberdstern ist ein einzigartiges Mischprodukt, entstanden im Laufe der Evolution durch Zufallskombinationen mehrerer Erdsternarten untereinander.

Sporen-Bäuche

Der Sieberdstern befand sich einst in der Gruppe *Geastrum*, zusammen mit Stäublingen, Kartoffelbovisten (S. 146) und einigen anderen Pilzgruppen, die alle zu den Bauchpilzen (Gasteromycetes) zählten. Der Begriff Gasteromycetes setzt sich aus dem griechischen *gastron* = Bauch, Magen und *mykes* = Pilz zusammen und bezieht sich auf eine Pilzgruppe, die ihre Sporen in geschlossenen »Bäuchen« entwickelt, das heißt zum Beispiel in jener Kugel des Sieberdsterns, die als Endoperidium bezeichnet wird. Die jüngsten Studien zur Evolution der Pilze beweisen, dass Gasteromycetes eine künstliche Einheit ist. Alle diese Arten wurden auf sehr unterschiedliche Gruppen verteilt, einige Pilze in mal mehr, mal weniger verwandtschaftlicher Nähe zu den Blätterpilzen, andere zu den Röhrenpilzen, schließlich einige zu den Stinkmorcheln (S. 92).

Als hätte man nach dem Picknicken die Pfefferstreuer stehen lassen – der Sieberdstern ist unverwechselbar.

Sporen massenweise

Pilze, die sich geschlechtlich vermehren, entwickeln Sporen in geradezu exzessiven Mengen, was nicht ohne Auswirkungen auf unser tägliches Leben bleibt. Der ***Riesenstäubling** (Calvatia gigantea)* *bildet im Laufe seines Lebens 7000 Milliarden Sporen, ein* ***Zweisporiger Champignon*** *(Agaricus bisporus, der weltweit bedeutendste Kulturpilz) produziert 16 Millionen täglich … Während des Sommers enthält ein Kubikmeter Luft im Durchschnitt 20.000 Sporen unterschiedlicher Pilze, die allesamt einen günstigen Platz suchen, um zu keimen: zum Beispiel auf unseren Lebensmitteln, unserer Haut oder unseren Zehennägeln.*

Myriostoma coliforme
(Dickson) Corda
Gestalt: Kugel, getragen von einer variablen Anzahl von Lappen
Endoperidium-Durchmesser: 2-7 cm
Gesamtdurchmesser (ausgebreitet): 4-20 cm

Eselsohr

ohne kulinarischen Wert

Ein Ohr wie das andere

Der Gattungsname *Otidea* leitet sich aus dem griechischen *otos* = Ohr ab. Der Artname *onotica* ist dem lateinischen *onoticus* entliehen und bedeutet Eselsohren! Während der deutsche oder skandinavische Trivialname dem griechischen Original entspricht, machte man in Frankreich und England ein Hasenohr daraus. Dennoch bleibt es derselbe Pilz, der im Wesentlichen an der gelborangen, typisch lachsrosa getönten Färbung der inneren Ohrmuschel und der ockergelben Außenhaut zu erkennen ist. Vielleicht ist es diese Färbung, die die Franzosen eher an ein Hasenohr denken lässt.

- **Familie:** Pyronemataceae
- **Jahreszeit:** Sommer bis Herbst
- **Lebensraum:** auf nackten Böden in Wäldern und Waldsäumen
- **Verbreitung:** Europa und Nordamerika, gelegentlich in Frankreich

Winzige Unterschiede

Das Mikroskop ist für den Mykologen ein unverzichtbares Instrument, sieht er sich mit Komplikationen konfrontiert, die durch Beobachtung mit bloßem Auge nicht gelöst werden können. Das ist zum Beispiel der Fall, wenn einige Becherlings-Arten (S. 168) seitlich nur andeutungsweise gespalten sind und damit den Pilzen aus der Gattung *Otidea* ähneln. Umgekehrt zeigen wiederum einige Öhrlinge eine ausgeprägte Kerbe. Um festzustellen, mit welcher Gruppe wir es zu tun haben, müssen wir das Mikroskop in Anspruch nehmen. Dazu legt man ein paar Asci (die Sporen produzierenden Schlauchzellen) in ein jodhaltiges Reagens, wie beispielsweise Melzers Reagens (S. 84). Handelt es sich um einen echten Becherling, verfärbt sich die Spitze der Schlauchzelle blau, weshalb diese Aszi als amyloid bezeichnet werden. Aszi der Gattung *Otidea* hingegen sind völlig unempfindlich gegen das Reagens, die Schlauchzellen färben sich lediglich bräunlich gelb wie das Reagens selbst.

Schlitzohren

Öhrlinge *(Otidea)* gehören wie Becherlinge *(Peziza)* zur großen Gruppe der Schlauchpilze bzw. Ascomyzeten, die ihre Sporen in schlauchförmigen Zellen, den sog. Aszi, produzieren. Mit den echten Becherlingen (Gattung *Peziza*, S. 168) teilen sie grob gesagt die Becherform. Dabei unterscheiden sich Öhrlinge von Becherlingen im Allgemeinen dadurch, dass diese Becher üblicherweise auf einer Seite über die ganze Höhe gespalten sind. Daher lädt diese charakteristische Form, wie beschrieben, zu einem Vergleich mit den Ohren aus der Tierwelt ein. In Bezug auf eine dunkelbraune Art der *Otidea*, deren Fruchtkörper nicht so lang gezogen, sondern gestaucht erscheint, sind sich Frankreich, England und Deutschland diesmal über den Trivialnamen von *Otidea bufonia*, Oreille de crapaud = *Toad's Ear* = **Krötenöhrling** einig. Es gibt zwanzig *Otidea*-Arten in Europa, die häufig schwer voneinander zu unterscheiden sind.

Der Gemeine Orangebecherling (Aleuria aurantia) *verdankt seine sattorange Farbe der Anwesenheit von Carotinoiden. Er ist im Herbst auf offenen Böden, auf Ruderalflächen, entlang der Straßen oder an Böschungen verbreitet.*

Schönheit geht vor Geschmack

Das Eselsohr wird gelegentlich mit dem ***Gemeinen Orangebecherling*** *(Aleuria aurantia, Foto rechts) verwechselt, der eine lebhafter orangefarbene Tönung aufweist und seitlich nicht geschlitzt ist. Der* ***Zinnoberrote Prachtbecherling*** *(Sarcoscypha coccinea) bildet kleine, im Inneren leuchtend rote und außen weißlich rosafarbene Schalenformen auf Totholz aus. Dieser Pilz gedeiht nur im Winter und gelegentlich Anfang Frühjahr. Diese beiden Pilze sind essbar, aber mit ihrem dünnen, faden Fleisch nicht sonderlich schmackhaft. Manche kandieren sie in Kirschwasser und servieren sie als Aperitif. Sehen Sie sich auch den* ***Leuchtenden Wurzelbecherling*** *(Sowerbyella rhenana, S. 208) an.*

Otidea
onotica
(Persoon) Fuckel
Gestalt: seitlich
geschlitzte Tütenform
Höhe: 5–10 cm

Beringter Schleimrübling

ohne kulinarischen Wert

- **Familie:** Physalacriaceae
- **Jahreszeit:** Herbst
- **Lebensraum:** nur auf totem Buchenholz, in Büscheln
- **Verbreitung:** Europa und Nordamerika, häufig

OUDEMANSIELLA? WAS IST DAS?

Der wissenschaftliche Name *Oudemansiella* ist eine Hommage an den niederländischen Botaniker und bedeutenden Mykologen Cornelius A. J. A. Oudemans (1825 bis 1906). Er war der Autor des Werkes *Enumeratio systematica fungorum*, 1919 posthum herausgegeben von J. W. Moll. Die Schleimrüblinge haben dünnfleischige, elastische, abgeflachte Kappen und einen schlanken, langfaserigen Stiel, der so zäh ist, dass er verdreht werden kann, ohne zu brechen. Allerdings sind sie mittlerweile auf mehrere, nicht unbedingt verwandte Gattungen verteilt (*Collybia*, *Flammulina*, *Gymnopus*, *Oudemansiella*, *Rhodocollybia*, *Xerula* etc.). Kein Schleimrübling ist offenbar giftig oder von kulinarischem Wert.

DER KUSS-TEST

Wer im Herbst durch einen alten Buchenwald wandert, hat gute Chancen, auf einem verrottenden Stamm den Beringten Schleimrübling zu erblicken. Der Grund für seinen Namen ist offensichtlich. Sein porzellanweißer bis zartgrauer Hut ist mit einer dicken, ja sogar klebrigen Schleimschicht überzogen. Dieses Erscheinungsbild verhalf ihm zu seinem englischen Trivialnamen *Porcelain fongus*, »Porzellanpilz«. Die weißen, dicken Lamellen sind entfernt stehend, und der Stiel trägt einen weißen oder bräunlichen, häutigen Ring, der später oft nachdunkelt. Sein Fleisch ist weich und ziemlich fade.

Bei anhaltend trockener Witterung dörrt der Hut oft aus, sodass er für einen Neuling kaum noch erkennbar ist. In diesem Fall ist, wie der französische Pilzkenner gerne sagt, ein *test du baiser*, ein »Kuss-Test«, hilfreich! Feuchten Sie Ihre Lippen an und berühren Sie damit den Hut: Die Feuchtigkeit wird von Pilz und Schleim aufgesogen, und Ihre Lippen kleben wie mit einem Saugnapf an der Huthaut fest. Dieser Test wird mit allen potenziell schleimigen, vertrockneten Pilzen durchgeführt.

NOCH EIN SCHLEIMIGER RÜBLING

Der **Grubige Wurzelrübling** oder **Schleimige Wurzelrübling** (*Xerula radicata*, unten) ist ein weiterer Rübling mit schleimigem Hut. Der verbreitete Pilz wächst auf Waldböden, aber auch auf den Wurzeln verschiedener Laubbäume, besonders auf denen der Buche. Sein ockerbraun getönter Hut ist schleimig und faltig und erreicht Durchmesser von 20 cm. Sein langer steifer, spröder Stiel endet in einer mehr oder weniger ausgebildeten »Wurzel«. Diese Pseudowurzel ist oft schwierig freizulegen und das namensgebende Merkmal. Wurzelrüblinge sind so zäh und schleimig, dass sie eigentlich ungenießbar sind. Es existieren zwei Varianten des Grubigen Wurzelrüblings: *Xerula radicata* fo. *marginata* mit dunkelbraunen Lamellenschneiden und *Xerula radicata* var. *alba*, eine weiße Varietät mit nahezu weißem Hut und schmutzig cremefarbener Mitte.

Der Grubige Wurzelrübling (Xerula radicata) *ist für die Medizin von Interesse – ausgestattet mit blutdrucksenkenden, antibiotischen sowie zellteilungshemmenden Wirkstoffen, könnte er zur Krebstherapie eingesetzt werden.*

Interessante Inhaltsstoffe

Der Beringte Schleimrübling scheint ein harmloser Pilz zu sein, leistet jedoch seit einigen Jahren Gärtnern und Landwirten große Dienste. Er produziert ein wirksames Pilzbekämpfungsmittel mit Breitbandwirkung, das Azoxystrobin, das heute von Herstellern von potenten Pflanzenschutzmitteln vertrieben wird. Das Molekül Oudenone, das ebenfalls aus dem Grubigen Wurzelrübling extrahiert wird, hat in Versuchen mit an Bluthochdruck leidenden Ratten seine stark blutdrucksenkende Wirkung bewiesen.

Oudemansiella mucida
(Schrader: Fries) Höhnel
Hutdurchmesser: bis zu 10 cm
Stielhöhe: 3-8 cm
Stieldurchmesser: 0,5-1 cm

Gelbmilchender Becherling

ohne kulinarischen Wert

- **Familie:** Pezizaceae
- **Jahreszeit:** Sommer und Herbst
- **Lebensraum:** auf dem Boden unter Laub- und Nadelholz
- **Verbreitung:** Kosmopolit, verbreitet

Becherlinge

Die Griechen der Antike verstanden unter *Pezis* einen Pilz, der keinen oder nur einen sehr kurzen Stil besitzt (*peze* = herunter auf die Erde und *izo* = sitzend; wörtlich: auf der Erde sitzend). Später bezeichneten die Römer mit dem Wort *pezicae* ebenfalls Pilze, und zwar möglicherweise die Morcheln. Die Bezeichnung *Peziza* wurde erstmals 1719 in der mykologischen Literatur von dem Botaniker Johann J. Dillenius erwähnt. Danach verwendeten ihn mehrere Naturforscher, unter ihnen auch Carl von Linné (1753), aber in einer von der heutigen abweichenden Bedeutung. Erst 1821 wurde die Bezeichnung von Elias Fries im gegenwärtigen Sinn für Becherlinge benutzt. Diese Pilze sind mit hundert Arten in Europa vertreten. Mehrheitlich kann man die Becherlingsarten nur durch mikroskopische Merkmale unterscheiden. Selbst ein Experte dieser Gattung wagt nicht, eine *Peziza* nur mit bloßem Auge zu bestimmen.

Ein »saftiger« Pilz

Der **Gelbmilchende Becherling**, auf den ersten Blick ein einfacher Schlauchpilz, besitzt jedoch eine Eigenschaft, die zu seinem Artnamen *succosus* = saftig führte. Bei der geringsten Verletzung sondert sein Fleisch eine klare, perlende Flüssigkeit ab, die an der Luft schnell vergilbt. Er ist allerdings nicht der einzige milchende seiner Gattung, doch der häufigste und größte. Der **Blasenbecherling** (*Peziza vesiculosa*, unten) glänzt nicht gerade durch sein Aussehen: Er bildet gelbbräunliche, oft seitlich abgeflachte Apothecien (becher-, schalen- oder scheibenförmige Fruchtkörper) mit einem Durchmesser von etwa zwei bis acht cm und unregelmäßig gewellten und gezackten Rändern. Allerdings erleichtert sein Lebensraum die Bestimmung: Er wächst in Gruppen auf Kompost, Misthaufen oder auf gemulchten Beeten.

Der Blasenbecherling (Peziza vesiculosa) *ist ein Bewohner von Kompost und Misthaufen.*

Morcheln im Herbst?

Gelegentlich kann man in der Zeitung von einem glücklichen Pilzfreund lesen, der im Herbst eine sehr große Morchel gefunden hat. Und die Journalisten tun so, als habe dieser Glückspilz im Lotto gewonnen! Nur leider gibt es im Herbst sowenig Morcheln wie Eis in der Wüste. Der Pilz, der sich spaßeshalber als Morchel tarnt, ist der Becherling (Peziza proteana var. sparassoides), eine Varietät des Lorchelbecherlings, der ausschließlich auf alten Brandrodungsflächen wächst. Da er allerdings beträchtliche Größen erreicht – bis zu 25 cm im Durchmesser –, ähnelt er vielmehr der ***Krausen Glucke*** *oder* ***Fetten Henne*** *(Sparassis crispa), einem anderen guten Speisepilz.*

Zwei völlig unterschiedliche Formen

Je nach Umweltbedingungen kann die Mehrheit der Pilze in mindestens zwei Formen auftreten. Die ›anamorphe‹ Form ermöglicht die ungeschlechtliche Fortpflanzung. Beispiele sind Schimmelpilzarten wie der Schimmel auf Obst, der Edelschimmel im Roquefortkäse sowie der weiße Schimmel der Rinde des Camemberts. Die andere, die ›teleomorphe‹ Form eignet sich zur sexuellen Fortpflanzung. Sie zeigt sich in Fruchtkörpern unterschiedlicher Gestalt und Größe, die wir landläufig als ›Pilze‹ bezeichnen. Für den gleichen Pilzorganismus fällt die ungeschlechtliche und die geschlechtliche Form (falls existent) so verschieden aus, dass sie einen jeweils eigenen wissenschaftlichen Namen erhalten haben. Daher sind die Schimmelpilze der Gattung *Ostracoderma* die anamorphen Formen von *Peziza*!

Peziza
succosa
Berkeley
Gestalt: mehr
oder weniger regelmäßige
Becherform
Durchmesser: 2-10 cm

Sparriger Schüppling

ohne kulinarischen Wert

Trügerische Eleganz

Der Sparrige Schüppling ist wahrscheinlich von allen Schüpplingen am leichtesten zu erkennen. Mit trockenem Stiel und Hut, faserig-wolligen, abstehenden, ocker bis rötlichen Schuppen, anfangs oliven, gelblich getönten, später ockerbraunen Lamellen und geruchlosem Fleisch wächst er meist büschelweise auf Baumstümpfen oder an von ihm befallenen Bäumen (Kasten unten). Mit dem selteneren **Bleichen Schüppling** *(Pholiota squarrosoides)* kann er kaum verwechselt werden, denn dessen Fleisch ist blasser mit intensiv süßlich-fruchtigem Geruch. Der **Kegelige Raukopf** (*Cortinarius humicola*, S. 62) ist etwas ähnlich, jedoch ein reiner Bodenbewohner und kleiner.

- **Familie:** Strophariaceae
- **Jahreszeit:** Herbst
- **Lebensraum:** in Büscheln auf toten oder lebenden Laubbäumen
- **Verbreitung:** Europa und Nordamerika, häufig

Ein mörderischer Parasit

Der Sparrige Schüppling ist ein gefährlicher Parasit, der sich wenig um seine Opfer schert. Offenbar ist er in der Lage, alle einheimischen Bäume zu befallen, gleichgültig ob Laub- oder Nadelgehölze, und macht auch vor eingeführten exotischen Arten in unseren Parks und Gärten nicht halt. Durch den enzymatischen Abbau von Lignin und Zellulosemolekülen aus dem infizierten Holz, die ihn ernähren, verursacht er die sog. »Weißfäule«, was häufig zum Absterben, Zerfall und Tod des Baumes führt. Gegen diesen Befall ist kein Kraut gewachsen. Der Pilz passt sich problemlos jeder Krankheitsphase seines Wirtes an, kann nach dessen Tod problemlos als Saprophyt weiterexistieren, während die »Baumleiche« ihren Mörder noch viele Jahre nach dem Tod »füttert«!

Ein bemerkenswerter Schüppling

Auch andere fakultativ parasitische Pilze existieren von lebenden oder toten Bäumen. Der **Hallimasch** (*Armillaria mellea*, S. 36) ist wahrscheinlich einer der häufigsten und aggressivsten. Der bemerkenswerte **Beringte Flämmling** (*Gymnopilus spectabilis*, unten) gehört in diese Kategorie. Er hat auffällige, sehr fleischige, fast glatte Hüte von bis zu 20 cm im Durchmesser. Der Stiel trägt einen breiten, häutigen Ring. Sein bitteres Fleisch ist sehr giftig. Er greift viele Laubholzarten, vor allem Eichen an. Mit Vorliebe besiedelt er bereits geschwächte Exemplare und beschleunigt deren Absterbeprozess (das Myzel nutzt vorzugsweise verletzte Stellen für die Infektion). Deshalb ist es wichtig, Verletzungsstellen unserer Lieblingsbäume mit Baumwundpasten und Fungizidzusatz vor Infektionen zu schützen.

Der Beringte Flämmling (Gymnopilus spectabilis) *ist ein parasitärer Pilz, der hauptsächlich Eichen befällt. Er enthält das Halluzinogen Psylocybin.*

Ein essbarer Schüppling

Unter dem Trivialnamen Pholiote rangieren in Frankreich sehr unterschiedliche Pilze. Während keiner der echten Pholiota essbar ist, gilt der ***Südliche Ackerling*** *(Agrocybe cylindracea, franz. Pholiote de peuplier) besonders in Südfrankreich unter dem Namen »Pivoulade« als geschätzter Speisepilz. Seine Kappe mit cremefarbenem Rand und gelbbrauner Mitte erreicht Durchmesser von 15 cm und wird in Trockenperioden rissig. Seine Lamellen erscheinen in einem typischen Milchschokoladenbraun, und sein faseriger Stiel trägt einen häutigen Ring, der an der Oberfläche von den braunen, aus den Lamellen entlassenen Sporen gefärbt wird. Er wächst auf unterschiedlichen Bäumen mit relativ weichem Holz, wie auf Pappeln oder Weiden, seltener auf härterem Holz wie auf Hainbuchen.*

Pholiota squarrosa
(Weigel: Fries) P. Kummer
Hutdurchmesser: bis zu 20 cm
Stielhöhe: 5-20 cm
Stieldurchmesser: 0,5-1,5 cm

Europäisches Goldblatt

ohne kulinarischen Wert

Sonderbare Röhrlinge

Es gibt weltweit etwa 80 Arten Goldblattröhrlinge *(Phylloporus)*, aber nur eine einzige Art in Europa. Alles an diesen Pilzen erinnert an Röhrlinge: ihre Form, ihre mikroskopischen Merkmale, die molekulare Synthese – alles, mit Ausnahme der Lamellen auf der Hutunterseite. Der Name *Phylloporus* bedeutet Blattröhrling und bezieht sich auf dieses verblüffende Merkmal. Tatsächlich sind sie eng mit den Pilzen der Gattung *Xerocomus* (S. 238) verwandt und von diesen wahrscheinlich kaum unterscheidbar. Pilzführer verzeichnen das Europäische Goldblatt schon jetzt unter *Xerocomus pelletieri*.

- **Familie:** Boletaceae
- **Jahreszeit:** Sommer bis Herbst
- **Lebensraum:** unter Laub- und Nadelbäumen auf saurem Boden
- **Verbreitung:** Europa, verstreut und selten

Ein echter Europäer

Dieser rotbraune Pilz mit filziger Kappe, faserigem, blasser gefärbtem Stiel, derben, unregelmäßigen, goldgelben bis braunen Lamellen wurde einst von europäischen Mykologen *Phylloporus rhodoxanthus* benannt, denn sie glaubten, in ihm eine bereits in den USA beschriebene Art zu erkennen. Inzwischen wurde festgestellt, dass der amerikanische *Phylloporus* nichts mit unserer Art zu tun hat. Also musste der Europäer einen geeigneteren Namen erhalten. Ein häufiger Fehler in der Geschichte der Mykologie.

Der verkannte Vater der *Phylloporus*

Die Erstbeschreibung des Europäischen Goldblatts verdanken wir dem französischen Mykologen Joseph Henri Léveillé (1796–1870), einem gern unterschätzten Mykologen. Seine Schriften, so bescheiden im Umfang, sind von erstaunlicher wissenschaftlicher Qualität. Nach dem Studium an der École des Beaux-Arts in Paris, wurde Léveillé Anatomiezeichner. Er interessierte sich besonders für Pilze und veröffentlichte eine Reihe von Artikeln, die er mit Illustrationen der unter dem Mikroskop beobachteten Details ergänzte. Diese sind angesichts der Qualität damaliger Mikroskope von erstaunlicher Präzision. Fast alle seine Detailzeichnungen lassen sich auch heute noch als mykologische Arbeitsgrundlage verwenden. Er war der Erste, der das Hymenium, die Sporen bildende Fruchtschicht des Pilzes, beschrieb, exakt illustrierte und kennzeichnete. Seine Beobachtungen veranlassten ihn zu dem Vorschlag, die höheren Pilze in zwei große Gruppen (in die sogenannten Basidiomyzeten und Ascomyzeten) aufzuteilen. Aus einem nachträglich nicht mehr nachvollziehbaren Grund geriet sein Werk in Vergessenheit. Es dauerte bis Anfang des 20. Jahrhunderts, bis die Mykologie die von Léveillé bereits ein Jahrhundert zuvor illustrierten morphologischen Strukturen wiederentdeckte.

Auch wenn es nur eine Art in Europa gibt, ist die Gattung Phylloporus *dennoch weltweit verbreitet (hier ein* Phylloporus *aus Neukaledonien).*

Lamellenröhren oder Röhrenlamellen?

*Die Phylloporus zeigen an der Hutunterseite, dort, wo man Röhren erwartet, Lamellen, obwohl es sich um Röhrenpilze handelt. Diese Laune der Natur ist nicht ungewöhnlich: Abgesehen von den Röhrenpilzen sind andere Pilzgruppen dafür bekannt, sowohl Vertreter mit Röhren als auch Lamellen zu haben – wie die Helmlinge (Mycena). Umgekehrt gilt ebenso: Gewisse Lamellenpilze bilden gelegentlich rein zufällig zur Verblüffung der Mykologen Röhren aus. Wir kennen solche Fälle bei den Wulstlingen (Amanita), den Fälblingen (***Hebeloma***) oder den Haarschleierlingen (***Cortinaria***). Es ist daher durchaus möglich, dass diese Anomalien auch in weiteren Gruppen der Lamellenpilze vorkommen könnten.*

Phylloporus pelletieri
(Léveillé) Quélet
Hutdurchmesser: bis zu 8 cm
Stielhöhe: 3-6 cm
Stieldurchmesser: 0,7-1,5 cm

Rosastieliger Dachpilz

ohne kulinarischen Wert

- **Familie:** Pluteaceae
- **Jahreszeit:** Herbst
- **Lebensraum:** Auf totem Nadelholz
- **Verbreitung:** Europa, verstreut und selten

Eine leicht zu erkennende Art

Ein Blick genügt, die charakteristischen Merkmale des Dachpilzes sind mit bloßem Auge zu erkennen: Es handelt sich um kleine bis mittelgroße Pilze, die auf Baumstümpfen und anderem Totholz im fortgeschrittenen Verrottungsstadium leben. Die Lamellen sind frei (ihre Höhe nimmt von der Peripherie zum Zentrum hin schnell ab, sodass sie mit dem Stiel nicht in Berührung kommen). Verwechslungsgefahr mit Wulstlingen besteht nicht, da der Stiel des Dachpilzes niemals in einer Volva (Scheide) steckt und seine Sporen rosa sind. In Europa existieren etwa sechzig Arten der Gattung *Pluteus*, und unter ihnen einige der elegantesten Pilze unserer Region. Keiner gilt als wirklich essbar.

Drei Hutmodelle

Sie wissen jetzt, wie Sie einen *Pluteus* erkennen können. Um jedoch die Art zu bestimmen, müssen wir zwischen drei *Pluteus*-Gruppen unterscheiden, die sich über die Erscheinungsform ihrer Hüte definieren. Vertreter der ersten Gruppe präsentieren einen glatten, glänzenden und zuweilen sogar glitzernden Hut, der stets in der Hutmitte kleine, unregelmäßige Schuppen zeigt, da die Kappe aus radialen Fasern zusammengesetzt ist. Ein Beispiel für diese Gruppe ist der **Graugrüne Dachpilz** (*Pluteus salicinus*, nächste Seite). Die zweite Gruppe kennzeichnet eine ausschließlich feinfilzige Hutstruktur, die einen samtigen Eindruck vermittelt. Unser Rosastieliger Dachpilz ist hierfür ein typischer Vertreter. Schließlich die dritte Gruppe – zu der auch der **Gelbstielige Dachpilz** (*Pluteus romellii*, unten links) zählt: Ihre Hüte sind von matter, nie samtiger, feinfilziger Oberflächenbeschaffenheit, dafür jedoch zumindest in der Mitte oft runzelig. Zur Unterscheidung dieser verschiedenen Hutmerkmale ist eine kleine Lupe sehr hilfreich.

Die Stielfarbe

Der Rosastielige Dachpilz kommt fast nur in montanen Lagen vor und gedeiht auf verrottendem Nadelholz. Erkennbar ist der elegante Pilz sofort an seinem mehr oder weniger dunkelbraunen, wie mit Samt überzogenen Hut, an den freien Lamellen, die bei reifen Exemplaren eine Rosatönung annehmen, und schließlich und vor allem an seinem hübsch rosafarbenem Stiel, einer Tönung, die die gesamte Länge erfassen oder sich nur an der Basis zeigen kann. Der **Gelbstielige Dachpilz** (*Pluteus romellii*) hat einen braunen, matten Hut ohne Samtbelag und einen gelben oder sehr auffällig grünlich gelben Stiel. Der **Löwengelbe Dachpilz** (*Pluteus leoninus*, ganz unten) ist schon von fern an seinem samtigen, satt goldgelben bis leuchtend ockergelben Hut zu erkennen.

Der Gelbstielige Dachpilz (Pluteus romellii, *links*) *und der Löwengelbe Dachpilz* (Pluteus leoninus, *unten*).

Der Stielring

Wie in einigen Pilzbüchern nachzulesen ist, haben Dachpilze niemals einen Ring. Und tatsächlich besitzt die Mehrheit der Gattung Pluteus in Europa einen nackten Stiel. Aber vergessen wir nicht: Die Natur, die sich nur allzu gern über Naturkundler mit vorgefassten Meinungen lustig zu machen scheint, schöpft aus einer grenzenlosen Formenvielfalt. So gibt es in den Tropen in der Tat etliche Dachpilze mit Ring. Einer von ihnen scheint sich sogar nach Europa verirrt zu haben: Pluteus fenzlii ist eine Rarität, die dem ***Löwengelben Dachpilz*** *sehr ähnlich wäre, würde er nicht einen hübschen, gelben Ring tragen!*

Pluteus roseipes

Von Höhnel

Hutdurchmesser: bis zu 5 cm

Stielhöhe: 3–10 cm

Stieldurchmesser: 0,5–1 cm

Graugrüner Dachpilz

giftig

WAS DER NAME VERSPRICHT ...

Das Epitheton *salicinus* (lateinisch *salix* = Weide) suggeriert eine Lebensweise mit Weiden, was ein Trugschluss ist. Er erscheint häufig auf morschen Strünken und abgefallenem Astmaterial verschiedener Laubholztypen. Seine Merkmale sind freie, erst weiße, bei Reife rosa Lamellen, ein weißer Stiel, dessen Basis mit kleinen, grauen Fasern vor leicht grünlichem Hintergrund überzogen ist, und der feinfaserige Hut mit glattem, oft glänzendem Rand sowie kleinen Schüppchen in der Mitte. Die Hutfarbe ist creme oder bräunlich, stets mit einem blau- oder olivgrünen Einschlag.

- **Familie:** Pluteaceae
- **Jahreszeit:** Herbst
- **Lebensraum:** auf totem Holz verschiedener Laubbaumarten
- **Verbreitung:** Europa und Nordamerika, häufig

PILZE MIT ROSA SPOREN

Die Sporenfarbe ist ein wichtiges Merkmal für die Pilzbestimmung: Um Sporen zu gewinnen, trennt man die Pilzkappe vom Stiel und legt sie flach ausgebreitet auf ein weißes Blatt Papier. Pilze, die rosa gefärbte Sporen produzieren, lassen sich in drei Gruppen unterteilen: erstens in Pilze mit freien Lamellen und einem Stiel mit großer Volva (Scheide) an der Basis (wie die Scheidlinge, *Volvariella*, S. 236). Zweitens in die Gruppe mit stets freien Lamellen, aber ohne Volva an der Stielbasis (wie die Dachpilze *Pluteus*). Und drittens die Gruppe mit immer angehefteten Lamellen ohne Volva an der Stielbasis (wie die Rötlinge, *Entoloma*, S. 82). Zu letzterer zählt auch der **Mehlräsling** (*Clitopilus prunulus*), ein sehr häufiger Speisepilz mit brüchigem, angenehm nach Mehl duftendem Fleisch, der durch ausgeprägt herablaufende Lamellen (am Stiel herablaufend) gekennzeichnet ist.

DIE HÄUFIGSTEN DACHPILZE

Von Frühjahr bis Herbst wimmelt es in den Wäldern nur so vom **Rehbraunen Dachpilz** (*Pluteus cervinus*, s. links). Er wächst auf alten Baumstümpfen oder morschen Stammabschnitten und ist ökologisch wichtig, da er den Zersetzungsprozess von Totholz zu Humus unterstützt. Sein Hut ist etwa dunkelbraun, wie beim Graugrünen Dachpilz glatt und feinfilzig, mit einigen Faserschüppchen in der Mitte. Seine Lamellen sind frei, bei Reife rosa. Im unteren Teil des fleischigen Stiels weist er oft eine dunklere, braungraue, netzartige Faserung auf. Das weiche Fleisch riecht leicht bis intensiv nach Rettich. Heute weiß man, dass sich unter seinem Namen in Wirklichkeit mehrere, lange verwechselte Arten verbergen. Ihre Unterscheidung ist eine Angelegenheit für Spezialisten!

Der Rehbraune Dachpilz (Pluteus cervinus) ist ein häufiger Waldbewohner und hat eine wichtige Rolle im ökologischen Kreislauf des Waldes, indem er sich intensiv am Abbau toter organischer Stoffe beteiligt.

Ein Grün zuviel

*Die Grüntönung der Kappe des Graugrünen Dachpilzes, ein Merkmal, das wir auch bei einigen giftigen Pilzen finden, hat Chemiker veranlasst, nach toxischen Substanzen zu fahnden. Die Eingebung hat sich gelohnt: Dieser Dachpilz enthält eine stattliche Menge des psychoaktiven Wirkstoffs Psilocybin, das für die hohe Wirksamkeit bestimmter Psilocybe **(Kahlkopf)** verantwortlich ist und Symptome verursacht, die als Psilocybin-Syndrom bekannt sind. Diese äußern sich in Rauschzuständen mit Halluzinationen, Schwindel und Euphorie sowie zum Teil anhaltenden Depressionen und Paranoia. Auch wenn sein Verzehr nie zu Vergiftungen geführt hat, ist nicht auszuschließen, dass er ebenfalls gefährlich ist.*

Pluteus salicinus
(Persoon: Fr.) P. Kummer
Hutdurchmesser: bis zu 8 cm
Stielhöhe: 3-10 cm
Stieldurchmesser: 0,5-1 cm

Ledergelbes Pustelkeulchen

ohne kulinarischen Wert

NICHT ÜBER DEN TEPPICH STOLPERN

Der Gattungsname *Podostroma* wurde auf Vorschlag des finnischen Mykologen Petter Karsten (1834 bis 1917) eingeführt. Er leitet sich vom griechischen *podos* = Fuß und dem lateinischen *stroma* = Lager, Schicht, Teppich ab. Der Begriff »Stroma« wurde Mitte des 19. Jahrhunderts in der Biologie eingeführt und bezeichnet dichte, zelluläre, gewebeartige, vom Pilzmyzel gebildete Strukturen. Karsten deutet mit seiner Namensgebung an, dass der Stiel des Pilzes eine Stroma trägt. Der lateinische Artname *alutaceum* bedeutet »mit Alaun« gegerbtes Leder und verweist damit auf eine hellbraune Einfärbung des Pilzes – ein Pustelkeulchen also mit ledergelber Farbe.

- **Familie:** Hypocreaceae
- **Jahreszeit:** Herbst
- **Lebensraum:** Bodenbewohner, besonders unter Nadelbäumen, manchmal auf Totholz
- **Verbreitung:** Europa und Nordamerika, verstreut und sehr selten

EIN SELTSAMES KEULCHEN

Dieser Pilz ähnelt einer kleinen, unregelmäßig geformten Keule mit creme oder hellbrauner Farbtönung. Am häufigsten taucht das Ledergelbe Pustelkeulchen in Nadelstreu auf, gelegentlich auch auf morschem Holz. Eine Verwechslung mit **Keulchenpilzen** (*Clavariadelphus truncatus*, S. 56) liegt nahe, doch eine genaue Untersuchung offenbart schnell den Irrtum: Der obere Teil jeder »Keule« ist mit gleichmäßig verteilten Punkten, kaum dunkler als der Rest der Fläche, bedeckt. Ein Längsschnitt zeigt weißes, ziemlich hartes Fleisch (Stroma) und an seiner Peripherie kleine rundliche Kammern, die den Punkten auf der Oberfläche entsprechen. Diese sind Fruchtkörper und werden als Perithecien bzw. Kernbecher bezeichnet. Sie enthalten die Sporen, die bei Reife durch eine winzige Öffnung an der Oberseite entlassen werden. Die gleiche Struktur finden wir bei anderen verwandten Pilzen wie den Holzkeulen (*Xylaria*, S. 240).

GROSSFAMILIE

Die Hypocreaceae gehören zu den Schlauchpilzen bzw. Ascomyzeten (das heißt, sie produzieren ihre Sporen in schlauchförmigen Zellen). Die Familie umfasst rund 80 Gattungen, über 600 Arten, darunter viele parasitär lebende Pilze, die gern Blätterpilze befallen. ***Hypomyces lactifluorum*** z. B. parasitiert Täublinge und Milchlinge, hemmt deren Wachstum, verformt sie und färben sie satt hellorange ein. Pilzenthusiasten aus den USA sind auf so befallene Pilze geradezu erpicht, die wegen ihrer Einfärbung »Lobster mushrooms« (Hummerpilze) heißen, weil sie angeblich einen besseren Geschmack entwickeln als die nicht befallenen Exemplare. Ende des 19. Jahrhunderts vermutete ein deutscher Botaniker, dass *Podostroma alutaceum* bestimmte Keulchenpilze befällt, was allerdings bis heute nicht weiterverfolgt wurde.

Der Goldschimmel (Hypomyces chrysospermus) *lebt von anderen Pilzen. Er befällt hauptsächlich Röhrenpilze und verwandelt sich schließlich in eine leuchtend gelbe pulvrige Masse.*

Keine schöne Leiche

*Vermutlich ist Ihnen auch schon ein Pilz aufgefallen, der unter einer dicken, wattigen, pudrigen und knallig schwefelgelben Schicht regelrecht mumifiziert war. Im fortgeschrittenen Stadium zerfließt der Pilz praktisch zu einer formlosen Masse. Befallen werden vorwiegend Röhrlinge (im Allgemeinen **Filzröhrlinge**, Xerocomus), gelegentlich auch **Kremplinge** (Paxillus, S. 218) oder **Falsche Pfifferlinge** (Hygrophoropsis, S. 108). Schuld ist der **Goldschimmel** (Hypomyces chrysospermus, Foto), ein mit dem **Pustelkeulchen** (Podostroma) verwandter, parasitischer Pilz – genauer die anamorphe (sich ungeschlechtlich vermehrende) Nebenfruchtform des **Goldschimmels** (Sepedonium chrysospermum). Die befallenen Pilze sind unwiederbringlich zerstört.*

Podostroma
alutaceum
(Persoon)
G. F. Atkinson
Gestalt: Keulenform
Höhe: 5-6 cm
Breite: 0,6-1 cm

Langstieliger Faserling

ohne kulinarischen Wert

Eine seltene Art

Die Gattung *Psathyrella* (griechisch *psathyros* = zart) interessiert meist nur Mykologen – aber dafür umso leidenschaftlicher, obwohl (oder gerade weil?) viele Arten schwer zu bestimmen sind. Zum Glück gehört der zwar seltene Langstielige Faserling zu den leicht erkennbaren Arten: Sein Hut ist blass mit braunen, anliegenden Schuppen, seine weißlichen Lamellen verfärben sich später schokoladenbraun, und der weiße, längsfaserige Stiel ist an der Basis vom Myzel oft leuchtend gelb gefärbt. Ein weiterer, einfach zu bestimmender, verbreiteter Faserling ist der **Tränende Saumpilz** *(Psathyrella lacrymabunda)*, der an den aus den Lamellenschneiden hervorquellenden Tropfen erkennbar ist. Diese Tropfen (lateinisch *lacrimare* = Tränen) sind erst wässrig transparent, verfärben sich jedoch durch die Vermischung mit den Sporen.

- **Familie:** Psathyrellaceae
- **Jahreszeit:** Herbst
- **Lebensraum:** büschelig auf dem Boden oder im Bereich von Baumstümpfen, unter Laub- oder Nadelbäumen
- **Verbreitung:** Europa und Nordamerika, verstreut und selten

Eine Familie zerfällt …

Vor einigen Jahren war *Psathyrella* noch in die Familie der Tintlingsartigen *(Coprinaceae)* integriert. Dort hatten wir also auf der einen Seite die Tintlinge als zerfließende Pilze (ihre Lamellen verflüssigen zu einer Art schwarzer Tinte) und auf der anderen Seite die nicht »tintenden« Faserlinge oder Zärtlinge (auch wenn peinliche Gegenbeispiele diese schöne Dichotomie gestört haben …). Aktuelle molekularbiologische Untersuchungen haben gezeigt, dass diese Familie ein Sammelbecken für die unterschiedlichsten Pilze war, die nichts als die dunkle Farbe – je nach Art Schokoladenbraun bis Schwarz – ihrer Sporen gemein hatten. Die Tintlinge (**Schopftintling**, S. 58) wurden komplett aus dieser Klassifikation entfernt, und den Faserlingen erging es nicht viel besser.

… und konstituiert sich neu

Die Familie der Psathyrellaceae wurde erst 2001 genauer beschrieben und umrissen. Sie umfasst heute vier Gattungen: die Gattung *Psathyrella*, sowie drei andere, die alle aus der Aufteilung der ehemaligen Gattung *Coprinus* hervorgingen. So finden wir den **Braunhaarigen Tintling** (ehemals *Coprinus auricomus*, heute *Parasola auricoma*, unten rechts) nun in der Familie der Psathyrellaceae. Der **Grauweiße Faserling** (früher *Psathyrella marcescibilis*) blieb innerhalb der Psathyrellaceae, kam jedoch zusammen mit dem Schopftintling (z. B. *Coprinus atramentarius*) als *Coprinopsis marcescibilis* (unten links) in die Gattung *Coprinopsis*!

Der Braunhaarige Tintling (Parasola auricoma) *ist heute ein Mitglied der Psathyrellaceae.*

Genetische Analysen ergaben die Verwandtschaft des Grauweißen Faserlings (Coprinopsis marcescibilis) *mit dem Faltentintling, der nun kein »echter« Tintling mehr ist, eine Gattung, für die er lange als Archetyp galt.*

Ein aufmerksamer Blick genügt

Um die exakte Farbe der Sporen eines Pilzes festzustellen, den man bestimmen möchte, ist es das Beste, nach der Rückkehr von der Pilzwanderung einen Sporenabdruck zu nehmen (indem man den Hut flach auf ein Blatt weißes Papier legt). Dabei gibt es einfache Tricks, dies auch an Ort und Stelle herauszufinden. Tatsächlich entlassen Pilze derartige Sporenmassen, dass sich diese auf den Pflanzen der Umgebung oder sogar, bei in Gruppen wachsenden Pilzen, auf den Kappen der niedrigeren Pilze niederschlagen. Beobachten Sie Ihre Pilze und deren Umgebung unmittelbar vor dem Sammeln aufmerksam und Sie können sich die Arbeit zu Hause sparen.

Psathyrella cotonea

(Quélet) Konrad & Maublanc

Hutdurchmesser: bis zu 6 cm

Stielhöhe: 5-12 cm

Stieldurchmesser: 0,5-1 cm

Parasitischer Röhrling

ohne kulinarischen Wert

Eine Laune der Natur

Dieser kleine Röhrling, in vielen Werken noch als *Xerocomus parasiticus* verzeichnet, ist aufgrund seiner Lebensweise sehr einfach zu erkennen: Er wächst nur auf Kartoffelbovisten, vor allem auf dem **Dickschaligen Kartoffelbovist** (*Scleroderma citrinum*, s. unten). Sein Stiel schiebt sich stets auf Bodenniveau direkt unter die Basis seines Wirtes. Sammeln Sie ein solches Exemplar bei einer Pilzwanderung samt dem daran fixierten Kartoffelbovist ein, ist Ihnen die Bewunderung vieler sicher. Nehmen Sie ihn allerdings – sei es aus Übermut oder aus Unwissenheit – ohne seinen Wirt, können sie selbst erfahrene Mykologen leimen, da er einigen Formen der **Ziegenlippe** (*Xerocomus subtomentosus*, S. 238) sehr ähnelt! Deshalb »wanderten« der Parasitische Röhrling und verwandte Arten erst vor Kurzem zur Gattung *Pseudoboletus*.

- **Familie:** Xerocomus
- **Jahreszeit:** Herbst
- **Lebensraum:** parasitiert verschiedene Kartoffelboviste, unter Kiefern, Buchen und Eichen, in der Regel auf silikatischen Böden
- **Verbreitung:** Europa, Nordamerika und Nordafrika; verstreut und selten

Eine erstaunliche Lebensweise

Wie die meisten Röhrlinge bildet der Parasitische Röhrling eine Mykorrhiza mit Bäumen der Umgebung. Dazu »strickt« er einen »Mantel« aus feinfädigem Hyphengeflecht um die Wurzeln. Trotz der engen Verbindung scheint der Pilz die Fähigkeit verloren zu haben, diese Partnerschaft zu nutzen, um für sein Wachstum notwendige Nährstoffe zu beziehen. Um diesen Mangel zu kompensieren, dringt er in Teile des Kartoffelbovist-Myzels ein. Dies ermöglicht ihm, eigene Fruchtkörper durch Ausbeutung des Wirtes auszubilden. Neben dem Parasitischen Röhrling zeigen auch einige andere Arten diesen anrüchigen Lebensstil: z. B. ***Pseudoboletus astraeicola*** aus Japan oder ***Xerocomus astraeicolopsis*** aus China, die den **Wetterstern** (*Astraeus hygrometricus*, S. 90) befallen.

Nichts ist sicher

Aufgrund neuester Untersuchungsergebnisse zur Evolutionsbiologie dieser Röhrlinge haben wir uns im vorliegenden Werk für den Gattungsnamen *Pseudoboletus* statt *Xerocomus* entschieden. Allerdings besteht die geringe Möglichkeit, dass dieser Bezeichnung die Legitimität nicht zusteht, die wir ihr zubilligen. Tatsächlich war ein Teil der parasitischen Röhrlingsarten aus Japan und China nicht Gegenstand dieser Untersuchungen, sodass diese Arten in der Gattung *Xerocomus* verblieben. Eine zukünftige Untersuchung dieser Arten könnte daher durchaus ergeben, dass in der kleinen Röhrlingsgruppe im Laufe der Evolution der Parasitismus mehrere Male und nicht nur einmal auftauchte, wie es die Beibehaltung der Gattung *Pseudoboletus* erfordert. Es ist immer eine Frage der Entscheidung.

Der Dickschalige Kartoffelbovist (Scleroderma citrinum) *ist der Wirt des Parasitischen Röhrlings, der sich auf seine Kosten entwickelt.*

Pilze, die Pilze befallen

Im Vergleich mit der großen Menge parasitischer Pilze ist die Zahl höherer Pilze mit Stiel und Hut, die andere höhere Pilze befallen, relativ gering. Diese Besonderheiten begeistern Pilzkenner immer wieder. Eines der bekanntesten Beispiele ist die höchst seltene Gattung der **Schuppenwulstlinge** *(Squamanita). Ihre Vertreter befallen je nach Art Fälblinge (Hebeloma), Körnchenschirmlinge (Cystoderma), Gift-Häublinge (Galerina), oder auch das* **Stockschwämmchen** *(Kuehneromyces mutabilis, S. 86), das sie bis zur Unkenntlichkeit deformieren. Ein kleiner* **Rötling** *(Entoloma pseudoparasiticum), auch er sehr selten, entwickelt sich ausschließlich auf Pfifferlingen und Kraterlingen.*

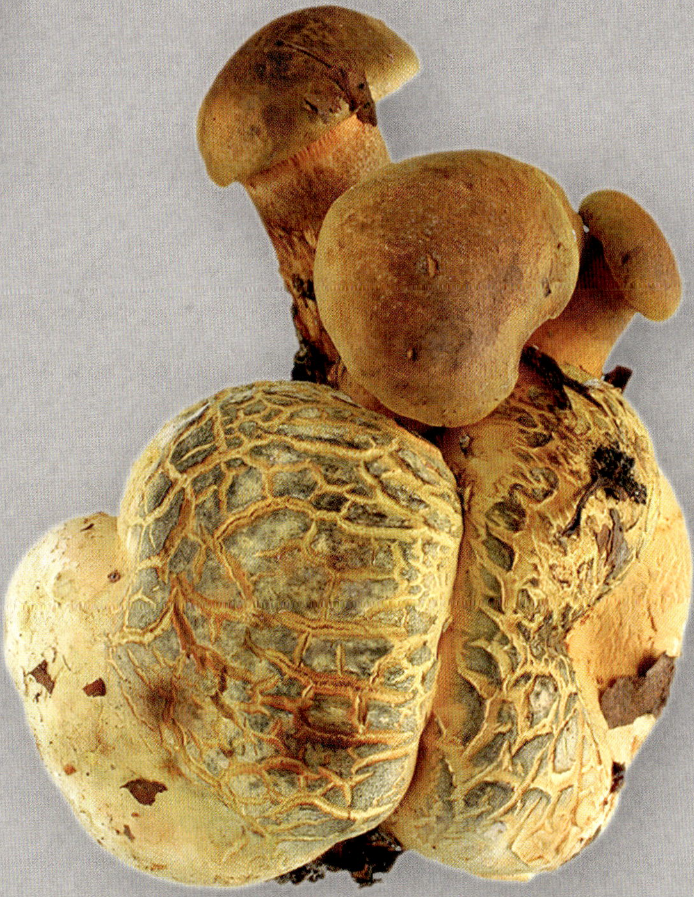

Pseudoboletus parasiticus

(Bulliard) Sutara

Hutdurchmesser: bis zu 7 cm

Stielhöhe: 3-7 cm

Stieldurchmesser: 0,5-2cm

Kaffeebrauner Scheintrichterling

ohne kulinarischen Wert

Ein später Pilz

Das Erscheinen dieses Pilzes macht Mykologen kaum glücklich. In der Tat kündigt der Kaffeebraune Scheintrichterling das Ende der Pilzsaison und damit die ersten Fröste an. Letztere scheinen diesen Pilzen nicht viel anhaben zu können. Ein gefrorener Kaffeebrauner Scheintrichterling ist kein ungewöhnlicher Anblick. Mit seinem dunkelkastanienbraunen bis stahlgrauen, in der Mitte schwärzlichen Trichterhut, grauen, herablaufenden Lamellen und dunklem, durch hellgraue Längsfasern aufgehelltem Stiel ist dieser Scheintrichterling ziemlich leicht zu erkennen.

- **Familie:** Typhulaceae
- **Jahreszeit:** Herbst
- **Lebensraum:** in Wäldern oder Waldrändern, Laubholzbewohner
- **Verbreitung:** Europa und Nordamerika, weit verbreitet

Und warum »pseudo«?

Waren die Mykologen gut beraten, einen Fast-Trichterling aus diesem Pilz zu machen, wie es der Gattungsname nahelegt? Das faserige Fruchtfleisch, der trichterförmige Hut, herablaufende Lamellen, weiße Sporen: Alles scheint auf einen echten Trichterling zu deuten (S. 34). Sogar die Sporen und anderen Zellen unterscheiden sich unter dem Mikroskop nicht von denen der Trichterlinge. Erst die Reaktion der Sporen mit jodhaltigem Reagens (natürliche gelbe Färbung) bringt eine Überraschung: Die sonst farblosen Sporen verfärben sich blau! Sie sind also amyloid, ihre Stärke reagiert in Gegenwart von Jod mit Verfärbung (griechisch *amylo* = Stärke). Die Sporen der Trichterlinge jedoch sind nicht amyloid, nehmen die natürliche Farbe des Reagens an, ohne eine Verfärbungsreaktion zu zeigen. Pilzexperten kennen die Bedeutung dieses Tests für die Pilzbestimmung. Daher führte die amyloide Reaktion der Sporen zur Umgruppierung des Kaffeebraunen Scheintrichterlings von der Gattung *Clitocybe* in die der *Pseudoclitocybe*.

Ein Trichterling, den man kennen sollte

Wenn man einen Trichterling unbedingt erkennen sollte, dann den **Feldtrichterling** (*Clitocybe dealbata*). Er wächst in Parks, auf Wiesen und Weiden, manchmal in Hexenringen und mischt sich häufig unter **Nelkenschwindlinge** (*Marasmius oreades*, S. 150). Er ist extrem giftig und verursacht ein dramatisch verlaufendes Muskarin-Syndrom (ähnlich einer Vergiftung durch den **Ziegelroten Risspilz** (*Inocybe patouillardii*, S. 118). Sein Hut ist in der Regel weißlich. Die schwache Bereifung lässt an einigen bloßen Stellen das darunterliegende, rosa gefärbte Fleisch durchscheinen. Seine cremefarben getönten, ziemlich engständigen Lamellen verlaufen horizontal. Das Fleisch riecht krautig, mit leicht mehliger Note. Sein Stiel schließlich verfügt nicht über die für den Nelkenschwindling typische Elastizität.

Lichenomphalia alpina *ist eine seltene Ständerpilz-Flechte. Sie bildet gelbe trichterlingsartige Fruchtkörper. Die Flechte geht eine Symbiose mit einzelligen Grünalgen ein!*

Pilze und Flechten

Eine Anzahl von Pilzen, als trichterlingsähnlich (clitocyboid) bezeichnet, ähneln den Trichterlingen in weißen Sporen und herablaufenden Lamellen, unterscheiden sich jedoch durch einige mikroskopische Details. Einige von ihnen gehen Symbiosen mit Algen ein, um gemischte Organismen, die Flechten, zu bilden: Die Lichenomphalia sind Flechten, die periodisch kleine »Pilze« entwickeln, um ihre Sporen zu produzieren. Das Aussehen dieser Flechten mag überraschen. Bei der Mehrheit der Flechten ist der Pilz ein Askomyzet (vom Typ Peziza, Becherlinge). Hier jedoch ist die Flechte das Produkt einer äußerst seltenen Verbindung einer Alge mit einem Ständerpilz beziehungsweise Basidiomyzeten vom Typ Blätterpilz.

Pseudoclitocybe cyathiformis

(Bulliard) Singer

Hutdurchmesser: bis zu 8 cm

Stielhöhe: 5–10 cm

Stieldurchmesser: 0,5–1 cm

Zitterzahn

ohne Geschmack

- **Familie:** noch ungewiss
- **Jahreszeit:** Sommer bis Herbst
- **Lebensraum:** Nadelwälder, auf Totholz, selten im Laubgehölz
- **Verbreitung:** weltweit, sehr selten, häufiger in den Bergen

Ein gallertiger Zitterer

Für einen so seltenen und zunächst nicht sehr auffälligen Pilz ist die Vielfalt deutscher Trivialnamen doch etwas überraschend. Sie reicht von Zitterzahn, Gallertartiger Zitterzahn über Eiszitterpilz, Gallertstacheling, Eispilz bis zu Gallertiger Zitterzahn etc. … Auf seine gallertige Beschaffenheit weisen nicht nur die Trivialnamen etlicher Länder, sondern auch das lateinische Artepitheton *gelatinosum* = gallertartig hin. Das gallertarige Fleisch zittert bei Berührung wie der bei Kindern so beliebte Wackelpudding. Sein weißlicher bis brauner Hut ist auf der Unterseite mit weichen, 3 mm langen Stacheln übersät. Diese Stacheln sind das einzige Merkmal, das er mit den echten Stoppel- bzw. Stachelpilzen (Gattung *Hydnum*, S. 104) teilt. Für die restlichen Merkmale von *Pseudohydnum* lassen sich keine verwandtschaftlichen Beziehungen mit *Hydnum* herstellen.

Wohin mit ihm in der Klassifikation?

Obwohl die Gattung *Pseudohydnum* bereits 1868 beschrieben wurde, bleibt die Klassifizierung des Zitterzahns offen. Bekannter ist ein verwandter, gallertartiger Pilz, das **Judasohr** (*Auricularia auricula-judae*, Kasten). Der Speisepilz ist der berühmte Mu-Err oder Black Fungus auf den Speisekarten chinesischer Restaurants, den fast jeder schon einmal gegessen hat. Ein anderer Pilz derselben Gruppe ist der **Becherförmige Haargallertpilz** (*Guepiniopsis buccina*, S. 98) von ebenfalls gallertartiger Konsistenz.

Geniessbar?

Bis heute scheint der Zitterzahn nie für Vergiftungserscheinungen verantwortlich gewesen zu sein und gilt daher allgemein als essbar. Dieser Pilz ist eine ausgesprochene Küchenrarität und wird manchmal sogar als recht schmackhaft beschrieben. Aber, wie gesagt, über Geschmack lässt sich streiten. Sein weißliches oder grau getöntes Fleisch kann bestenfalls als fad bezeichnet werden. Sonst hat es wohl meist einen unangenehm harzigen Beigeschmack. Einige empfehlen, die Pilze zu blanchieren, einzulegen oder wie Salat roh mit einer würzigen Soße zu servieren. Allerdings ist in der Regel vom Genuss roher Pilze dringend abzuraten. Besser ist es, ihn mit viel Knoblauch und Petersilie zu rösten. Kurz, alle Rezepte sind gut, bei denen er möglichst unauffällig bleibt.

Das Judasohr (Auricularia auricula-judae) wird beim Trocknen zäh, gewinnt jedoch, in warmem Wasser eingeweicht, seine elastische, gallertartige Konsistenz zurück. Es erfreut sich in der chinesischen Küche großer Beliebtheit.

Black Fungus

Die in der chinesischen Küche sehr geschätzten Black Fungus oder Mu-Err gehören zur Gattung der Ohrlappenpilze (Auricularia) und sind mit den Pseudohydnum verwandt: Auricularia auricula-judae, eher unter den Namen ***Judasohr****, Holunderpilz, Wolkenohrpilz, Chinesische Morchel bekannt, und Auricularia polytricha, ein anderes Judasohr. Das Judasohr verdankt den Namen seiner gemaserten, ohrläppchenähnlichen Form und der Tatsache, dass er stets auf Holunder wächst. Gemäß der Bibel soll sich Judas Ischariot nach dem Verrat an Jesus an einem Holunder erhängt haben (was schwierig erscheint, da Holunder ein Strauch mit sehr brüchigem Holz ist!). In China zieht man den Namen Mu-Err, also Baumohr, vor, die Japaner nennen ihn »Baumqualle«, und in Vietnam heißt er »Katzenohr«.*

Pseudohydnum gelatinosum
(Scopoli) P. Karsten
Hutdurchmesser: bis zu 10cm
Stiel: kurz und seitlich angebracht in Fortsetzung des Hutes

Butter-Rosasporrübling

ohne kulinarischen Wert

- **Familie:** Marasmiaceae
- **Jahreszeit:** Sommer bis Herbst
- **Lebensraum:** auf sauren Böden, in Nadel- und Laubwäldern
- **Verbreitung:** Europa und Nordamerika, sehr verbreitet

Eine gefrässige Leidenschaft

Der Butter-Rosasporrübling (auch Horngrauer Rübling genannt) ist ausgesprochen häufig und leicht zu erkennen: Sein cremefarbener bis dunkelrotbrauner Hut ist immer glatt und fühlt sich bei Berührung seltsam fettig an – eine Eigenschaft, die sowohl für seinen deutschen als auch lateinischen Artnamen verantwortlich ist (*butyracea* = butterige Konsistenz). Der an der Basis keulig verbreiterte Stiel weist feine Längsriefen auf der Oberfläche auf. Sein Fleisch ist geruchs- und geschmacksneutral. Das weiße, gefräßige Myzel verwebt die Stielbasis so fest mit Laubstreu und pflanzlichen Überresten, dass es fast unmöglich ist, ihn herauszulösen, ohne das Myzel zu verletzen! Die Biologen nennen dies den schmutzigen Stielfuß der saprophytischen Pilze, die sich von zerfallender organischer Substanz ernähren. Die Mykorrhizapilze (Pilze, die mit höheren Pflanzen eine symbiotische Partnerschaft eingehen) haben dagegen einen sauberen Stielfuß.

Das Prinzip der Priorität

Rhodocollybia butyracea (Bulliard: Fries) Lennox lautet die offizielle Bezeichnung des Butter-Rosasporrüblings. Warum so kompliziert? Der wissenschaftliche Name ist korrekt, solange das »Prinzip der Priorität« erfüllt ist. Demnach hat der erstbeschreibende Mykologe einer Art, der ihr einen lateinischen Namen zuwies, bei der Nennung Vorrang vor jedem Nachfolger, der sie versehentlich noch einmal beschrieb. Es gibt nur zwei Ausnahmen von dieser Regel: Die in Publikationen von Christian Persoon (*Synopsis fungorum*, 1801) und Elias Fries (*Systema mycologicum*, 1821 bis 1832) verzeichneten Namen sind gegen frühere Veröffentlichungen geschützt. Hier bedeutet (Bulliard: Fries), dass der von Fries vorgeschlagene Name *Collybia butyracea* beibehalten wird, obwohl Pierre Bulliard diese Art Jahre zuvor beschrieb. Viel später, im Jahr 1979, wies J. W. Lennox die Art der Gattung *Rhodocollybia* zu.

Weitere häufige Kandidaten

Der **Waldfreund-Blasssporrübling** (*Gymnopus dryophilus*, unten) ist einer der häufigsten Pilze unserer Regionen. Der kleine, unauffällige Pilz hat dünnes Fleisch, einen creme- bis rehbraunen Hut auf festem, glattem Stiel, der an der Basis die Farbe des Hutes aufnimmt. Die weißlichen Lamellen sind dicht stehend. Wie andere wird er oft von dem fädigen Helmlingsschimmel (*Spinellus fusiger*) parasitiert, der ihm mit langen, dicht abstehenden Fäden regelrecht eine struwwelpeterartige Frisur aufsetzt. Der **Spindelige Blasssporrübling** (*Gymnopus fusipes*) wächst in Büscheln auf vermodernden Stümpfen von Laubbäumen. Sein spindelförmiger Stiel ist zäh. In einigen Regionen Frankreichs isst man die Hüte.

Rüblinge und Rüblinge

Wie zahlreiche Pilzgruppen ist auch die Gattung Collybia von der Molekularbiologie und deren DNA-vergleichenden Studien zur Evolution der Arten in Mitleidenschaft gezogen. Dadurch sind mittlerweile nur noch drei echte Collybia übrig geblieben. Es handelt sich um sehr kleine, weiße Pilze, die auf alten, mumifizierten Pilzen und besonders auf Täublingen (Russula) wachsen. Die anderen Collybia sind in der Gattung Rhodocollybia gelandet, wenn ihre Sporen rosa- oder orangefarben getönt sind, oder in der Gattung Gymnopus, wenn diese eine weiße oder cremefarbene Färbung zeigen. Dennoch halten einige Pilzexperten an der Gattung Collybia fest. Rom wurde auch nicht an einem Tag erbaut …

Der Waldfreund-Blasssporrübling (Gymnopus dryophilus) *ist ein ausgesprochen häufiger Pilz.*

Rhodocollybia
butyracea
(Bulliard : Fries) Lennox
Hutdurchmesser:
bis zu 8 cm
Stielhöhe: 4-7 cm
Stieldurchmesser: 0,5-1 cm

Orangerötlicher Adernseitling

ungenießbar

Das rosa Schwein

Im englischsprachigen Raum hat dieser erstaunliche Pilz sehr bildhafte Namen wie z.B. »Apricot Fungus« (Aprikosenpilz) oder »Wrinkled Peach« (Faltiger Pfirsich). Diese fruchtigen Namen sind allerdings schmeichelhafter als »Rosa Schwein«, wie er gelegentlich in Frankreich genannt wird. Eine weitere französische Bezeichnung ist »Rosa Ohr«, die wörtliche Übersetzung der griechischen Wörter *rhodon* und *otos*. Sein Hut fällt durch seine sehr eigentümliche, zartrosa-orange Färbung auf. Grobe Falten überziehen die Wölbung seiner Kappe wie ein elegantes Netz. Die rosa Lamellen liegen relativ weit auseinander. Der faserige, blassrosa Stiel ist meist exzentrisch oder seitlich am Hut befestigt. Jung schwitzt er eine rosarote, klare Flüssigkeit in Form großer Tropfen aus, die über seine Oberfläche perlen. Das etwas weiche Fleisch riecht angenehm und erinnert verblüffend intensiv an reife Aprikosen. Morphologie, Aussehen und Farbtönung schwanken je nach der Lichtmenge, die der Pilz während des Wachstums aufgenommen hat.

- **Familie:** Physalacriaceae
- **Jahreszeit:** Herbst
- **Lebensraum:** auf Totholz von Laubbäumen, vor allem auf Ulmen
- **Verbreitung:** Europa, Nordamerika, Australien und anderen Ländern, wahrscheinlich verstreut und selten

Das Rätsel der rostroten Sporen

Im 19. Jahrhundert wies der berühmte Mykologe Elias Fries aufgrund der Sporenfarbe zwei Arten des *Rhodotus palmatus* aus: *Agaricus palmatus* (jetzt *Rhodotus palmatus*) zeigte einen rostfarbenen Sporenabdruck, der andere, *Agaricus subpalmatus*, creme getönte Sporen. Das Problem war, dass nach Fries niemand mehr eine Spezies mit rostfarbenen Sporen entdecken konnte. Ein Jahrhundert später, 1924, löste René Maire das Rätsel: Die Sporen beider Pilze sind creme bis cremerosa, wenn sie auf trockenes Papier fallen, das keinen Kontakt zum Pilz hat. Sobald jedoch der Pilz mit dem Papier in Kontakt kommt, schwitzt er eine farbige Flüssigkeit aus, die die Sporen (und oft auch Papier) rostrot einfärbt. Auf diese Weise verzeichnen die ehrwürdigen Folianten der Mykologie heute nur noch einen einzigen *Rhodotus palmatus*.

Selten oder nicht selten?

Die Verbreitung von *Rhodotus palmatus* ist sehr ausgedehnt und erstreckt sich über die gesamte gemäßigte, nördliche Erdhalbkugel. Bekannt ist er auch in Australien und in Nordafrika. Dabei kommt er kaum häufig vor, da seine ökologische Amplitude sehr eng begrenzt ist. In Europa ist er eher selten. Daran ist vermutlich der dramatische Rückgang seiner bevorzugten Wirte durch das Ulmensterben schuld. *Rhodotus palmatus* wird in 12 europäischen Ländern in der Roten Liste gefährdeter Arten geführt. In Frankreich ist er auf das gesamte Staatsgebiet bezogen selten, kommt jedoch in bestimmten Regionen durchaus häufig vor und ist, so scheint es, sehr standorttreu. Merkwürdigerweise zeigt der Pilz eine Vorliebe für urbane Gebiete, wie z.B. die Parkanlagen von Paris.

Im jungen Stadium schwitzt Rhodotus palmatus *große Tropfen einer seltsamen rosa Flüssigkeit aus seinem Stiel aus.*

Die (relative) Seltenheit bei Pilzen

Wie in anderen Sparten der Biologie stehen auch bei den Mykologen regelmäßige Bestandsaufnahmen der Pilzarten in den einzelnen geografischen Bereichen an. Dabei sieht sich der Mykologe stets vor zwei schwierigen Fragen: Sind die bislang unentdeckt gebliebenen Arten noch präsent? Und gibt es die bereits entdeckten überhaupt noch? Die Fruchtkörper, die wir sammeln, sind nur vergängliche, lediglich zur Sporenproduktion bestimmte Strukturen. Sie vermitteln daher ein nur sehr unvollständiges Bild der tatsächlich vorhandenen Pilze in Form von Myzelien. Somit ist die Beurteilung der Häufigkeit oder Seltenheit einer Art und die Bewertung ihrer Anzahl in einem bestimmten Zeitraum bei Pilzen ausgesprochen schwierig.

Rhodotus palmatus
(Bulliard) Maire
Hutdurchmesser: bis zu 10 cm
Stielhöhe: 1-7 cm
Stieldurchmesser: 0,5-1,5 cm
exzentrisch oder lateral

Goldtäubling

genießbar

Prädikatstäubling

Dieser prächtige Täubling hat das Prädikat »golden« verdient. Sein Hut zeigt eine schöne leuchtend orangerote Färbung, häufig mit goldgelben Glanzlichtern. Die ockergelben Lamellen haben eine lebhaft gelbe Schneide, und der manchmal weiße Stiel ist sehr häufig ebenfalls goldgelb getönt. Das Fleisch ist weiß – bis auf eine dünne Schicht unmittelbar unter der Huthaut, in der sich das typische gelbe Farbpigment des Täublings wiederholt. Der Goldtäubling ist ein guter Speisepilz mit festem Fleisch. Die Tatsache, dass er vor allem im Sommer wächst, wenn essbare Pilze selten sind, erhöht seine Attraktivität. Der einzige Nachteil ist, dass er selten gehäuft auftritt.

- **Familie:** Russulaceae
- **Jahreszeit:** Sommer bis Herbst
- **Lebensraum:** vor allem in Laubwäldern
- **Verbreitung:** Europa und Nordamerika, weit verbreitet und relativ häufig

Über 1000 Täublingsarten

Täublinge gehören zu den in Wäldern und Forsten am weitesten verbreiteten Pilzen. Sie haben ein körniges, sprödes Fleisch wie die Milchlinge (*Lactarius*, S. 122 ff.). Im Gegensatz zu Letzteren allerdings »milcht« ihr Fleisch nicht an den Bruchstellen. Derzeit sind weltweit mehr als 1000 Arten der Gattung *Russula* bekannt. Darunter kann nur eine einzige Art zu schwereren Vergiftungen führen: *Russula subnigricans*, ein auf Japan beschränkter Täubling. Sein Verzehr verursacht das Tricholoma-equestre- bzw. Rhabdomyolyse-Syndrom mit ähnlichen Symptomen wie bei einer Vergiftung durch den **Kiefernwald-Grünling** (*Tricholoma auratum*, S. 226). Das darf jedoch keinesfalls zu dem Glauben verleiten, alle der 400 europäischen Täublingsarten seien essbar! Einige schmecken so scharf und bitter, dass sie völlig ungenießbar sind. Andere, wie der **Kirschrote Speitäubling** (*Russula emetica*) oder der **Rotstielige Ledertäubling** (*Russula olivacea*, S. 198), können Magen-Darm-Störungen verursachen.

Die Täublingsartigen (Russulaceae)

Die Familie der Täublingsartigen vereint Täublinge und Milchlinge, deren verwandtschaftliche Beziehung offensichtlich ist. Darunter sind auch Pilze, die Krusten auf morschem Holz bilden oder an bodenständige Boviste erinnern. Die Evolution der Russulaceae hat zu einer umfangreicheren morphologischen Diversifizierung geführt als angenommen. Die jüngsten Entwicklungen in Genetik und Molekularbiologie haben es möglich gemacht, die tatsächlichen Konturen dieser Familie herauszuarbeiten.

Zahlreich sind die Täublinge mit rotem Hut. Der Weinrote Dottertäubling (Russula decipiens, *links*) *und der Langstielige Buchenspeitäubling* (Russula fageticola, *oben*) *sind zwei giftige Arten.*

Andere Täublinge mit roten Kappen

Es wäre alles ganz einfach, wäre der Goldtäubling der einzige Täubling, der diese hübschen rotorangen Farben zeigt. Leider existieren noch zahlreiche andere Täublinge mit vergleichbarer Färbung. Allerdings besitzt keiner unter ihnen Lamellen mit lebhaft gelber Schneide. Einige sind giftig, wie der ***Weinrote Dottertäubling*** *(Russula decipiens, links außen) oder der* ***Buchenspeitäubling*** *(Russula fageticola, links). Der* ***Scharfe Zinnobertäubling*** *(Russula rubra) trägt einen samtig-matten, lebhaft zinnoberrosa, leicht gewellten Hut. Sein scharfes Fleisch verströmt mit zunehmendem Alter einen angenehmen Honiggeruch. Er wächst unter Laubbäumen und gelegentlich an denselben Stellen wie der Goldtäubling.*

Russula aurea
Persoon
Hutdurchmesser: bis zu 10 cm
Stielhöhe: 3,5-8 cm
Stieldurchmesser: 1-2 cm

Frauentäubling

schmackhaft

Der bekannteste Täubling

- **Familie:** Russulaceae
- **Jahreszeit:** Sommer bis Herbst
- **Lebensraum:** vor allem im Laubwald, gelegentlich unter Nadelbäumen
- **Verbreitung:** Europa und Nordamerika, weit verbreitet und häufig

Der 1997 zum Pilz des Jahres gekürte Frauentäubling hat im Gegensatz zu anderen Täublingsarten, die stets mit spröden Lamellen aufwarten, weiche, biegsame Lamellen, was zu seinem Trivialnamen geführt haben soll. Diese Eigenschaft ist auch ein wichtiges Bestimmungsmerkmal. Dieser Pilz tritt nirgends selten auf und ist von der Küste bis zu den Voralpen verbreitet. Er bildet mit etlichen Baumarten eine Mykorrhiza-Symbiose, wobei er die Rotbuche *(Fagus sylvatica)* zu bevorzugen scheint. Er ist leicht zu erkennen, gut genießbar und mit nussigem, knackig festem Fleisch ausgestattet. Sein Hut zeigt sich farblich variabel. Berührt man die Lamellen, hat man den Eindruck, Speck zu fühlen. »Speckig« ist daher ein zutreffendes Adjektiv. Es gibt noch weitere Täublingsarten mit speckigen Lamellen, aber sie sind alle nahe mit dem Frauentäubling verwandt und wie er essbar.

Geschmack und Farbe

Abgesehen von ein paar bekannten, leicht zu erkennenden Arten wie z. B. dem Frauentäubling bedarf es bei der exakten Bestimmung von Täublingen schon großer Erfahrung und wissenschaftlicher Praxis. Täublinge werden seit Langem aufgrund zweier Kriterien in mehrere Gruppen unterschieden: erstens aufgrund des Fleischgeschmacks (süß bis scharf); zweitens nach der Sporenfarbe. Die Bewertung des ersten Merkmals kann jedermann vornehmen: Man macht eine Geschmacksprobe, indem man ein kleines Stück des zu bestimmenden Täublings kaut. Auch der Sporentest ist einfach: Setzen Sie einen Täublingshut auf ein weißes Blatt Papier. Die richtige Beurteilung der Sporenfarbe allerdings gestaltet sich wesentlich schwieriger. Hierzu bedarf es einiger Übung! Mykologen haben zu diesem Zweck eine Farbtonskala entwickelt, die aus 15 Abstufungen besteht und von reinem Weiß bis Hellgelb reicht. Die Unterscheidung zwischen diesen unterschiedlichen Farbtönen ist manchmal kompliziert, führt jedoch allein zur richtigen Identifizierung der Art! Der Frauentäubling hat reinweiße Sporen, was man im Zweifelsfall unbedingt überprüfen sollte.

Eisenhaltiges Mineralwasser

Tatsächlich haben Mykologen immer ein Fläschchen Eisensulfat zur Hand – sei es in flüssiger Lösung oder in kristalliner Form, die in Wasser gelöst werden kann. Träufelt man diese Lösung auf den Stiel eines Täublings, zeigen sich unterschiedliche Farbreaktionen, die zur Identifizierung des Pilzes beitragen (siehe Kasten). Der Frauentäubling allerdings gehört zu den wenigen Vertretern der Gattung, die auf Eisensulfat träge reagieren, das heißt, dass bei dieser Art das Reagens völlig wirkungslos bleibt.

Schon der Name weist unzweideutig darauf hin: Der Speisetäubling (Russula vesca) *ist ein beliebter Speisepilz.*

Der Speisetäubling

*Den **Speisetäubling** (Russula vesca), auch als Fleischroter Täubling bekannt, erkennt man an seinem stets rosa gefärbten, rostbraun gefleckten Hut. Die farbige Haut der Kappe scheint zu kurz für den Hutdurchmesser zu sein, denn sie lässt die Lamellenspitzen sichtbar. Allerdings ist es die Reaktion des Pilzes mit einer Eisensulfatlösung, die eine korrekte Bestimmung zulässt. Gibt man einen Tropfen Eisensulfatlösung auf den Stiel, dann verfärbt sich dieser innerhalb weniger Sekunden leuchtend lachsrosa. Der Sporenabdruck ist reinweiß wie der des Frauentäublings. Auch er ist ein schmackhafter, nussiger Speisepilz.*

Russula cyanoxantha

(Schaeffer) Fries

Hutdurchmesser: bis zu 15 cm

Stielhöhe: 4–10 cm

Stieldurchmesser: 1,5–3,5 cm

Dickblättriger Schwärztäubling

ohne kulinarischen Wert

Ein typischer Täubling

Der Dickblättrige Schwärztäubling ist sehr verbreitet und problemlos zu erkennen. Seine weit auseinanderliegenden, harten, spröden Lamellen, sein süßes, rötendes, nach Verletzung schwärzendes Fleisch sind typische Unterscheidungsmerkmale gegenüber anderen Täublingen. Form und Farbe des Hutes sind sehr variabel. Junge, gerade erschienene Exemplare sind gelegentlich vollkommen weiß, bis der ausgereifte Hut eine braun schwarze Farbtönung annimmt. Sehr fest und von Maden meist gemieden, mumifiziert der fast unverrottbare Pilz, und seine regelrecht verkohlt aussehenden Exemplare bevölkern den winterlichen Waldboden. Sein Fleisch schmeckt süßlich mit muffigem Beigeschmack, was ihn nicht sonderlich beliebt macht.

- **Familie:** Russulaceae
- **Jahreszeit:** Sommer bis Herbst
- **Lebensraum:** im Laub- und Nadelwald
- **Verbreitung:** Europa, sehr verbreitet

Andere schwärzende Täublinge

Es gibt mehrere andere Täublinge, deren Fleisch mit zunehmendem Alter oder an der Luft nachdunkelt. Einer ist z.B. der **Rauchbraune Schwärztäubling** (*Russula adusta*, Foto unten), der den Dickblättrigen Schwärztäubling in den ausgedehnten Fichten- und Kiefernwäldern der subalpinen und montanen Lagen vertritt, aber gelegentlich auch in den Kiefernwäldern des Tieflands aufscheint. Sein Fleisch rötet leicht, bevor es schwärzt, und seine creme oder rosa Lamellen stehen viel enger zusammen als beim Dickblättrigen Schwärztäubling. Sein Hut ist einheitlich braun, und die Stielbasis riecht oft genug nach Weinkeller oder leicht modrig. Er gilt als nicht schmackhaft.

Die persönlichen Totengräber

Da der Dickblättrige Schwärztäubling nur schwer verwest, verbleibt er noch lange, nachdem die anderen Pilze vergangen sind, auf dem Waldboden. Dies ist ein Fest für kleine, parasitische Pilze aus der Gattung der Zwitterlinge, die die Zersetzung des Täublings beschleunigen, indem sie sich von seinem Fleisch ernähren. Der **Beschleierte Zwitterling** (*Asterophora parasitica*, kleines Foto rechts) ist ein grauer, unscheinbarer Pilz mit sehr ausgeprägten Lamellen. Der **Stäubende Zwitterling** (*Asterophora lycoperdoides)* unterscheidet sich durch undeutliche oder fehlende Lamellen und einen Hut mit dickem, braunem, pulvrigem Überzug. Dieses Pulver besteht aus Millionen von Zellen, die unter dem Mikroskop wie Sterne aussehen. Es sind Chlamydosporen, also dickwandige Zellen, die der vegetativen Vermehrung des Pilzes dienen. Gelegentlich sind diese Pilze auch auf anderen Täublingsarten oder auch auf Milchlingen zu finden.

Der Beschleierte Zwitterling (Asterophora parasitica) *befällt häufig die alten Exemplare von* Russula nigricans *und führt zu deren völliger Zerstörung.*

Der Rauchbraune Schwärztäubling (Russula adusta) *schmeckt auch nicht besser als der Dickblättrige Schwärztäubling. Sein unangenehmer Modergeruch ist charakteristisch.*

Ein medizinischer Täubling?

Untersuchungen haben ergeben, dass aus dem Myzel des Dickblättrigen Schwärztäublings isolierte Substanzen, die Mäusen injiziert wurden, sich hemmend auf die Entwicklung bestimmter bösartiger Magen- oder Darmtumore auswirkten. Gleichermaßen wurde aus diesem Pilz ein bisher unbekannter, aktiver Stoff isoliert, das Nigricanin, das zur selben Familie wie gewisse Fruchtsäuren gehört, die als Oxidations- und Tumorhemmer bekannt sind.

Russula
nigricans
Fries
Hutdurchmesser: bis zu
15 cm und sogar 20 cm
Stielhöhe: 4-8 cm
Stieldurchmesser: 2-4 cm

Rotstieliger Ledertäubling

leicht giftig

Süßer schöner Täubling

Der Rotstielige Ledertäubling ist ein schöner, fleischiger Pilz mit süßlichem Fruchtfleisch. Sein Artepitheton *olivacea* allerdings ist wenig geeignet, seine Hutfarbe exakt zu charakterisieren. Die Farbtönung des matten Hutes ist eher eine Mischung aus unterschiedlichen Oliv- bis Purpurpigmenten, die durchaus ins Ockerfarbene gehen kann. Aber unabhängig von seiner Farbe ist der Hutrand zuerst unregelmäßig gewellt, später meist konzentrisch gerunzelt. Der feste Stiel ist weiß und typischerweise knapp unterhalb der Lamellen karminrosa überhaucht. Der Rotstielige Ledertäubling ist sehr nah mit dem **Glänzenden Ledertäubling** *(Russula alutacea)* verwandt, der eine rosafarbene Stielbasis zeigt. Diesen Unterschied kann man sich leicht mnemotechnisch einprägen: Oben rosa *olivacea*, unten rosa *alutacea*!

- **Familie:** Russulaceae
- **Jahreszeit:** Sommer bis Herbst
- **Lebensraum:** meist unter Buche, seltener unter Fichte, eher auf sauren Böden
- **Verbreitung:** Europa, ziemlich häufig

Nur eine Buche darf nicht fehlen …

Zwar legen die Täublinge nicht unbedingt die strenge Wirtsselektivität ihrer Vettern, der Milchlinge (siehe S. 122 ff.), an den Tag, dennoch können sie bei der Auswahl ihrer Wirtsbäume durchaus wählerisch sein. So hält sich zum Beispiel der Rotstielige Ledertäubling vor allem in großen und alten, überwiegend submontanen Buchenwäldern auf. Allerdings berichten einige Mykologen auch von Fundstellen unter Fichten. Aber wie es in den meisten Mischwäldern der Fall ist, ist das Vorhandensein einer Buche nie völlig ausgeschlossen.

Ein anderer großer Täubling

Der **Lederstieltäubling** (*Russula viscida*, Foto unten) ist ein weiterer, zu den großen Täublingen zählender Pilz, der häufig im gleichen Milieu wie der Rotstielige Ledertäubling wächst. Sein Hut erreicht einen Durchmesser von 20 cm, ist oft unregelmäßig geformt mit mehr oder weniger strahlig runzeliger Haut. Diese wird bei nasser Witterung leicht schleimig. Ansonsten präsentiert sich der Pilz in einem bunten Farbspiel aus Lila, Purpur, Ockergelb, manchmal Oliv. Sein Fleisch schmeckt ein wenig scharf und gilbt ziemlich stark. Diese Gelbfärbung zieht sich über den gesamten Pilz in Form von ockergelben oder rostig braunen Flecken und Zellfäden oder Haaren, besonders an der Stielbasis. Der Lederstieltäubling ist nicht genießbar.

Der Lederstieltäubling (Russula viscida) *ist ein sehr großer und ungenießbarer Täubling, der gelegentlich in alten Bergbuchenwäldern mit dem Rotstieligen Ledertäubling vergesellschaftet ist.*

Ein zweifelhafter Genuss

Bis vor Kurzem galten sämtliche Täublinge mit süßem Fleisch als genießbar (im Gegensatz zu den Täublingen mit scharf schmeckendem Fleisch). Dennoch machte der Rotstielige Ledertäubling in letzter Zeit Schlagzeilen: Im italienischen Apennin, wo dieser Pilz sehr geschätzt wird, wurden durch seinen Verzehr einige Vergiftungen registriert, die jedoch ohne schwerwiegende Folgen blieben. Die Vergiftung äußerte sich in Magen-Darm-Verstimmungen wie Übelkeit, Erbrechen, Magenschmerzen und Durchfall. Allerdings scheinen diese Beschwerden nur dann aufzutreten, wenn der Täubling roh oder nicht durchgebraten verzehrt wurde.

Russula olivacea

(Schaeffer) Persoon

Hutdurchmesser: bis zu 15 cm

Stielhöhe: 4-10 cm

Stieldurchmesser: 2-4 cm

Gedrungener Täubling

ungenießbar

Ein Hauch von Süden

Der Gedrungene Täubling ist eine überwiegend mediterrane Art mit einer Schwerpunktverbreitung bis zu den Kanarischen Inseln. In Deutschland dagegen ist er sehr selten und steht auf der Roten Liste der stark gefährdeten Arten. In seiner typischen Ausprägung ist diese Täublingsart leicht zu erkennen. Der Hut ist dunkelpurpurlila, seine Lamellen blasscremefarben, und der im Verhältnis zum Hut recht kurze Stiel ist in Gänze purpurviolett und deutlich blaustichig. Allerdings kommt es leider oft genug vor, dass dieser Täubling sich nicht an die Beschreibung seiner Art hält. Die Färbung von Kappe und Stiel kann ebenso gut blutrot oder olivgrün ausfallen! Zur richtigen Bestimmung gehört daher etwas Erfahrung. Sein angenehmer Duft nach frischen Äpfeln ist dabei ein guter Indikator. Der Geschmack des Fleisches ist bedauerlicherweise unangenehm scharf.

- **Familie:** Russulaceae
- **Jahreszeit:** Herbst
- **Lebensraum:** nur unter Kiefern
- **Verbreitung:** Europa, verbreitet im Mittelmeerraum, sehr selten in Deutschland

Kleines Handbuch »Täublingskunde«

Mykologen sprechen gern von der vielfältigen mikroskopischen Landschaft, die Täublinge zu bieten haben. Die Form ihrer Sporen ist zwar immer kugelig, aber die Ornamentik ihrer Oberfläche ist je nach Art sehr unterschiedlich: Die mehr oder weniger ausgeprägten, zahlreichen und regelmäßigen Strukturen, wie Warzen, Stacheln, Bänder, Eindellungen, Höcker, zitzenförmige Ausstülpungen, Protuberanzen, Grate, Rippen, Lappen, Punkte, sind alle wichtige und notwendige Bestimmungsmerkmale. Davon abgesehen gibt es mehrere Täublingsgruppen, die sich durch spezifische Farbänderungen in Verbindung mit bestimmten Chemikalien unterscheiden sowie durch die Form der Zellen der Lamellen oder die der Hautfarbe des Hutes. Russulogen sind auf Täublinge spezialisierte Mykologen und Meister darin, alle diese Merkmale richtig zu deuten!

Andere Kiefernliebhaber

Der Gedrungene Täubling teilt seine exklusive Vorliebe für Kiefern mit anderen Täublingsarten. Zu allem Übel scheint es all diesen Täublingen Spaß zu bereiten, gelegentlich in einer Täublingsmelange aufzutreten. Der **Zitronenblättrige Täubling** (*Russula sardonia*, unten links) ähnelt dem Gedrungenen Täubling, hat jedoch blasszitronengelbe Lamellen und keinen bläulichen Stiel. Das Fleisch des **Roten Heringstäublings** (*Russula xerampelina*, rechts unten) ist genießbar, riecht besonders beim Trocknen nach Fisch, und sein Hut ist purpurrot bis purpurschwarz in der Mitte.

Selten und wärmeliebend

Während der Gedrungene Täubling oder Wolfstäubling in Frankreich noch häufig anzutreffen ist, ist er in Deutschland ausgesprochen selten. Funde beschränken sich auf einige Stellen vom Süden Deutschlands bis nach Thüringen. Das seltene Auftreten dieser Täublingsart hat wohl im Wesentlichen zwei Ursachen: Erstens hat diese wärmeliebende Art einen mediterranen Verbreitungsschwerpunkt, der sich bis zu den Kanarischen Inseln erstreckt; und zweitens erlebt Deutschland einen dramatischen Rückgang seiner Lebensräume, wie mit Kiefern überstellte Trockenrasen und Wacholderheiden mit basenreichen, sonst nährstoffarmen Böden, etwa über Kalkfels oder Mergel.

Zwei Kieferntäublinge: der Zitronenblättrige Täubling (Russula sardonia, *oben) und der Rote Heringstäubling* (Russula xerampelina, *rechts*).

Russula torulosa

Bresadola

Hutdurchmesser: bis zu 9 cm

Stielhöhe: 3-7 cm

Stieldurchmesser: 1,5-3 cm

Violettstieliger Pfirsichtäubling

genießbar

- **Familie:** Russulaceae
- **Jahreszeit:** Herbst
- **Lebensraum:** unter Laub- und Nadelbäumen, meist auf sauren Böden
- **Verbreitung:** Europa, in Frankreich sehr verbreitet, in Deutschland vermutlich selten

Ein violetter Täubling in zitronengelber Verkleidung

Dieser Täubling ist ein Paradebeispiel dafür, welche Fallen Pilze den Pilzfreunden stellen können. Der typische **Violettstielige Täubling** *(Russula violeipes)* zeigt eine dunkelviolette Hutfarbe, die der des **Gedrungenen Täublings** (s. vorherige Seite) sehr ähnlich ist. Es ist daher schwer vorstellbar, dass der hier abgebildete Pilz mit zitronengelbem Hut eine Form des Violettstieligen Täublings sein soll! Drei Merkmale jedoch rücken das Bild wieder zurecht: Der Hut ist sehr matt und feinsamtig; das Fleisch schmeckt ausgesprochen süß und hat eine ganz besondere liebliche und fruchtige Duftnote, etwa nach Topinambur oder Artischocke; und schließlich sind seine Lamellen weißlich oder blasscremefarben.

Von anderen gelben Täublingen

Andere Täublinge mit gelbem Hut können mit der Form *citrina* des Violettstieligen Täublings verwechselt werden. Der am weitesten verbreitete bekannteste dieser Gruppe ist der **Zitronentäubling** (*Russula ochroleuca*, unten). Er wächst hauptsächlich unter Rotbuchen, ist jedoch auch unter anderen Bäumen zu finden. Sein Hut ist gelb bis ockergelb, glatt, die Lamellen reinweiß, das leicht angegraute Fleisch geruchlos mit pikantem Geschmack. Der **Gelbe Graustieltäubling** *(Russula claroflava)* fällt durch seinen leuchtend gelben Hut auf. Sein Fleisch ist deutlicher angegraut. Diese beiden gelben Täublinge sind nicht genießbar.

In den Tropen trägt man Ring

Während die europäischen Täublinge ausnahmslos vollkommen nackte Stiele zeigen, tragen viele tropische Täublinge einen echten Ring. Dieses ›extravagante‹ Charaktermerkmal bereitete Mykologen eine Zeit lang großes Kopfzerbrechen. Zum Beispiel ***Russula hiemisilvae*** (unten) ist ein in afrikanischen Tropenwäldern weitverbreiteter Täubling mit Ring. Dasselbe gilt für ***Russula pseudocarmesina***, einen ebenfalls in Afrika heimischen kleinen Täubling mit zauberhaften Farben. Der zierliche Ring dieses Pilzes zerreißt während der Aufschirmung, und seine Reste bleiben oft am Hutrand hängen.

Im Gegensatz zu europäischen Täublingen besitzen afrikanische Arten (Russula hiemisilvae) *oft einen Ring um den Stiel.*

Der Zitronentäubling (Russula ochroleuca, *links) und* Russula archaea *(unten), eine Täublingsart aus Madagaskar*

Ein lebendes Fossil

Russula archaea *(links) ist eine sehr fremdartige und seltene Art, die nur noch in einigen erhaltenen Urwäldern Madagaskars vorkommt. Für diese Art scheint die Zeit stehen geblieben zu sein. Allerdings hat sie sich dadurch wohl archaische Täublingsmerkmale bewahrt. Der extrem dünnfleischige Hut zeigt ein deutlich strahlenförmig gefurchtes Oberflächenrelief – ein Muster, das mit den ungewöhnlich weitständigen Lamellen korrespondiert. Die Sporen sind winzig und glatt. Insgesamt also untypische Merkmale für die Familie der Täublinge. Ein Relikt aus uralten Zeiten, auch hier bedroht durch die massive Abholzung der Urwälder.*

Russula violeipes f. citrina

(Quélet) Romagnesi

Hutdurchmesser: bis zu 10 cm

Stielhöhe: 3-7 cm

Stieldurchmesser: 1,5-2 cm

Gemeiner Spaltblättling

giftig

Ein Rangierbahnhof aus der Luft

Sie finden den Vergleich merkwürdig? Dann sehen Sie bitte genauer hin, blicken Sie unter die Kappe des Gemeinen Spaltblättlings. Das ist jener kleine weiße Pilz, den wir so häufig auf Totholz finden. Sie werden zugeben, dass dieses Bild gar nicht so abwegig ist: Seine Lamellen sind zweigespalten und verlaufen ein wenig wie Schienenstränge. Da die Lamellen auch geriffelt und gegabelt sind, sieht das ganze Gebilde, mit etwas Fantasie, wie ein Schienennetz aus. Der Name *Schizophyllum* setzt sich aus dem griechischen *skkizein* = spalten, trennen und *phyllon* = Blatt zusammen, womit nicht nur Laubblätter, sondern auch Lamellenblätter der Pilze gemeint sind. Der Gattungsname weist also auf die seltsame Aufspaltung der Lamellen hin, die sehr typisch für diese kleinen Pilze ist.

- **Familie:** Schizophyllaceae
- **Jahreszeit:** ganzjährig mit Ausnahme der Frostperioden
- **Lebensraum:** auf Totholz von Laub- und Nadelbäumen
- **Verbreitung:** weltweit, sehr verbreitet

Gespaltene Lamellen und Ochsenzunge

Diese bereits beschriebenen gespaltenen Lamellen des Gemeinen Spaltblättlings sind wahrscheinlich nichts anderes als ungewöhnlich lang gestreckte Röhren. Im Übrigen finden wir dagegen perfekt geformte Röhren bei dem anderen europäischen Vertreter der Familie der Schizophyllaceae, der **Ochsenzunge** oder dem **Leberreischling** (*Fistulina hepatica*, unten). Dieser fleischige Pilz, der am häufigsten am Fuß oder Stumpf von alten Laubbäumen wächst, ähnelt tatsächlich einer Ochsenzunge. Auf Druck gibt seine gallertartige Oberfläche nach und entlässt einen rötlichen Saft, der ein wenig an Blut erinnert!

Wenn Sie mit einer guten Lupe die Röhren auf der Unterseite des Hutes betrachten, bemerken Sie, dass diese nicht miteinander verbunden sind und – wieder so ein gewagter Vergleich – an einen Berg Cannelloni erinnern.

Stiellose Pilze

Unter der Bezeichnung pleurotoide beziehungsweise seitlingsähnliche Pilze werden alle Pilze, wie *Schizophyllum*, mit seitlich kurz- oder ungestielten Hüten zusammengefasst. Dies ist beileibe keine natürliche Gruppe. Ihre Vertreter kommen aus sehr unterschiedlichen Abstammungsgemeinschaften. Trotzdem sehen einige von ihnen dem *Schizophyllum* sehr ähnlich. In diesem Zusammenhang darf der **Herbe Zwergknäueling** (*Panellus stipticus*) nicht unerwähnt bleiben, der von unten betrachtet wie ein kleiner Ventilator aussieht, da sich seine Lamellen in seltener Regelmäßigkeit um seinen kleinen runden Fuß ordnen.

Die Ochsenzunge oder Leberreischling (Fistulina hepatica) *ist im jungen Stadium ein guter Speisepilz.*

Laster und Tugend

Die Ochsenzunge (Fistulina hepatica) ist ein Speisepilz mit leicht herbsäuerlichem Geschmack und in einigen Regionen sehr geschätzt, wo man ihn stets in Scheiben paniert serviert. Der Gemeine Spaltblättling allerdings ist etwas heimtückisch. Auf den ersten Blick ganz harmlos, wird er in einigen Teilen der Welt gekocht verzehrt oder als Kaugummiersatz gekaut. Allerdings ist er der einzige Blätterpilz, dessen Sporen im Inneren unseres Körpers, wie zum Beispiel in unseren Atemwegen, keimen können. Diese Eigenschaft hat bei Personen mit schwachem Immunsystem schon zu Hirnödemen geführt. Es ist daher ratsam, ihn aus der Ferne zu bewundern.

Schizophyllum commune
Fries
Hutdurchmesser: bis zu 5 cm
Stiel: nicht vorhanden

Ziegenfußporling

genießbar

Der schwarze Schafsfuss

Unter diesem nicht sehr passenden Namen war der Pilz in den Vogesen bekannt, bevor er offiziell 1818 vom Mykologen Persoon beschrieben wurde. Der französische Name, den Persoon vorschlug, nämlich Schafsfußröhrling, war jedoch hinsichtlich der Klassifizierung auch nicht treffender. Tatsächlich steht dieser Pilz den Röhrlingen kaum näher als dem echten **Schafsfuß** (*Hydnum repandum*, S. 104). Aber abgesehen von den Ungereimtheiten um seinen Namen ist er mit seinem mit braunroten Schuppen bedeckten Hut, seiner ausgeprägten Porenschicht an der Unterseite und seinem Lebensraum in den Bergwäldern nur schwer zu verwechseln. Der nussige Geschmack seines Fleischs macht ihn zu einem guten Speisepilz. Er ist verhältnismäßig selten und daher schützenswert.

- **Familie:** Albatrellaceae
- **Jahreszeit:** vom Spätsommer bis zum Spätherbst
- **Lebensraum:** unter Buchen und Tannen in Bergregionen
- **Verbreitung:** Nordamerika, Europa, verstreut und selten, regional stark rückläufig

Die Porlinge – eine Gruppe ohne echte Beziehungen

Herkömmlicherweise bezeichnet »Porling« Pilze mit ledrigem bis hartem Fleisch, die auf Holz wachsen, mit oder ohne Stiel, und deren Hutunterseite von einer Schicht aus rundlichen, gelegentlich auch länglichen Poren oder wabenähnlichen Gebilden überzogen ist. Die Erscheinungsform ›*Polyporus*‹ ist mehrfach, unabhängig vom echten Verwandtschaftsgrad im Lauf der langen Evolution der Pilze entstanden. Eine analoge Entwicklung machte im Tierreich der Flügel durch, der sich ebenfalls mehrmals im Lauf der Evolution und völlig unabhängig von der Verwandtschaft der Tiergruppen entwickelt hat. Beispiele: Vögel, Fledermäuse, Pterosaurier, Insekten. Die Ähnlichkeit eines Merkmals geht also nicht immer auf einen gemeinsamen Vorfahren zurück. Sind solche analogen Merkmale vorhanden, spricht man von konvergenter Entwicklung.

Unerwartete Verwandtschaften

Mykologen, die sich mit der Pilzevolution befassen, stellten bei der Überarbeitung der Gruppe der *Polyporus* fest, dass der Ziegenfußporling mit Täublingen verwandt ist, also ausgerechnet mit Pilzen, die gut ausgebildete Lamellen haben. Dabei kam aber auch heraus, dass Pilze, die traditionell der Gattung *Scutiger* zugeordnet wurden, in Wirklichkeit verschiedenen, nicht direkt verwandten Gruppen angehören. Die Zugehörigkeit des Ziegenfußporlings allerdings ist noch nicht geklärt. Er steht zwischen den Gattungen *Albatrellus* (aus dem lateinisierten französischen *albatre* = weißlich, vielleicht eine Anspielung auf die weiße Fleischfarbe des Semmelstoppelpilzes) und *Scutiger* (Schildträger).

Der Gelbgrüne Kammporling (Scutiger cristatus) bildet oft miteinander verwachsene, kompakte Gruppen. Diesen Pilz mit braunem, später gelbem oder olivgrünlichem Hut findet man zumeist in Bergmischwäldern.

Der Ziegenfußporling und seine Verwandten

*Der **Schuppige Porling** (Polyporus squamosus) ähnelt in einigen Aspekten dem Ziegenfußporling. Sein Hut allerdings erreicht häufig einen Durchmesser von 40 bis sogar 60 cm. Er wächst als Parasit am Fuß alter Bäume oder auf morschen Baumstümpfen. Gelegentlich wird er auch gegessen, doch sein zähes Fleisch ist eigentlich kein empfehlenswerter Genuss. Der **Gelbgrüne Kammporling** (Scutiger cristatus, rechts) wächst im selben Milieu wie der Ziegenfußporling, unterscheidet sich jedoch von diesem deutlich durch seinen zitronengelben bis olivgrünen Hut. Auch er ist ungenießbar.*

Scutiger pes-caprae

(Persoon) Bondartsev
& Singer

Syn. Albatrellus pes-caprae
(Persoon) Pouzar

Hutdurchmesser: bis zu 10 cm

Stiel: kurz und gedrungen,
seitlich ansitzend

Gestielter Orangebecherling

genießbar

Ein Becherling mit Wurzeln

Dieser schöne Orangebecherling oder Orangegelbe Wurzelbecherling ist selten, gehört jedoch zu den Pilzen, die auf den ersten Blick verzaubern. Er präsentiert auffällig große, goldgelbe oder sattdottergelbe Becher, die ein wenig dem **Gemeinen Orangebecherling** (*Aleuria aurantia*, S. 164) ähneln. Im Gegensatz zu den meisten anderen Becherlingen hat er einen gut entwickelten helleren Stiel, der ihn mehr oder weniger fest in der Erde hält. Sein Fleisch ist relativ dick, geruch- und geschmacklos.

- **Familie:** Pyronemataceae
- **Jahreszeit:** Sommer bis Herbst
- **Lebensraum:** Bodenbewohner, im Laubholz
- **Verbreitung:** Europa und Nordamerika, verstreut und sehr selten

Sowerbyella – Becherling oder Fossil?

Die Gattung *Sowerbyella*, benannt nach dem englischen Naturforscher und Maler James Sowerby (1757 bis 1822), umfasst nur 15 Arten. Sowerby ist Autor des Werkes *English botany* (36 Bände mit zahlreichen Illustrationen, durch vier Bände über Pilze ergänzt). Er verfasste u. a. die *Mineral Conchology of Great Britain*, eine umfangreiche Arbeit über die fossilen Schalenweichtiere Großbritanniens. Ihm zu Ehren taufte der schwedische Botaniker und Mykologe J. A. Nannfeldt diese Pilzgattung 1938 *Sowerbyella*. Um dieselbe Zeit hatte der Geologe O. T. Jones die gleiche Idee, nur bezog sich sein Namensvorschlag *Sowerbyella* nicht auf eine Pilz-, sondern auf eine fossile Armfüßergattung *(Brachiopoden)*! Obwohl identisch, haben beide Namen bis heute Gültigkeit. Allerdings dürfte die Verwechslungsgefahr zwischen einer fossilen, mehr als 450 Millionen Jahre alten Tiergruppe und diesem kleinen Pilz begrenzt sein.

Das Kleinsporige Feuerkissen (Pyronema omphalodes, *oben*), *bildet kleine rosa Anhäufungen auf kürzlich verbranntem Holz.*

Zedern-Sandborstlinge (Geopora sumneriana, *unten*)

Der Albtraum der Gärtner

*Ebenfalls in der Familie der Pyronemataceae finden wir den **Zedern-Sandborstling** (Geopora sumneriana, nebenstehend). Dieser Becherling wächst zuerst als kugeliger Fruchtkörper hypogäisch, das heißt unterirdisch, und bricht dann bei wachsender Größe aus dem Erdreich heraus. Dabei reißt die Oberseite mehr oder weniger sternförmig auf, sodass im Inneren eine beigefarbene Fruchtschicht erkennbar wird. Die Becherform erreicht einen Durchmesser von 5 bis 8 cm. Da der Pilz unter Zedern, mit denen er eine Bindung eingeht, ausgesprochen üppig wuchert, kann er ausgedehnte Rasenflächen schädigen und damit zu einem wahren Albtraum für die Gärtner werden, die für die Pflege öffentlicher Parks verantwortlich sind.*

Pilze unter Asche

Die Familie der **Orangebecherlinge** (Pyronemataceae) umfasst heute rund 75 Gattungen und über 500 Arten. Ihren Namen erhielt sie von der Gattung der Feuerkissen *Pyronema* (griechisch *pyr* = Feuer, Flamme). Von ihr gibt es nur zwei Arten in Europa, die nur auf dem verkohlten Holz alter Rodungsflächen und Brandstellen wachsen. Das verbreitetste ist wohl das **Kleinsporige Feuerkissen** (*Pyronema omphalodes*, oben), das rosa- bis orangefarbene, weiche Schichten und Klümpchen auf kürzlich verbranntem Holz bildet. Die Mitglieder der Pyronemataceae sind morphologisch sehr unterschiedlich ausgestattet und erscheinen daher in ihrer gegenwärtigen Klassifikation zu heterogen, um als Gruppe fortbestehen zu können: Sehr wahrscheinlich müssen sie auf mehrere Familien verteilt werden.

Sowerbyella
rhenana
(Fuckel) J. Moravec
Gestalt: Becher von
1 bis 5 cm Durchmesser
Stielhöhe: 1-3 cm
Stieldurchmesser:
0,6-0,8 cm

Strubbelkopfröhrling

ungenießbar

Boletellus pallescens *ist einer von vielen tropischen Röhrlingen mit Strubbelkopf.*

- **Familie:** Boletaceae
- **Jahreszeit:** Herbst
- **Lebensraum:** meist unter Buchen, aber auch unter Fichten und Tannen
- **Verbreitung:** weltweit, selten

Eine exotische Erscheinung

Während der europäische Pilzexperte beim Anblick dieses Röhrlings ins Staunen gerät, der in keiner Weise den Röhrlingen des alten Kontinents ähnelt, erntet er von seinem Kollegen aus den Tropen nur mitleidige Blicke, denn diesen sind viele Pilze dieser Gruppe wohlbekannt. Tatsächlich ist die Morphologie der Röhrlinge in den immerfeuchten Tropen weitaus vielgestaltiger als in unseren gemäßigten Regionen. Eine Beobachtung, die im Übrigen auch auf nahezu alle anderen Pilzgruppen zutrifft. In Afrika, Südostasien, Südamerika oder in anderen tropisch beeinflussten Gebieten sind Röhrlingspilze, die einen grobschuppigen, wolligen, gelegentlich sehr lebhaft gefärbten Hut (Bild links oben), einen mit ausgeprägten Längsrissen und Furchen durchzogenen Stiel oder gar keinen Stiel aufweisen, ein durchaus alltäglicher Anblick.

Ein zotteliger Röhrling

Während die Bestimmung von Röhrlingen allgemein schwierig ist, kann man das vom Strubbelkopfröhrling kaum behaupten. Hut und Stiel mit großen, wollig-filzigen und rußigen Schuppen machen ihn unverwechselbar. Er ist in unseren Breiten der einzige Vertreter seiner Gattung (obwohl es weltweit vierzig *Strobilomyces*-Arten gibt). Im französischsprachigen Teil Kanadas ist der Strubbelkopfröhrling auch als »Vieil homme des bois« oder »Old Man of the Woods« (Alter Waldmann) bekannt, ein Name, der auf seine ausgefranste, zerlumpte Gestalt und sein Einzelgängertum verweist. Er wächst vorwiegend in alten Buchenwaldbeständen. Da dieser Lebensraum zusehends verschwindet, ist auch er massiv auf dem Rückzug und steht in mehreren Ländern auf der Roten Liste bedrohter Arten.

Röhrlinge aller Formen …

Wie die Ordnung der Leistenpilze (Cantharellales) die Pfifferlinge und Kraterellen zusammenfasst, sammeln sich die hier erörterten, sehr unterschiedlichen Röhrlinge in der Ordnung Boletales, einer morphologisch vielgestaltigen Gruppe. Neben Arten mit traditionellem Röhrlingsaufbau, das heißt mit Stiel, Hut und einer Röhrenschicht auf der Unterseite, finden sich auch Röhrlinge mit Lamellen (**Falscher Pfifferling**, S. 108, und **Europäisches Goldblatt**, S. 172) sowie Pilze ohne Stiel, aber auch solche ohne Hut (auf eine bloße Kruste auf Totholz reduziert). Ferner gehören kugelförmige Röhrlinge, wie der **Gefelderte Kartoffelbovist** (*Scleroderma areolatum*, S. 146) dazu. Letztere Gruppe scheint mit dem Strubbelkopfröhrling am nächsten verwandt zu sein!

Ein mäßig guter Speisepilz

In bestimmten Regionen dieser Welt und besonders in Nordamerika steht der Strubbelkopfröhrling auf dem Speiseplan. Im tropischen Afrika isst man seinen Vetter, den ***Schwärzenden Röhrling*** *(Afroboletus luteolus), während zahlreiche echte Strubbelkopfpilze, die den Standort mit ihm teilen, erstaunlicherweise völlig außer Acht gelassen werden. Einige lokale Trivialnamen sind dabei offen gestanden recht verräterisch: So heißt dieser Pilz in Burundi »nyahaha«, der »Lungenartige«, oder »matigu«, der »leicht Essbare«. Das sagt viel über die Konsistenz des Fleisches dieser Pilzart aus, die Liebhaber von festen Pilzen kaum locken kann.*

Strobilomyces strobilaceus
(Scopoli: Fries) Berkeley
Hutdurchmesser: bis zu 15 cm
Stielhöhe: 5-15 cm
Stieldurchmesser: 1,5-3 cm

Grünspanträuschling

möglicherweise giftig

- **Familie:** Strophariaceae
- **Jahreszeit:** Herbst
- **Lebensraum:** in Wäldern, an Waldrändern und in Parks, unter Laub- und Nadelbäumen
- **Verbreitung:** Europa und Nordamerika, verstreut, gelegentlich häufiger

Ein Träuschling in Blaugrün ...

Der Grünspanträuschling ist einer der schönsten Pilze unserer Breiten. Jung und frisch ist sein leuchtend blaugrüner Hut mit feinen, kleinen weißen Flocken umsäumt. Seine erst grauvioletten Lamellen verfärben sich später bei Sporenreife schwärzlich. Dabei bleibt die Lamellenschneide jedoch weiß, was ein wichtiges Bestimmungsmerkmal darstellt. Das Fleisch ist dünn, weiß, geschmack- und nahezu geruchlos. Den weißen oder grünlich überhauchten Stiel zieren die gleichen weißen Flocken wie schon den Hut. Außerdem schmückt ihn ein recht gut ausgebildeter Ring, der sich auf seiner Oberseite durch die sporulierenden Lamellen schwarz färbt. Die Etymologie des Gattungsnamens *Stropharia* enthält bereits einen Hinweis auf den anmutigen, zarten Ring um den Stiel des Träuschlings. Im Altgriechischen bezeichnete *strophion* tatsächlich eine Art Gürtel oder ein Band, das den Frauen der Antike als Büstenhalter diente.

Der Blaue Träuschling (Stropharia caerulea, *oben*) *ähnelt dem Grünspantträuschling bis auf den weniger ausgebildeten Ring und seine niemals schwarzen Lamellen. Der Krönchenträuschling* (S. coronilla, *unten*) *ist eine weitverbreitete Art in Gärten, auf Wiesen und vergrasten Wegrändern.*

... und ein anderer in Blau

Vor allem der **Blaue Träuschling** (*Stropharia caerulea*, Bild unten) wird häufig mit dem Grünspanträuschling verwechselt. Geht man nur von der Farbe des Hutes aus, ist die Unterscheidung tatsächlich nicht immer leicht! Nur ist der Blaue Träuschling wesentlich häufiger. Sein Hut ist grün mit einer Tendenz ins Blau, die Flocken sind kleiner und spärlicher. Der Ring am Stiel ist nicht so ausgeprägt und häutig. Das entscheidende Unterscheidungsmerkmal sind jedoch die Lamellen: Sie sind nie schwarz, sondern braun oder purpurbraun sowie bräunlich rosafarben. Und die Lamellenschneide weist die gleiche Farbe auf wie die Lamellenseiten.

Nicht alle Träuschlinge sind blau

Es existieren 14 europäische Träuschlingsarten. Auf Wiesen mit trockenem Kalksteinboden findet man oft den **Krönchenträuschling** (*S. coronilla*, ganz unten). Er unterscheidet sich von anderen Träuschlingen durch einen gelben oder gelbockerfarbenen Hut, creme, grau oder violett getönte Lamellen und einen Stiel mit kleinem weißen, später von Sporen dunklen Ring. Er ist wahrscheinlich giftig. Andere farbige Träuschlinge, wie der **Orangerote Träuschling** (S. 140), wurden in die Gattung *Leratiomyces* umsortiert.

Liegt das Gift im Blau?

Der Blaue Träuschling und der Grünspanträuschling scheinen noch keine Vergiftungen verursacht zu haben. Aber das ist kein Wunder, denn sie wurden wohl auch noch nie verzehrt. Was nicht auf alle Träuschlinge zutrifft: Der ***Riesenträuschling*** *oder* ***Kulturträuschling*** *(Stropharia rugosoannulata) ist ein sehr guter Speisepilz in Kultur. Er weist jedoch keinerlei Blaufärbung auf. Die blauen oder grünen Pigmente sind auch bei anderen Pilzen (z. B. bei Kahlköpfen oder bestimmten Dachpilzen) dafür bekannt, Kennzeichen eines starken Giftgehalts zu sein (S. 176). Es ist daher ratsam, die Finger von diesen Träuschlingen zu lassen.*

Stropharia
aeruginosa
(Curtis: Fries)
Quélet
Hutdurchmesser:
bis zu 7 cm
Stielhöhe: 3-8 cm
Stieldurchmesser: 0,5-1 cm

Goldröhrling

genießbar

Ein gut erkennbarer Röhrling

- **Familie:** Gomphidiaceae
- **Jahreszeit:** vom Frühsommer bis Herbst
- **Lebensraum:** auf totem, morschem Nadelbaumholz
- **Verbreitung:** Europa und Nordamerika, verstreut bis häufig

Mit seinem schleimigen, orangebräunlichen bis lebhaft orangegelben Hut, dem leuchtend gelben Ring um den Stiel und seinem auf den Unterstand von Lärchen begrenzten Lebensraum muss es schon mit dem Teufel zugehen, will man den Goldröhrling mit einer anderen Art verwechseln. Der Butterpilz ähnelt ihm in einigen Merkmalen, aber sein Ring ist violett. Zudem wächst er nur unter Kiefern. Der **Braunhütige Goldröhrling** *(Suillus clintonianus)* ist dem Goldröhrling sogar sehr ähnlich und gedeiht ebenfalls unter Lärchen. Das entscheidende Unterscheidungsmerkmal ist hier der sehr ungewöhnlich, nämlich in sattem Mahagonibraun gefärbte Hut.

Die Lärche als Wunschpartner

In Mitteleuropa gibt es hauptsächlich zwei Lärchenarten: die Europäische Lärche *(Larix decidua)* und die Japanische Lärche *(Larix kaempferi)*. Nur die Europäische Lärche ist hier heimisch, und ihr natürliches Verbreitungsgebiet liegt im subalpinen Bereich der Alpen und geht bis zur Baumgrenze (2400 m ü. NN). Beide Lärchen wurden daher außerhalb ihres natürlichen Verbreitungsgebietes gepflanzt und sind, wie ihre Pilzpartner, überall in Europa vertreten. Neben dem Goldröhrling sind auch andere Pilze streng mit Lärche vergesellschaftet, wie der **Rostrote Lärchenröhrling** *(Suillus tridentinus)* mit orangen Röhren, der graue oder ockergraue **Graue Lärchenröhrling** (*Suillus viscidus*, unten) und der **Hohlfußröhrling** (*Boletinus cavipes*, S. 40), der einzige dieser Gruppe mit trockenem Hut. Lärchenpartner sind auch Blätterpilze, wie der **Lärchenschneckling** *(Hygrophorus lucorum)* mit ockergelbem oder der **Orangegelbe Lärchenschneckling** *(Hygrophorus speciosus)* mit goldgelbem oder leuchtend gelborangem Hut.

Der Graue Lärchenröhrling (Suillus viscidus) *ist zwar essbar, doch wegen seines weichen, schwammigen Fleisches sollte man ihn lieber meiden.*

Schleimige Röhrenpilze

Praktisch lassen sich Röhrlinge je nach Art ihrer Hüte in verschiedene Gruppen einteilen – abgesehen vom exotischen **Strubbelkopfröhrling** (*Strobilomyces strobilaceus*, S. 210), der mit seinem schuppig-faserigen Hut aus der Rolle fällt: erstens in Pilze mit trockener oder fast trockener Kappe und zweitens in die mit ausgeprägt schleimigem Hut. Zur letzten Gruppe zählt die Gattung Suillus, die alle europäischen Röhrlinge mit schmieriger bis schleimiger Kappe umfasst. Hierbei mit Ausnahme des **Goldporigen Röhrlings** *(Aureoboletus gentilis)* mit himbeerrotem bis rosaocker gefärbtem Hut und vier Arten der Gattung *Chalciporus*, kleinen Röhrenpilzen mit zimtfarbenen, rötlichen oder rosa getönten Röhren, deren Fleisch oft einen scharfen Nachgeschmack hat. Der bekannteste ist der treffend benannte **Pfefferröhrling** *(Chalciporus piperatus)*.

Schleim-Alarm!

Der Goldröhrling wird stets für genießbar, gelegentlich sogar für einen schmackhaften Speisepilz mit leicht säuerlichem Fleisch gehalten, der gut zu Fisch passt – nachzulesen bei den kanadischen Mykologen Matthieu Sicard und Yves Lamoureux in ihrem Führer »Les champignons sauvages du Québec« (Wildpilze der Provinz Québec). Dabei predigen sie eine gewisse Vorsicht bei dem Verzehr dieses Röhrlings und raten, unbedingt die Huthaut abzuziehen und den schleimigen Ring zu entfernen. Ohne diese Vorsichtsmaßnahmen kann sich der Pilz als unangenehmes Abführmittel erweisen. Vorbereitungen dieser Art erfordern viel Geduld, denn die klebrige Haut bleibt an Fingern und Messer haften. Nur ein Rat für Unerfahrene!

Suillus grevillei
(Klotzsch: Fries) Singer
Hutdurchmesser:
bis zu 15 cm
Stielhöhe: 5-12 cm
Stieldurchmesser:
1,5-2,5 cm

Butterröhrling

genießbar

Der schleimige Röhrling

Butterpilz, Beringter gelber Röhrenpilz, Föhrenschwamm, Schleimchen, Schmierling, Kieferling, Rotzer, Schafhäuterl ... die Liste der volkstümlichen Namen, die sich keinesfalls nur auf den deutschen Sprachraum (z. B. Slippery Jack) beschränken, ließe sich fast beliebig fortsetzen und beweist den großen Bekanntheitsgrad und die mit ihm verbundenen Assoziationen. Bei jüngeren Exemplaren verbirgt ein Schleier die Röhren, zerreißt während der Aufschirmung und bleibt am Stiel teilweise als Ring zurück. Der Butterpilz ist der einzige der Kiefernröhrlinge mit schmierigem, schokoladenbraunem Hut und beringtem Stiel! Es existiert auch eine weiße Form *S. l.* fo. *albus* (lateinisch *albus* = weiß). Er wird als essbar mit leicht säuerlichem Beigeschmack bewertet, scheint jedoch auch Allergien auslösen zu können. Die schleimige Huthaut sollte in jedem Fall entfernt werden, da sie abführend wirkt.

- **Familie:** Gomphidiaceae
- **Jahreszeit:** Herbst
- **Lebensraum:** nur unter Kiefern auf unterschiedlichen Böden
- **Verbreitung:** Europa und Nordamerika, sehr verbreitet

Schweinefutter

Die Erstbeschreibung von *Suillus luteus* erfolgte durch den schwedischen Botaniker und Mykologen Carl von Linné. Seinen heute noch gültigen Gattungsnamen jedoch erhielt er 1821 von dem britischen Pharmakologen Samuel F. Gray (1766 bis 1828). Allerdings ist *Suillus* ein Begriff sehr viel älteren Ursprungs. Er wurde während der vorausgegangenen zwei Jahrhunderte bereits von verschiedenen Naturforschern für Röhrlinge verwendet, nachdem schon die Römer bestimmte Pilze so benannt hatten. Unter *suillus* (von *sus* = Schwein) verstanden sie minderwertige Pilze, »die gut für die Schweine« waren; im Gegensatz zu *boletus*, einem Pilz, der als Delikatesse betrachtet wurde. Aber Vorsicht vor Verwechslungen! Die Römer bezeichneten mit *boletus* essbare Blätterpilze. Der für sie beste dieser Kategorie war der sogenannte **Kaiserling** (*Amanita caesarea*, S. 24). Dagegen wurden sämtliche Röhrlinge, einschließlich der herrlichsten Steinpilze, als »*suilli*«, also als Schweinefutter bewertet! Wie sich die Dinge doch verändert haben! Heute zählt der Steinpilz zum »Adel« und thront neben »seiner Majestät« dem Kaiserling im Pantheon der Gourmets ...

Der ringlose Butterpilz

Der Hut des **Ringlosen Butterpilzes** (*Suillus collinitus*, Bild unten) ist farblich dem Butterpilz sehr ähnlich, was leicht zu einer Verwechslung beider Arten führen kann. Wie sein Trivialname schon andeutet, trägt sein Stiel allerdings keinen Ring, und an seiner Basis befindet sich ein rosarotes Myzel. Da beide Arten essbar sind, träfe eine Verwechslung eher den Stolz des Pilzexperten als den Magen des Gourmets ...

*Im Gegensatz zum Butterpilz besitzt der Ringlose Butterpilz (*Suillus collinitus*) einen rosa Fuß und – wie der Name verrät – einen ringlosen Stiel.*

Butterpilzplantage

Wie fast alle Röhrenpilze ist auch der Butterröhrling ein Mykorrhizapilz: Sein Myzel ist also eng mit den Wurzeln der Kiefern verbunden, in deren Unterstand er gedeiht. Kiefern wachsen mittlerweile fast weltweit und leisten ihren bescheidenen Beitrag zum Bestand der Butterröhrlinge. In Südamerika, genau genommen in Ecquador, gibt es eine erstaunliche Kiefernpflanzung, die seit vielen Jahren enorme Mengen von diesem Pilz hervorbringt: 156.000 Butterröhrlinge pro Hektar! Offenbar gedeiht der Pilz dort ohne Konkurrenzdruck durch andere Arten und kann seine Mykorrhiza mit seinem bevorzugten Wirt ungestört ausbilden und sich, wie nirgendwo sonst auf der Welt, ausbreiten.

Suillus luteus
(Linné: Fries) Roussel
Hutdurchmesser: bis zu 15 cm
Stielhöhe: 3-10 cm
Stieldurchmesser: 1-3 cm

Samtfußkrempling

giftig

- **Familie:** Tapinellaceae
- **Jahreszeit:** Sommer bis Herbst
- **Lebensraum:** auf morschem Holz, vor allem im Nadelwald
- **Verbreitung:** Europa und Nordamerika, verstreut manchmal häufiger

SAMTFUSS

Der Schwede Elias Magnus Fries hat die Gattung der Kremplinge im Jahr 1838 erstmals unter dem Namen *Paxillus* (lateinisch *paxillus* = kleiner Pfahl, aufgrund des kurzen Stiels) beschrieben. Die Kremplinge sind eine Röhrlingsversion mit Lamellen und teilen viele Merkmale im mikroskopischen Bereich mit klassischen Röhrlingen. Bei einigen Arten, wie bei unserem Samtfußkrempling, lassen sich die Lamellen leicht wie Röhren vom Hutfleisch trennen, was seine Röhrlingszugehörigkeit bezeugt. Der Samtfußkrempling ist nicht unbedingt häufig und leicht zu erkennen. Meist wächst er auf morschen Kiefernstümpfen. Sein Stiel ist wie von dunkelbraunem Samt überzogen – was ihn von allen anderen Pilzen mit ähnlicher Form unterscheidet. Seine Lamellen sind bräunlich bis hellockergelb, der samtige Stiel gelblich braun bis tabakbraun, das Fleisch geruchlos und ziemlich bitter. Seine Verwandtschaft zum gefährlichen **Kahlen Krempling** lässt seine Verwendung in der Küche kaum ratsam erscheinen.

DER TÜCKISCHE VETTER

Der Samtfußkrempling hat einen berühmt-berüchtigten Cousin: **Der Kahle Krempling** (*Paxillus involutus*, Bild unten) wurde von Generationen von Pilzfreunden für einen Speisepilz gehalten, der darüber hinaus als leicht erkennbar galt. In ihrem prächtigen, 1953 veröffentlichten Werk mit dem Titel *La Flore analytique des champignons supérieurs (Analytische Flora der höheren Pilze)* stuften Robert Kühner und Henri Romagnesi den Kahlen Krempling nach wie vor als ungiftig ein. Bereits 1944 hatte der deutsche Mykologe Julius Schäffer seine Vorliebe für diesen Pilz mit dem Leben bezahlt. Heute gilt der Kahle Krempling als potenziell tödlich giftig. Der Vergiftungsverlauf ist als Paxillus-Syndrom bekannt, wobei es zur raschen Zerstörung roter Blutkörperchen kommt. Wie bei dem **Kiefernwald-Grünling** (S. 226) konnten die Opfer den Pilz mehrere Male hintereinander beschwerdefrei genießen – bis sich bei der letzten Mahlzeit verheerende Symptome in Verbindung mit schweren allergischen Reaktionen einstellten.

ZWEIERLEI LEBENSWEISEN

Der Samtfußkrempling gehört zur Gattung *Tapinella*, der Kahle Krempling hingegen zur Gattung *Paxillus*. Diese Unterscheidung wurde durch jüngste Analysen der Lebensweise dieser Pilze bestätigt. Die Kremplinge der Gattung *Tapinella* leben saprophytisch, sie ernähren sich also von totem und morschem Holz; Kremplinge der Gattung *Paxillus* sind Mykorrhizapilze, deren Myzel mit den Wurzeln höherer Pflanzen eine symbiotische Partnerschaft eingehen kann.

Der Kahle Krempling (Paxillus involutus) *galt einst als essbar, war jedoch für viele Vergiftungen mit tödlichem Verlauf verantwortlich.*

Ein Krempling mit orangen Lamellen

*Es gibt nur einen anderen saprophytisch lebenden Krempling in Europa: den **Muschelkrempling** (Tapinella panuoides). Auch er gedeiht auf morschem Nadelholz, ist jedoch sehr viel kleiner als der Samtfußkrempling und besitzt vor allem keinen Stiel. Eine erstaunliche Sache, bedenkt man, dass die Kremplinge ihren Namen vom lateinischen paxillus (= Pfahl, Stütze) ableiten, der sich auf ihre solide Verankerung im Boden bezieht. Die gelborangen Lamellen, die ein wenig an die Farbe des **Falschen Pfifferlings** (Hygrophoropsis, S. 108) erinnern, runden das Bild dieses seltenen Pilzes ab.*

Tapinella atrotomentosa

(Batsch: Fries)
Sutara

Hutdurchmesser:
bis zu 15 cm

Stielhöhe: 4-10 cm

Stieldurchmesser: 1-4 cm

Roter Gallerttrichter

genießbar

EIN »KALBSOHR«

In einigen Alpenregionen ist der Gallerttrichter unter diesem vielsagenden Namen bekannt, wo er bei feuchter Sommerwitterung durchaus verbreitet auftaucht. Er entfaltet seine rosafarbenen, gallertartigen Trichter unter Nadelbäumen auf verrottendem Holz oder stark vermoderten Baumstümpfen. Er ist praktisch unverwechselbar. Sein Fleisch wird gelegentlich roh als Salat gegessen, aber ein wahrer Genuss für den Gourmet ist dieser völlig geschmacklose Pilz nicht.

- **Familie:** noch ungewiss
- **Jahreszeit:** Sommer bis Herbst
- **Lebensraum:** unter Nadelbäumen, auf dem Boden oder auf morschem Holz
- **Verbreitung:** in Europa und Nordamerika verbreitet, im Gebirge ziemlich häufig

IRRUNGEN UND WIRRUNGEN

Wie viele der seltsam aussehenden und einzigartigen Pilze hat auch der Rote Gallerttrichter für Kopfzerbrechen bei Mykologen und Taxonomen gesorgt. 1778 wurde er zuerst in der Gattung *Tremella* beschrieben. Tatsächlich teilt er mit den echten Zitterlingen (siehe Kasten) die gallertartige Konsistenz. Anschließend wurden die Gallerttrichter nacheinander in drei verschiedenen Gattungen platziert, darunter in *Guepinia*, bevor sie schließlich in der Gattung *Tremiscus* landeten! Letztere verdankt ihren Namen derselben lateinischen Wurzel wie die Gattung *Tremella*, nämlich dem Wortstamm des Verbs *tremere* = zittern, der sich auf die gallertartige Konsistenz all dieser Pilze bezieht. Die Engländer, große Puddingliebhaber, konnten bei diesem Pilz nicht gleichgültig bleiben. Sie gaben ihm den klangvollen Namen *Apricot Jelly Mushroom*! Die Irrungen und Wirrungen des Roten Gallerttrichters sind mittlerweile vorüber, da molekularbiologische Analysen seine verwandtschaftliche Nähe zum erstaunlichen **Zitterzahn** (*Pseudohydnum gelatinosum*, S. 186) bestätigten.

GELATINE GEGEN AUSTROCKNUNG

Es gibt eine Reihe von gallertigen Pilzen wie den Roten Gallerttrichter. Sein Fruchtkörper sieht aus wie ein einseitig eingeschnittener Trichter. Das ihn bildende Hyphengeflecht hat die Fähigkeit, Wasser einzulagern, garantiert damit den Zusammenhalt der Zellen und befähigt ihn, Trockenperioden besser zu überstehen als andere Pilze. Diese Gelbildung allerdings erschwert dem Mykologen die Arbeit am Mikroskop, denn die Farbstoffe, die zur Einfärbung der im natürlichen Zustand farblosen Zellfäden verwendet werden, haben große Schwierigkeiten, die Gelschicht zu durchdringen, um in die Zellen zu gelangen. Und ein nicht sachgerecht eingefärbtes Präparat ist sehr schwierig zu interpretieren!

Die faszinierende Welt der Zitterlinge

Einige echte, weitverbreitete Zitterlinge verdienen es, hier erwähnt zu werden, denn sie gehören im Allgemeinen zu den Gallertpilzen. Der ***Gelbe Schichtpilz-Zitterling*** *(Tremella aurantia) lebt parasitär auf einem anderen, weitverbreiteten Pilz, dem* ***Striegeligen Schichtpilz*** *(Stereum hirsutum) mit bandartig ausgebreiteten, an der Oberseite filzigen und an der Unterseite glatten sogenannten Pseudohütchen mit welligen Rändern. Bei ausreichender Luftfeuchtigkeit bildet der Zitterling kleine gallertige, lebhaft orangegelbe, leicht sichtbare und bestimmbare Schwämme. In Trockenzeiten zieht er sich vollkommen zusammen und nimmt die Gestalt einer braunorangen, sehr zähen Kruste an.*

Bei nassem Wetter zeigt der Gelbe Schichtpilz-Zitterling (Tremella aurantia) *das typische Bild einer wellig-krausigen, gelborangen, gallertartigen Masse.*

Tremiscus
helvelloides
(de Candolle) Donk
Fruchtkörper:
bis zu 15 cm hoch
Stiel: kurz und in
Verlängerung des Hutes

Gemeine Haarzunge

ohne kulinarischen Wert

Haare auf der Zunge

Die Haarzungen sind seltsame Schlauchpilze (Ascomyzeten), die an bräunliche oder schwärzliche, unregelmäßig geformte, aufrecht über dem Boden ausgestreckte Zungen erinnern. Der Name der Familie Geoglossaceae (Erdzungenartige) leitet sich vom griechischen *gê* = Erde und *glossa* = Zunge, wörtlich also Erdzunge ab. Die Gemeine Haarzunge gehört zur Gattung *Trichoglossum* (griechisch *trikhos* = Haar). *Hirsutum*, abgeleitet vom lateinischen *hirsutus*, bedeutet struppig, rauhaarig. Diese Kombination ergibt den wissenschaftlichen Namen des Pilzes und weist auf das typische Merkmal hin, das mithilfe einer guten Lupe deutlich erkennbar ist: Dünne, steife und schwarze Borstenhaare überziehen den gesamten Stiel. Daher auch der deutsche Trivialname Haarzunge.

- **Familie:** Geoglossaceae
- **Jahreszeit:** Sommer bis Herbst
- **Lebensraum:** Feuchtwiesen, lichte Moorbiotope, manchmal auf Torfmoosen
- **Verbreitung:** Europa und Nordamerika, zerstreut und in Mitteleuropa regional gefährdet

Selten und vom Aussterben bedroht

Die Gemeine Haarzunge gilt in Mittel- und Westeuropa als sehr seltene Spezies und steht in mehreren Ländern auf der Roten Liste stark bedrohter Arten. Ursache ist die Tatsache, dass diese Art vor allem vom starken Rückgang ihrer Lebensräume betroffen ist. Dazu gehören Feucht- und Moorwiesen und vor allem Hochmoore. In Letzteren ist die Haarzunge herkömmlicherweise sehr häufig vertreten, doch diese sind, überwiegend durch Trockenlegungen, verschwunden. Die empfindlichen Biotope sind der letzte Zufluchtsort unzähliger Arten, müssen aber intensiveren, wirtschaftlich orientierten Landnutzungsformen weichen oder sind durch Schadstoffeintrag gefährdet.

Die Roten Listen der Pilze

Die nationale Bestandsaufnahme und Kartierung der Pilze in Frankreich, die im Frühjahr 1990 gestartet worden war, ist erfolgreich verlaufen. Ziel war es, eine Liste der auf französischem Territorium vorhandenen, Pilzarten und für jedermann zugängliche Verbreitungskarten anzufertigen. Angesichts des beträchtlichen Arbeitsaufwandes und trotz Beteiligung fast aller französischen Mykologen ist dieses große nationale Abenteuer nicht beendet. Die offiziellen Listen sind noch in Bearbeitung. Jedenfalls ist die Erstellung einer Roten Liste der gefährdeten Pilze für verschiedene Regionen dadurch möglich geworden. Für etliche europäische Länder sind ähnliche Listen in Bearbeitung. Manche wurden bereits fertiggestellt. Sie sind jedoch in Aussagekraft, Qualität und in ihrer rechtlichen und politischen Verbindlichkeit unterschiedlich zu bewerten.

Die beiden Erdzungen (hier Geoglossum fallax, *rechts und* Geoglossum cookeianum, *oben) lassen sich nur anhand mikroskopisch sichtbarer Merkmale sicher identifizieren.*

Andere Erdzungen

Geoglossum cookeianum ist leicht bräunlich und hat eine leicht abgeflachte Keulenform. Dieser Pilz ist trotz seiner Seltenheit noch die am häufigsten vertretene Geoglossum-Art und gedeiht in vermoosten Wiesen und am Wegesrand auf sandigen Böden. Geoglossum fallax ist ohne Mikroskop von der Spezies cookeianum kaum zu unterscheiden. Lediglich die Form der Sporen oder der Paraphysen (bilden gemeinsam mit den Aszi das Hymenium, die Fruchtschicht) variiert deutlich. Was die Bestimmung noch schwieriger macht, ist die Angewohnheit der Erdzungenarten, in gemischten Gruppen zu wachsen.

Trichoglossum hirsutum
(Persoon) Boudier
Gestalt: Keulenform mit einer
Höhe bis zu 8 cm
Stieldurchmesser: 0,2 bis 0,4 cm

Orangeroter Ritterling

ohne kulinarischen Wert

Selten und schön

Der Orangerote Ritterling gehört zu den Pilzen, die in weiten Teilen Mittel- und Westeuropas, wenn überhaupt, nur selten anzutreffen sind. Lokal soll er in bestimmten Nadelwäldern, z. B. in Süddeutschland oder der Mittelmeerregion, reichlicher auftreten. Er scheint den Unterstand von Kiefern auf kalkhaltigen Böden zu bevorzugen, tritt aber gelegentlich auch in Laubwäldern auf. Er ist an seinem schleimigen, bei nasser Witterung gelborangen oder leuchtend orangeroten Hut, weißlichen Lamellen und orangefarben genattertem Stiel leicht zu erkennen. Dieses rhythmische Farbmuster endet abrupt unterhalb der Lamellen. Sein bitteres Fleisch verbreitet einen intensiven Gurkengeruch. Junge, sehr frische Exemplare produzieren bernsteinfarbene Guttationströpfchen am Hutrand und an der Stielbasis.

- **Familie:** Tricholomataceae
- **Jahreszeit:** Herbst
- **Lebensraum:** unter Kiefern und Tannen, gelegentlich unter Laubholz, auf Kalkböden
- **Verbreitung:** Europa und Nordamerika, verstreut und selten in Frankreich, eher im mediterranen Raum

Ziemlich einfach zu erkennen

Ritterlinge sind robuste Pilze mit festem Fleisch und weißen bis grauweißlichen Lamellen. Es gibt etwa hundert »echte« Ritterlingsarten der Gattung *Tricholoma* in Europa. Mit ein wenig Erfahrung bereitet die Bestimmung dieser Pilze kaum Probleme. Bis auf wenige Ausnahmen unterscheiden sich die verschiedenen Arten deutlich voneinander: Sie sind mittelgroß bis groß, ziemlich fleischig, und die ausgebuchteten Lamellen entwickeln weiße Sporen. Diese Lamellen stoßen in einem rechten oder fast rechten Winkel an den Stiel. Statt jedoch mit ihrer gesamten Länge anzuwachsen, bilden sie eine kleine, gattungstypische Einbuchtung. Alle Ritterlinge sind Mykorrhizapilze (das heißt, das Myzel vermischt sich innig mit den Wurzeln ihrer Wirtspflanzen). Wir finden sie daher nur im Wald oder zumindest in der Nähe von Bäumen.

Der Brandige Ritterling

Der **Brandige Ritterling** (*Tricholoma ustale*, unten) ist dem Orangeroten Ritterling ähnlich und kommt immer noch relativ häufig vor. Sein Hut ist ebenfalls schleimig, jedoch nie so leuchtend gefärbt wie der des Orangeroten Ritterlings, sondern ockerbraun bis kastanienbraun. Im Gegensatz zum Orangeroten Ritterling zeigt sein Stiel keine deutliche Grenze zwischen dem gefärbten Sockel und dem weißlichen Stielende unterhalb des Hutes. Sein fast geruchloses Fleisch ist wegen seines erdig-bitteren Geschmacks nicht genießbar.

Eine haarige Angelegenheit

Der berühmte Mykologe Elias Fries schlug 1818 den Gattungsnamen Tricholoma vor, der sich aus dem griechischen trikhos = Haar und loma = Saum, Rand zusammensetzt. Die Tricholoma sind daher Pilze, deren Hutränder mit feinem Haar besetzt sind. Man kann allerdings kaum behaupten, dass dieses Merkmal am Orangeroten Ritterling sehr auffällig sei! Doch es stimmt, dass viele Vertreter der Gattung Tricholoma am Hutsaum Fasern oder Zotteln aufweisen. Gelegentlich ist sogar die gesamte Hutoberseite damit bedeckt, wie beim ***Krokodilritterling*** *(Tricholoma caligatum,* *S. 228**) oder dem* ***Bärtigen Ritterling*** *(Tricholoma vaccinum).*

Der Brandige Ritterling (Tricholoma ustale, *oben*) *und der Bärtige Ritterling* (Tricholoma vaccinum, *unten*)

Tricholoma aurantium
(Schäffer: Fries) Ricken
Hutdurchmesser: bis zu 12 cm
Stielhöhe: 5–10 cm
Stieldurchmesser: 1–2 cm

Kiefernwald-Grünling

Kein »ritterlicher« Ritter

Im Südwesten Frankreichs wird der Kiefernwald-Grünling Bidaou, Jaunet oder Chevalier (Ritter) genannt und wurde noch bis vor Kurzem, wie im übrigen Europa, als guter Speisepilz geschätzt. Er ist ein Pilz mit gelblichem bis grünlich gelbem Hut und, bei Sonneneinstrahlung, leicht bräunlichem oder rötlichem Einschlag. Seine eng stehenden Lamellen sind zitronengelb bis schwefelgelb und setzen weiße Sporen frei. Sein Stiel ist faserig und dezenter gelb getönt als die Lamellen. Das weiße, schmackhafte Fleisch mit leicht nussigem Aroma ist fest und dick und riecht mehlig. Er ist seit dem Mittelalter für seine kulinarischen Qualitäten bekannt und dem Anschein nach ein ausgezeichneter Speisepilz. Erst seit jüngster Zeit ist klar, dass der Kiefernwald-Grünling ein schreckliches Geheimnis in sich birgt.

- **Familie:** Tricholomataceae
- **Jahreszeit:** Herbst
- **Lebensraum:** meist unter Kiefern auf sandigen Böden, selten unter Pappeln und anderen Laubgehölzen
- **Verbreitung:** Europa und Nordamerika, sehr häufig in Frankreich, in Deutschland seltener

Gefahr im Verzug!

Zwischen 1992 und 2000 verzeichnete die Giftnotrufzentrale von Bordeaux zwölf schwere Vergiftungen, von denen drei tödlich endeten. Alle Opfer hatten den Kiefernwald-Grünling verzehrt, den sie alle seit Jahren immer wieder beschwerdefrei genossen hatten! Zwei weitere tödliche Fälle, die eindeutig auf diesen Pilz zurückzuführen waren, wurden 2002 in Polen registriert. Die Nachricht schockierte Mykologen wie Pilzfreunde gleichermaßen. Die bis dahin bekannten Fälle von Vergiftungen mit Todesfolge in Frankreich waren stets auf eine Verwechslung des Kiefernwald-Grünlings mit einer seltenen Form des **Knollenblätterpilzes** (S. 32) zurückzuführen gewesen, die in den Dünen unter den Kiefern wächst. Doch dieses Mal waren bisher völlig unbekannte Symptome aufgetreten. Das Gift greift offenbar massiv die Muskulatur an, wird als das ›Tricholoma-equestre-Syndrom‹ oder ›Rhabdomyolyse‹ bezeichnet und führt zum Zerfall des quer gestreiften Muskelgewebes – der Bewegungsapparat, das Zwerchfell und das Herz sind betroffen. Diese Symptome scheinen nur bei übermäßigem oder bei wiederholtem Verzehr des Grünlings aufzutreten – das heißt bei 150 Gramm oder mehr vom frischen Pilz oder nach drei bis sechs aufeinanderfolgenden Mahlzeiten. Seit 2004 ist der Verkauf des Kiefernwald-Grünlings in Frankreich, Deutschland und anderen Ländern verboten.

Alles in Maßen

Der Kiefernwald-Grünling ist nicht der einzige früher als Speisepilz eingestufte Pilz, der heute als tödlich giftig gebrandmarkt ist: Der ***Samtfußkrempling*** *(Tapinella atrotomentosa, S. 218) und die* ***Hohe Morchel*** *(Morchella elata, S. 154) sind bereits diesbezüglich ins Gerede gekommen. Toxikologen sind im Übrigen überzeugt, dass wir es in den kommenden Jahren noch mehrfach erleben werden, dass sich als essbar qualifizierte Pilze nach weiteren Untersuchungen doch als toxisch erweisen. Daher sollten wir vor allem die Grundregel beherzigen, Wildpilze stets nur in kleinen Mengen und niemals in mehreren, aufeinanderfolgenden Mahlzeiten zu uns zu nehmen.*

Der Schwefelritterling

Mehrere Ritterlinge könnten mit dem Kiefernwald-Grünling verwechselt werden. Der **Schwefelritterling** (*Tricholoma sulfureum*, unten) ist wahrscheinlich der weitaus häufigste dieser Gruppe. Er wächst fast überall im Laubwald. Sein Hut, sein Stiel und die Lamellen sind typisch schwefelgelb. Ein deutliches Unterscheidungsmerkmal ist jedoch sein starker Geruch, den Mykologen mit dem Geruch von Leuchtgas vergleichen. Für die Jüngeren unter uns riecht er vermutlich eher nach verbrannten Federn. Dieser Pilz ist ungenießbar.

Der Schwefelritterling (Tricholoma sulfureum) kann mit dem Kiefernwald-Grünling verwechselt werden. Er ist ungenießbar, und schon sein unangenehmer Geruch schreckt jeden Gourmet ab.

Tricholoma auratum
(Paulet) Gillet
Hutdurchmesser: bis zu 15 cm
Stielhöhe: 5-10 cm
Stieldurchmesser: 1-3 cm

Krokodilritterling

genießbar

Ein gestiefelter Ritter

Die Chance, je einen Krokodilritterling zu finden, ist gering, denn er ist in unseren Breiten sehr selten und vielfach vom Aussterben bedroht. Sollten Sie allerdings in den Süden Frankreichs reisen und in Kiefernwäldern spazieren gehen, stoßen Sie vielleicht mit viel Glück auf diesen hübschen Pilz: Sein Hut ist mit flauschigen, kastanienbraunen Schuppen auf weißlichem Grund bedeckt, seine weißen, später cremefarbenen und dicht stehenden Lamellen sind ausgebuchtet, und sein Stiel ist unterhalb des aufsteigenden, häutigen Ringes – daher auch der zweite Name »Aufsteigendberingter Ritterling« – mit braunen Schuppen wie »gestiefelt«, die ein gezontes bis genattertes Muster erzeugen. Oberhalb des Ringes ist der weiße Stiel warzig. Das Fleisch riecht seltsam obst-, später chlorartig.

- **Familie:** Tricholomataceae
- **Jahreszeit:** Herbst
- **Lebensraum:** unter Kiefern, eher auf Kalkböden
- **Vorkommen:** gemäßigte bis wärmere Regionen der nördlichen Hemisphäre, sehr selten

Matsutake, ein Geschenk für Japaner

Es gibt noch weitere gestiefelte Ritterlinge in Europa, aber nur der **Matsutake** (*Tricholoma matsutake*, Bild unten) ähnelt dem Krokodilritterling deutlich. Wie Letzterer wächst er nur unter Kiefern, und sein Fleisch ist ebenfalls aromatisch. Der Unterschied liegt in der Färbung. Hut- und Stielschuppen des Matsutake sind matttabakbraun und relativ blass im Vergleich zu den fast schwarzbraunen Schuppen des Krokodilritterlings, der übrigens auch in Asien verbreitet ist. Der aus Japan stammende Begriff *matsutake* bedeutet Kiefernpilz (japanisch *matsu* = Kiefer, *take* = Pilz). Er ist dort so beliebt, dass die Nachfrage das Angebot deutlich übersteigt. (Die jährliche Ernte beläuft sich auf gerade mal 1000 Tonnen). Dementsprechend werden für Frischware bis zu 1500 Euro pro Kilo geboten! *Tricholoma matsutake* wird auch in der koreanischen Küche verwendet. Sein geradezu betäubender Duft und kräftiger Geschmack scheinen jedoch dem europäischen Geschmacksempfinden zuwiderzulaufen.

Der falsche amerikanische Freund

Auch wenn der Preis der nach Japan exportierten Matsutake geringer ist, als der der dort gewachsenen Wildpilze, ist die Nachfrage nach diesem Pilz im Land der aufgehenden Sonne so groß, dass einige Unternehmer in den USA auf die Idee kamen, ihre lokale Ernte zu exportieren. Neue molekulare Untersuchungen haben jedoch leider ergeben, dass ein Teil der amerikanischen Matsutake (in diesem Fall die im Westen und Süden der Vereinigten Staaten gefundenen Pilze) nicht der gleichen Art angehören wie die asiatischen Matsutake. Dagegen gehört der in Europa vorkommende ›Schwedische Matsutake‹ ***(Tricholoma nauseosum)*** allem Anschein nach zur gleichen Art, wie der berühmte japanische Pilz!

Die Japaner verwenden Masutake (Tricholoma matsutake) *zur geschmacklichen Verfeinerung von Reisgerichten und Suppen. Zum Ausgleich des Rückganges der eigenen Ernten importiert Japan ein stattliches Kontingent aus den USA.*

Der Schmuck der Pilze

Einige Pilze tragen über dem Stiel eine Art mehr oder weniger ausgeprägten »Stiefel« oder Überzug. Dieser wird im Allgemeinen von den Mykologen als Armilla = Reif bezeichnet. Diesem typischen Merkmal hat im Übrigen die Gattung der Wulstlinge (Armillaria, S. 36) ihre Bezeichnung zu verdanken. Andere Pilze, wie unser Ritterling, haben in ihrem Namen das Artepitheton caligatus, das vom lateinischen caliga (= Schuh eines römischen Soldaten) oder von dem Adjektiv caligatus (= mit Riemenstiefeln bekleidet) herrührt, womit illustriert wird, dass sich die Armilla in gürtelartige Zonen auflöst. Einigen Autoren wissenschaftlicher Namen erschien der Ausdruck cingulatus (= beringt, gegürtelt) treffender.

Tricholoma
caligatum
(Viviani) Ricken
Hutdurchmesser:
bis zu 15 cm
Stielhöhe: 5–12 cm
Stieldurchmesser:
1–3 cm

Tigerritterling

sehr giftig

DER »KLEINE GRAUE«

Ein Flachländer, gewohnt, die kleinen grauen Erdritterlinge (siehe unten) zu verspeisen, könnte beim Urlaub in den Bergen plötzlich ein Déjà-vu-Erlebnis haben. Denn in einem der schönen Berg-Buchen-Fichten-wälder stößt er vielleicht auf ein Prachtexemplar jener Kleinen, die einen grauen, mit Schuppen bedeckten Hut tragen und manchmal ungleichmäßig, zuweilen mehr oder weniger in konzentrischen Ringen angeordnet sind. Der keulige Stiel ist dick. Die weißlichen Lamellen schimmern grünlich, was dem Pilz einen düsteren Gesamteindruck verleiht – etwas, das man vom kleinen Grauen nicht behaupten kann. Der wenig ausgeprägte Fleischgeruch junger Exemplare wird später leicht unangenehm. Argwohn erregt der appetitlich aussehende Pilz nicht. Nichts weist darauf hin, dass der sehr große kleine Graue keinesfalls in die Pfanne wandern darf: Denn er ist der hochgiftige Tigerritterling!

- **Familie:** Tricholomataceae
- **Jahreszeit:** Sommer bis Herbst
- **Lebensraum:** unter Buchen und Tannen auf Kalkböden
- **Vorkommen:** gemäßigte Regionen der nördlichen Hemisphäre, selten, häufiger im Gebirge

EIN HOCHGIFTIGER PILZ!

Aber dann … ein bis zwei Stunden nach dem Essen sind die Feriengäste nicht mehr so gut in Form und werden es auch so schnell nicht wieder sein. Starke Magenschmerzen, Übelkeit, Erbrechen, übel riechender Durchfall und Krämpfe: das klinische Bild einer Vergiftung durch den Tigerritterling und eine schwere Form des sog. gastrointestinalen Syndroms, auch als resinoides Syndrom bekannt. Wichtig ist, dass keine Medikamente verabreicht werden dürfen. Und die Moral der aus dem Leben gegriffenen Geschichte: Man sollte nie Pilze essen, die nicht eindeutig bestimmbar sind, ohne vorher einen qualifizierten Pilzexperten konsultiert zu haben. Das Risiko für unerfahrene Pilzsammler ist auch deshalb hoch, da noch ein essbarer Pilz als Kleiner Tannengrauer oder kurz Kleiner Grauer bezeichnet wird: der Nebelgraue Trichterling oder die **Nebelkappe** (*Lepista nebularis*, S. 138).

ZU VIELE KLEINE GRAUE

Der französische Name »Kleiner Grauer« sagt einem Pilzexperten entweder nichts oder lässt ihn an zu viele Pilze denken. Normalerweise müsste er schmackhaften Ritterlingen aus der Gruppe des **Erdritterlings** (*Tricholoma terreum*) vorbehalten sein, die bereits fünf Arten enthält. Dennoch wird der Name in vielen Regionen für unzählige andere Pilze verwendet.

Der Erdritterling
(Tricholoma terreum)

Verwechslung möglich

*Am häufigsten wird der Tigerritterling mit dem **Erdritterling** (Tricholoma terreum) verwechselt. Dabei ist die Ähnlichkeit eigentlich nicht sehr groß: Sein schuppiger und filziger Hut erreicht nur knapp einen Durchmesser von 8 cm, ist einheitlich dunkelgrau gefärbt, seine weißen Lamellen sind blassgrau getönt, und sein Fleisch ist vollkommen geruchlos. Er ist sehr schmackhaft und wächst zum Herbstende/Anfang Winter nur unter Kiefern. Aber es gibt auch eine dem Tigerritterling sehr ähnliche und ebenso giftige Art. Der **Faserige Tigerritterling** (Tricholoma filamentosum) hat einen Hut ohne oder fast ohne Schuppen, was das Verwechslungsrisiko noch erhöht. Die grünlichen oder blaugrünen Lamellen der giftigen Ritterlinge jedenfalls sind ein deutliches Erkennungsmerkmal.*

Tricholoma pardinum

(Persoon) Quélet

Hutdurchmesser: bis zu 15 cm

Stielhöhe: 5–10 cm

Stieldurchmesser: 2–4 cm

Herbsttrüffel

genießbar

Die gängigste Trüffel

Wunderbare Trüffeln! Es gibt mehrere Arten in Europa, wobei wir uns nur auf die echten Trüffeln aus der Gattung *Tuber* beschränken. Die Herbsttrüffel ist vermutlich die häufigste europäische Trüffel. Sie bildet mehr oder weniger regelmäßige »Knollen« im Boden aus, deren Peridienoberfläche von groben, polygonalen, höckerigen Warzen bedeckt ist. Wird der Pilz halbiert, zeigt er dunkles, gelblich braunes Fleisch, das mit feinen weißen »Venen« durchzogen ist und ein angenehmes, kräftiges Aroma verbreitet. Die Herbsttrüffel wird von Oktober bis Dezember gesammelt.

- **Familie:** Tuberaceae
- **Jahreszeit:** Herbst
- **Lebensraum:** unterirdisch, in Symbiose mit verschiedenen Bäumen
- **Verbreitung:** Europa in Frankreich und Italien verbreiteter, sonst sehr selten

Herbsttrüffel gegen Sommertrüffel

Die **Sommertrüffel** *(Tuber aestivum)* ähnelt der Herbsttrüffel, hat jedoch blasses, nur schwach duftendes Fleisch und wächst, wie ihr Name verrät, in den Sommermonaten von Juni bis August. Handelt es sich um ein und dieselbe Art? Einige Mykologen sind der Ansicht, diese Trüffel sei lediglich die unreife Version der … Herbsttrüffel, was jüngste Molekularanalysen zu bestätigen scheinen. Wieder andere argumentieren zu Recht, dass die Unterschiede auf der Hand lägen und man niemals Herbsttrüffeln an Plätzen finde, wo Sommertrüffeln wachsen und umgekehrt …

Trüffeln zu jedem Preis

Die **Piemont-** oder **Alba-Trüffel** *(Tuber magnatum)* mit schmutzig weißer bis beigefarbener, glatter Peridienoberfläche riecht sehr stark nach Knoblauch und bricht stets alle Rekorde! 2007 wurde ein Exemplar von 1,5 kg an einen chinesischen Milliardär für über 225.000 Euro verkauft! Die berühmte und nach ihrem Fundort benannte **Périgord-Trüffel** oder **Schwarze Trüffel** *(Tuber melanosporum)* hat schwarzes Fleisch mit weißen Venen und ist offenbar auch als Aphrodisiakum begehrt. Das liegt vor allem an ihrem Geruch, der das Pheromon Androstenol enthält, das mit jugendlicher Fruchtbarkeit assoziiert wird. Je nach Jahr bewegt sich der Preis des »schwarzen Goldes« oder »des Diamanten des Périgord« zwischen 1000 und 1500 Euro pro Kilo. Weniger bekannt ist die **Mäandertrüffel** (*Choiromyces meandriformis*, Bild unten). Sie ist eine große, weiße Trüffel, die mehr von Wildschweinen (daher ihr französischer Name Schweinetrüffel) als von Menschen geschätzt wird, obwohl man sie in einigen osteuropäischen und skandinavischen Ländern verzehrt. Ihr weißliches bis gelbliches Fleisch riecht sehr stark und eher unangenehm.

Die bis zu 15 cm große Mäandertrüffel (Choiromyces meandriformis) *ist von den Mittelgebirgen bis zum Voralpenland verbreitet. Im Gegensatz zu den echten Trüffeln* (Tuber) *behält sie getrocknet ihren Geruch und Geschmack. Das feste Fleisch zeigt mäanderförmige Windungen. Wie die echten Trüffeln ist auch sie geschützt.*

Gefahr aus China

Seit einigen Jahren wird auf dem europäischen Markt auch eine asiatische Trüffel gehandelt, die ***Chinesische Trüffel*** *(Tuber indicum). Sie ist weniger aromatisch als ihre europäische Verwandte und wird, so hofft man, ehrlicherweise billiger verkauft. Allerdings kann man sie aufgrund ihrer Ähnlichkeit ohne Weiteres in einen Korb Schwarze Trüffeln schmuggeln und zum selben Preis verkaufen. Das Hauptproblem jedoch ist ökologischer Natur: Die Schwarze Trüffel ist eine wenig konkurrenzfähige Art. Ihre in Symbiose mit Bäumen gebildete Mykorrhiza lässt sich leicht von anderen, aggressiveren Pilzen verdrängen … wie von der Chinesischen Trüffel, die sich allmählich in Europa, und vor allem in Italien, etabliert.*

Tuber uncinatum
Chatin
Gestalt: rundlich oder kartoffelförmig
Durchmesser: bis zu 10 cm und mehr

Gallenröhrling

ungenießbar

- **Familie:** Boletaceae
- **Jahreszeit:** Herbst
- **Lebensraum:** unter Nadel- und Laubgehölzen, oft auf morschen Baumstümpfen, auf sauren Böden
- **Verbreitung:** Europa und Nordamerika, häufig

»Bittere« Enttäuschung

Der Gallenröhrling ist zwar nicht giftig, aber schon ein einziges Exemplar genügt, um eine komplette Mahlzeit so zu verderben, dass sie mit Sicherheit im Abfalleimer landet! Mit seinem samtig kastanienbraunen, leicht oliv getönten Hut, seinen weißlichen, später weißlich rosa Röhren, und einem Stiel mit deutlich erhabenem, dunklem Netzmuster auf hellem olivbraunem Grund sollte dieser Röhrenpilz, auch Bitterpilz oder Rosspilz genannt, eigentlich kaum zu verwechseln sein. Dennoch hört man alljährlich Geschichten über unerträglich bittere ›Steinpilze‹. Besonders junge Gallenröhrlinge können durchaus mit dem **Fichtensteinpilz** (*Boletus edulis*, S. 42) und dem **Sommersteinpilz** (*Boletus aestivalis*), gelegentlich sogar mit dem **Maronenröhrling** (*Xerocomus badius*) verwechselt werden, lässt man keine Vorsicht walten. Im Zweifelsfall kann man ein kleines Hutstück probieren und ausspucken. Oft reicht schon ein Lecktest um nicht »bitter« enttäuscht zu werden.

Irrtum ausgeschlossen

Der **Maronenröhrling** (*Xerocomus badius*, Bild unten) ist ein wohlschmeckender Pilz mit einer dunkelbraunen bis kastanienroten Kappe, die bei nassem Wetter oft etwas schmierig, bei trockenem Wetter feinfilzig ist. Die Röhren sind zunächst weißlich, nehmen später eine gelbolive Farbtönung an. Der Stiel ist hellgelbbraun und auf seiner gesamten Länge mit braunen Längsfasern überzogen. Ein netzartiges Muster fehlt! Darüber hinaus blaut die Röhrenschicht schnell und schon beim geringsten Druck! Alle diese Merkmale dürften genügen, um eine Verwechslung mit dem Gallenröhrling auszuschließen. Für eine Unterscheidung vom **Steinpilz** siehe Seite 48.

Der Maronenröhrling (Xerocomus badius) *ist ein guter Speisepilz, der gelegentlich mit jungen Gallenröhrlingen verwechselt wird.*

Medizinisches Potenzial

Pilze sind potenziell eine schier unerschöpfliche Quelle für aktive Substanzen, die erst nach und nach erforscht werden. Allerdings ist der Weg noch weit, bis diese in der Medizin zur Anwendung kommen können. Aus der Myzelkultur des Gallenröhrlings haben Wissenschaftler lange Zuckermoleküle (Polysaccharide) isoliert, die sich bei Mäusen als hochwirksame Hemmstoffe bei Magen-Darm-Tumoren erwiesen. Außerdem wirken gefriergetrocknete Extrakte dieses Pilzes, die Mäusen injiziert wurden, als stark entzündungshemmend bei Ödemen.

Er ist und bleibt ein *Tylopilus*

Weltweit existieren mehr als hundert Arten der Gattung *Tylopilus*, doch der Gallenröhrling ist der einzige europäische Vertreter. Neuere Studien haben ergeben, dass einige Arten, die dieser Gattung zugeordnet waren, tatsächlich keine engen Verwandtschaftsbeziehungen zu den restlichen Gallenröhrlingen haben. Die Gattung *Tylopilus* wird daher voraussichtlich in den kommenden Jahren auf mehrere Gattungen aufgeteilt werden, wie schon bei anderen Pilzgruppen geschehen (z. B. Tintlinge, *Coprinus*, S. 58). Am lateinischen Namen des europäischen Gallenröhrlings wird sich allerdings nichts ändern, da diese Art bestimmt wurde, die Gattung *Tylopilus* zu charakterisieren, das heißt, sie ist Typusart bzw. Typusspezies der Gattung. So bleibt *Tylopilus felleus* unabhängig von künftigen taxonomischen Änderungen der Pilze *Tylopilus felleus*.

Tylopilus felleus
(Bulliard: Fries)
P.A. Karsten
Hutdurchmesser:
bis zu 15 cm
Stielhöhe: 3-15 cm
Stieldurchmesser: 1,5-4 cm

Großer Scheidling

genießbar

Eine dunkle Form des Großen Scheidlings

- **Familie:** Pluteaceae
- **Jahreszeit:** Sommer und Herbst
- **Lebensraum:** im Gras, oft auf gedüngten Feldern, manchmal auf Kompost
- **Verbreitung:** weltweit, verstreut und verbreitet

Hübsche Scheidlinge

Typisch für die Gattung der Scheidlinge sind rosafarbene Sporen, die auch die Rosatönung der Lamellen bestimmen, und ein Stiel, der in einer häutigen Scheide oder Volva steckt. Der Große Scheidling ist dabei keine Ausnahme und gleichzeitig der größte Scheidling unserer Breiten. Man erkennt ihn an seinem einheitlich graubraunen, manchmal wesentlich dunkleren Hut (Bild oben), der bei nasser Witterung klebrig wird und bei trockenem Wetter glänzt. Meistens wächst er auf gedüngten Wiesen und gepflügtem Ackerland. Der **Wollige Scheidling** *(Volvariella bombycina)* übertrifft ihn gelegentlich minimal an Größe, ist dafür ausgesprochen selten, hat einen mit feinen, weißen Haaren bedeckten Hut und wächst auf Holz.

Vorsicht, Wulstling!

Wie oft bei Pilzen sollte man nichts überstürzen. Scheidlinge ähneln Wulstlingen, unterscheiden sich (unter anderem) jedoch durch die weiße Farbe ihrer Blätter. Sicher haben einige Wulstlinge ohne Ring, aber mit gut ausgebildeter, häutiger Volva manchmal Lamellen, die leicht ins Rosa gehen. Dies ist der Fall beim **Silbergrauen Scheidenstreifling** *(Amanita mairei)*, der häufig unter Kiefern und gelegentlich in Dünenbereichen gedeiht, in denen einige dieser Bäume überleben. Wie soll man also unter diesen Umständen zwischen Scheidlingen und Wulstlingen unterscheiden? Die Sporen der Wulstlinge sind immer weiß, während die Scheidlingssporen rosa gefärbt sind. Im Zweifelsfall ist es ratsam, einen Sporenabdruck (Pilzkappen flach auf ein weißes Blatt Papier legen) anzufertigen! Außerdem sind Wulstlinge Mykorrhizapilze. Sie wachsen immer in der Nähe von Bäumen, mit denen sie Nährstoffe und Wasser zu beiderseitigem Nutzen austauschen. Scheidlinge dagegen sind Saprophyten, ernähren sich von verrottenden, organischen Stoffen und wachsen in unterschiedlichen Lebensräumen.

Der Parasitische Scheidling

Manchmal trifft man auf den kleinen, erstaunlichen **Parasitischen Scheidling** *(Volvariella surrecta)*, der auf alten, faulenden Pilzen, bevorzugt auf dem **Nebelgrauen Trichterling** (*Lepista nebularis*, S. 138) wächst! Ein seltsamer Anblick, wenn mitten aus dem Hut dieser großen Pilze ein oder ein ganzes Büschel des Parasitischen Scheidlings sprießt! Mit seinem seidigen, weißen Hut, seinen weißlich rosa Lamellen und weißer Scheide ist er unverwechselbar.

Eine ökologische Kultur

*Der enge Verwandte des Großen Scheidlings, der **Strohpilz**, **Reisstrohpilz** oder **Schwarzstreifige Scheidling** (Volvariella volvacea), wird in Asien sehr geschätzt. Sie haben ihn sicher schon in bestimmten chinesischen oder vietnamesischen Gerichten gegessen. Er wird auf Stroh gezüchtet und sehr jung, das heißt, kaum dass er seiner häutigen Scheide entwachsen ist, geerntet. In den Baumwolle produzierenden Ländern kultiviert man ihn auch auf Produktionsresten und recycelt diese damit sinnvoll zur Herstellung wertvoller Proteine für den Menschen.*

Der Silbergraue Scheidenstreifling (Amanita mairei) *hat keinen Ring, cremefarbene, leicht rosa überhauchte Lamellen und kann mit Scheidlingen verwechselt werden. Roh ist er giftig.*

Volvariella gloiocephala

(de Candolle: Fries) Boekhout & Enderle

Hutdurchmesser: bis zu 15 cm

Stielhöhe: 5-20 cm

Stieldurchmesser: 1,5-2 cm

Ziegenlippe

ohne kulinarischen Wert

- **Familie:** Boletaceae
- **Jahreszeit:** Herbst
- **Lebensraum:** unter verschiedenen Laubgehölzen
- **Verbreitung:** Europa, verbreitet

Erstaunliche Farbenvielfalt

Die Ziegenlippe ist sowohl einer der häufigsten und paradoxerweise auch einer jener Pilze, die die größten Probleme bei der Bestimmung bereiten. Von einer Pilzlese zur nächsten kann das Farbspektrum des Hutes von blassem Gelblichbraun bis dunklem Kastanienrot reichen, gelegentlich eingemischt mit purpurrötlichen bis mahagonibraunen, teilweise auch hellzitronengelben Farbtönen! Der Stiel kann glatt sein oder ein deutliches Netzrelief aufweisen. Wie bei vielen seiner Artgenossen ist die Fleischfarbe trotz aller unterschiedlichen Erscheinungsformen eines der sichersten Bestimmungskriterien: Ein Anschnitt zeigt ein mehr oder weniger gelbes Fleisch, in der unteren Hälfte des Stiels typisch rosa oder rötlich überschlagen. Darüber hinaus ist das Myzel stets weiß.

Filzkappen

Nach der Beschaffenheit der Huthaut unterscheidet man Röhrlinge mit klebrigem oder schleimigem Hut (z. B. **Goldröhrling**, S. 214) und solche mit trockener, mehr oder weniger feinfilziger Kappe (**Fichtensteinpilz**, S. 42) und aus der Gattung der Raufußröhrlinge (*Leccinum*, S. 130 ff.). Wie der Gattungsname *Xerocomus* verrät, zählen diese Pilze zur zweiten Kategorie. Die griechischen Worte *xeros* (= trocken) und *kome* (= Haar, Schopf) bezeichnen einen trockenen, fein behaarten Hut. Das artkennzeichnende Adjektiv aus dem lateinischen *tomentum* (= filzig, wollig) ist damit eigentlich überflüssig, denn es kennzeichnet in der Mykologie einen Hut mit kurzen, dicht anliegenden Härchen, der einen samtigen oder filzigen Eindruck erweckt.

Röhrlinge für Liebhaber

Es gibt etwas mehr als 20 Arten der Gattung *Xerocomus* in Europa. Aufgrund ihrer großen Farbvariabilität sind viele schwer voneinander zu unterscheiden. Abgesehen vom **Maronenröhrling** (*Xerocomus badius*, S. 234) haben alle einen eher mittelmäßigen Geschmack. Ihre Identifizierung ist daher eher eine Frage für engagierte Naturfreunde als für Gourmets! Der **Braune Filzröhrling** (*Xerocomus ferrugineus*) ähnelt der Ziegenlippe sehr, unterscheidet sich jedoch durch sein weißes Fleisch und ein oft lebhaft gelbes Myzel. Das Fleisch an der untersten Stielbasis des **Eichen-Filzröhrlings** (*Xerocomus communis*) zeigt feine, rote Pünktchen, die oft nur durch eine Lupe erkennbar sind. Die Gattung *Xerocomus* ist nah mit dem **Goldblatt** (*Phylloporus*, S. 172) verwandt, das bereits an einen Lamellenpilz erinnert, dessen Lamellen aber noch immer mit Querwänden verbunden sind!

Der Eichen-Filzröhrling (Xerocomus communis)

Die Metaphysik der Röhren

Hier ein kleiner Test, der Ihnen helfen soll, einen Röhrenpilz der Gattung Xerocomus zu identifizieren: Nehmen Sie den Hut zwischen zwei Finger und brechen Sie ihn sanft auseinander, so dass sich die Röhren voneinander lösen. Lösen sie sich, ohne zu zerreißen, handelt es sich vermutlich nicht um einen Xerocomus. Brechen sie dagegen in der Mitte auseinander und halbieren sich, halten Sie wahrscheinlich einen Xerocomus in der Hand. Dazu bleibt noch anzumerken, dass die Röhren der Gattung Xerocomus sehr oft unregelmäßig, polygonal sind, während sie bei den anderen Gattungen der Familie der Boletaceae eine zylindrische Form haben.

Xerocomus subtomentosus

(Linné: Fries) Quélet

Hutdurchmesser: bis zu 15 cm

Stielhöhe: 3-8 cm

Stieldurchmesser: 0,5-2,5 cm

Vielgestaltige Holzkeule

ungenießbar

- **Familie:** Xylariaceae
- **Jahreszeit:** ganzjährig
- **Lebensraum:** auf Totholz
- **Verbreitung:** weltweit, sehr häufig

Wie ein Fingerzeig …

Holzkeulen sind sehr häufige Pilze. Eigentlich stößt man fast bei jedem Waldspaziergang auf diese bizarren Gestalten, denn sie gedeihen auf morschem Holz, und dies zu jeder Jahreszeit. Ausgereifte Exemplare sind sehr widerstandsfähig, überwintern problemlos und harren bis zur Wachstumssaison im Frühjahr aus. Diese Holzkeule hat die Gestalt einer schwarzen, fingerlangen, zähen und festen Keule, die stabil auf totem Holz, ihrem Ernährer, sitzt. *Xylaria* aus dem griechischen *xylon* (= Holz) ist die Anspielung auf ihren Standort auf totem oder verrottendem Holz sowie auf ihren holzigen Sammelfruchtkörper (Stroma). Letzteren in zwei Hälften zu schneiden, ist schwierig. Allerdings entdeckt man dann weißliches, faseriges Fleisch mit Kolonien aus kleinen rundlichen Gebilden am Rand, den sogenannten Perithecien, den eigentlichen Sporen bildenden, geschlossenen, nur mit einer Öffnung versehenen Fruchtkörper. Auf Englisch heißt der Pilz »Dead Man*s Finger« (Finger des toten Mannes) … Inspirierend, oder?

Die Vettern von Trüffeln und Becherlingen

Anhand der Holzkeulen wird die große morphologische Vielfalt gut sichtbar, die im Laufe der Evolution innerhalb der großen Gruppe der Schlauchpilze (Ascomyzeten) entstanden ist.

Für Laien ist schwer vorstellbar, dass diese Pilze mit Becherlingen, Morcheln und Trüffeln verwandt sein sollen! Grund sind ihre in kleinen, schlauchartigen Zellen gebildeten Sporen, die Aszi, das einigende Merkmal aller Ascomyzeten. Vorsicht! Holzkeulen nicht mit anderen Ascomyzeten von ähnlicher Gestalt verwechseln, wie z. B. den Erdzungen (*Geoglossum*, S. 222). Erdzungen wachsen auf dem Boden und nicht auf Totholz und sind niemals so hart!

Noch eine häufige Holzkeule

Die **Geweihförmige Holzkeule** (*Xylaria hypoxylon*, Bild unten) ist mindestens ebenso häufig wie ihre kleine Schwester. Wie ist es möglich, noch zahlreicher aufzutreten wie die Vielgestaltige Holzkeule? Das Geheimnis ist, sie erscheint in der Natur in zwei Formen: Am häufigsten trifft man auf die vegetativ vermehrte Form. Sie ist die sogenannte Nebenfruchtform mit kleinen, mehr oder weniger verzweigten, mit einem weißen Pulver bedeckten »Hirschgeweihen« und schwarzer Basis. Das Pulver bilden die ungeschlechtlichen Sporen (Konidien). Sehr viel seltener, oft mit der vegetativen Form gemischt, wachsen schwarze, stäbchenartige Gebilde, die mit groben Warzen bedeckt sind: Sie sind die Hauptform, die sexuelle Sporen produziert.

Die Geweihförmige Holzkeule (Xylaria hypoxylon)

Der Raupenmörder

Vielleicht sind Sie im Kiefernwald schon auf einen kleinen Pilz gestoßen, dessen Gestalt der Holzkeule ähnelt, der jedoch in einem leuchtenden Orange erscheint und dessen Fleisch nicht hart ist. Er scheint ein Bodenbewohner zu sein … Folgt man jedoch der Verlängerung seines Stiels, entdeckt man zweifellos eine mit dem Myzel des Pilzes umhüllte »Mumie«. Es handelt sich um die »sterbliche Hülle« eines ***Pinien-Prozessionsspinners*** *(Thaumetopoea pityocampa), den dieser Pilz, die* ***Puppenkernkeule*** *(Cordyceps militaris), auf dem Gewissen hat. Sämtliche Puppenkernkeulen sind Parasiten auf Insekten oder anderen Pilzen. Die Deutsche Gesellschaft für Mykologie wählte ihn zum Pilz des Jahres 2007.*

Xylaria polymorpha
(Persoon: Fries)
Greville
Gestalt: keulenförmig mit einer Höhe von bis zu 10 cm
Stiel: kurz oder nicht vorhanden, in Verlängerung der Keulenform

Pilz-Kalender

Januar Februar	Périgord-Trüffel und in einigen, besonders milden Jahren Samtfußrübling, Judasohr, gelegentlich auch Zinnoberroter Prachtbecherling oder Stockschwämmchen.
März	Samtfußrübling, Märzschneckling, Judasohr, Zedern-, Samtborstling sowie frühe Morcheln.
April	Samtfußrübling, manchmal Schopftintlinge, Schildrötling, Märzschneckling, Morcheln, Judasohr, Stockschwämmchen, erste Mairitterlinge.
Mai	Schopftintling, Schildrötling, Märzschneckling, erste Nelkenschwindlinge, Judasohr, Stockschwämmchen, erste Südliche Ackerlinge, Mairitterlinge.
Juni	Wiesenchampignon, Perlpilz, Flockenstieliger Hexenröhrling, Sommersteinpilz, Schildrötling, Echter Pfifferling, Leberreischling, Parasolpilz, Nelkenschwindling, Stockschwämmchen, Südlicher Ackerling, Frauentäubling, letzte Mairitterlinge, Sommertrüffel.
Juli bis Oktober	Die Mehrzahl, der in diesem Band beschriebenen Pilze: Wiesenchampignon und Weißer Anischampignon, die Wulstlinge (darunter auch der gefährliche und verbreitete Grüne Knollenblätterpilz), Röhrenpilze und Steinpilze (Flockenstieliger Hexenröhrling, Goldröhrling, Raufußröhrlinge …), Kraterellen, Pfifferlinge, Mehlräsling. Schopftintlinge erscheinen mehr oder weniger regelmäßig. Ferner findet man Milchlinge, Schirmlinge, den Leberreischling, Roten Gallerttrichter, Nelkenschwindling, Leuchtenden Wurzelbecherling, Südlichen Ackerling sowie die Täublinge, die ihre Saison überdauert haben, und Ritterlinge, mit Ausnahme des Mairitterlings, und bis August Sommertrüffeln.
September bis November	Einige Pilzarten erscheinen eher im Herbst, wie Trompetenpfifferling, Falscher Pfifferling, die Schmierlinge, Graubrauner Schneckling, Isabellrötlicher Schneckling, Violetter Lacktrichterling, Echter Reizker, Getropfter Schleimschirmling, Butterpilz, Semmel-Stoppelpilz, Glimmerschüppling, Ziegenfußporling, Violettstieliger Pfirsichtäubling, Krokodilritterling, Matsutake, Herbsttrüffel, Parasitischer Scheidling. Nebelgraue Trichterlinge und Totentrompeten wachsen in der Regel von Oktober an.
November	Butterpilz, Kraterellen, Mönchskopf, Judasohr, Stockschwämmchen.
Dezember	Bei milden Temperaturen: Judasohr, Périgord-Trüffeln, Nebelgrauer Trichterling.

PILZ-GLOSSAR

Erklärung der Fachausdrücke. *Ein Sternsymbol * ist ein Hinweis auf weitere Termini im Glossar.*

A

amyloid
In Sporen oder Hyphen enthaltene Amyloid-Eiweiße, die sich unter der Einwirkung des jodhaltigen Melzers Reagens blaugrau verfärben und dem Nachweis bestimmter Pilzarten dienen.

Anastomose
Eine Verbindung zwischen zwei anatomischen Strukturen wie Lamellen, die mit dem Stiel in vielfacher Weise verbunden und vernetzt sind (z. B. Kremplinge).

Armilla
Ein mehr oder weniger häutiges Gebilde am Stiel. Anders als beim einfachen Ring kann es bis zur Stielbasis hinabreichen und erinnert dann an eine Halskrause oder an eine Manschette, einen Strumpf oder einen Stiefel. Die Armilla kann häutig oder brüchig sein.

Art
Dieser Begriff bezieht sich auf eine Gruppe von Individuen, die gemeinsame Merkmale aufweisen und eine Fortpflanzungsgemeinschaft bilden. Diese Definition hat in der Mykologie zu solchen Konfusionen geführt, dass seit 2007 eine vor allem auf genetischen und molekularen Gemeinsamkeiten basierende Neuklassifizierung vorgenommen wurde (im Projekt »Assembling the Fungal Tree of Life«).

Art (wissenschaftlich)
Die Art (lateinisch: *species*) ist die Grundeinheit der biologischen Systematik. Der wissenschaftliche Artname (lateinisch oder griechisch) ist binominal, das heißt, er setzt sich aus einem Gattungsnamen und einem Artepitheton zusammen. Beispiel: Der wissenschaftliche Name des Pfifferlings lautet *Cantharellus cibarius*. *Cantharellus* ist der Gattungsname, *cibarius* das Artepitheton, das den Pfifferling eindeutig charakterisiert. Die Gültigkeit der wissenschaftlichen Pilznamen kann im Index Fungorum überprüft werden.

Ascokarp
Umfassende Bezeichnung für die Fruchtkörper der Schlauchpilze; die Fruchtkörper können offen, schüssel-, scheiben- oder becherförmig sein.

Ascomyzeten
Große Pilzabteilung mit schlauchförmigen, Sporen bildenden Zellen (Askus*). Trüffeln, Becherlinge und Hefepilze sind Ascomyzeten.

Ascomycetes
Siehe Ascomyzeten

Askus
Schlauchförmige Zelle eines Schlauchpilzes, in der in der Regel acht Ascosporen entstehen.

asexuelle Vermehrung
Siehe ungeschlechtliche Vermehrung.

aufsteigende Lamelle
Lamellen mit mehr oder weniger steil ansteigender Orientierung.

B

Basidie
Zelle der Hauptfruchtform eines Basidiomyzeten, die meistens vier Basidiosporen trägt.

Basidiokarp
Umfassende Bezeichnung für Fruchtkörper von Basidiomyzeten* (siehe Fruchtkörper)

Basidiomycetes
Abteilung der höheren Pilze, deren Sporen sich aus den Basidien* entwickeln. Beispiele: Wulstlinge und Röhrlinge. Umgangssprachlich auch Basidiomyzeten oder Ständerpilze genannt.

Basidiomyzeten
Siehe Basidiomycetes

Bauchpilze
Siehe Gasteromycetes

bereift
Hut oder ein Fuß reifartig überzogen

bogig angewachsene Lamelle
Lamellenschneide nach innen (konkav) gewölbt

Buckel
Zentrale Wölbung des Hutes mancher Pilzarten

buttrig
Butterartige Beschaffenheit

C

Chlamydosporen
Dickwandige, farbige, vegetative Überdauerungssporen. Sie entwickeln sich durch Sprossung oder innerhalb der Hyphen*. Siehe ungeschlechtliche Vermehrung.

Cortina
Siehe Schleier

dekurrent
Siehe herablaufend

D

Diagnose
Präzise wissenschaftliche Zuordnung von Befundmerkmalen, um Pilzarten zu bestimmen. In der Mykologie* wird die Diagnose in Latein veröffentlicht. Die Bestimmung von Pilzen ist oft sehr schwierig.

Diskus
Der zentrale Teil des Hutes

doppelter Ring
Doppelter oder Komplexer Ring, stammt aus zwei Membranen (Velum universale* und Velum partiale*)

E

eingekerbt oder eingebuchtet (Lamelle)
Lamellen mit mehr oder weniger tiefer Einkerbung kurz vor dem Stiel*

elastische Lamellen
Lamellen*, die bei Berührung nicht brechen, und sich speckig anfühlen, z. B. bei Täublingen sind elastisch (Russula cyanoxantha, S. 194).

Endoperidie
Siehe Peridie

Exoperidie
Siehe Peridie

F

faserig
Pilzarten mit faseriger Beschaffenheit sind eher widerstandsfähig.

fäulnisbeständig
Nicht verwesend

feinfaserig
Oberfläche mit Fäserchen bedeckt

filzig
Mit feinen Haaren bedeckt, die sich etwas samtig anfühlen

flaumig
Mit feinen Haaren bedeckt

flüchtig
Flüchtiges, mit der Zeit verschwindendes Pilzgewebe, wie der Ring* oder der Schleier*

freie Lamellen
Lamellen, die nicht mit dem Stiel verwachsen sind

Fruchtkörper
Fruchtkörper der höheren Pilze, volkstümlich als »Pilz« verstanden; das Sporen bildende Organ im Gegensatz zum Myzel. Man unterscheidet die Fruchtkörper der Ständer- (Basidiomyzeten*) und der Schlauchpilze (Ascomyzten*).

furfuracea
Mit feinem weißem, mehligem Staub bedeckt

G

gallertig
Teile gewisser Pilzarten, die mit der Aufnahme von Feuchtigkeit ein geleeartiges Aussehen erhalten

Gasteromycetes
Die Basidiosporen entstehen im Inneren eines geschlossenen Fruchtkörpers von Basidiomyzeten*. Bei Reife öffnet sich der Hohlraum und entlässt die Sporen (Bovist)

Gattung
Hier werden Arten* zusammengefasst, die zahlreiche Gemeinsamkeiten aufweisen.

genetzt (genetzter Stiel)
Dieser Term bezieht sich vor allem auf den Stiel der Pilze mit fischnetzartig verbundenem Flechtmuster; typisch für einige Röhrenpilze.

Gerandete Knolle, gerandet knollig
Entsteht, wenn die knollige Stielbasis abrupt in einen oft ausgeprägten Rand übergeht

geriffelt
Ein Hut oder Stiel mit schmalen parallelen Linien oder kleinen Furchen

Gleba
Geschlossener Fruchtkörper der Bauchpilze (Gasteromycetes*), in dem die Basidiosporen gebildet werden. Bei Reife verfärbt sich die Gleba braun oder oliv. Zersetzen sich die Hyphen, so bleiben nur die Sporen übrig, andernfalls vermischen sie sich damit.

H

Habitat
Siehe Lebensraum

Habitatspezifität
Drückt die Gebundenheit an einen Lebensraum aus. Sie kann eng oder unspezifisch sein.

Hämolsin
Hämolyse verursachende Substanz; die Roten Blutkörperchen werden zerstört

hautbildende Schicht
Dickwandige Rindenschicht aus Hyphen

herablaufend (Lamelle)
Lamellen, die am Stiel ein kürzeres oder längeres Stück herablaufen. Beispiel: Trichterlinge *Clitocybe*

Hexenring
Auch Feenringe genannt; kreisförmige Ansammlungen von Pilzfruchtkörpern einiger bodenbewohnender Pilzarten in Wiesen und Wäldern, verursacht durch das zentrifugale Wachstum des Myzels. Ausgehend von einem zentralen Keimpunkt, vergrößert das Myzel jahrringartig seinen Durchmesser, um neue Territorien zu erobern

holzig
Teile des Pilzes mit holziger Konsistenz

humusbewohnend
Humus bevorzugende Pilze

Huthaut
Außenhaut des Hutes, meist abziehbar, kann jedoch auch angewachsen sein. Die Haut kann trocken oder schleimig, glatt oder faserig, struppig usw. sein.

Hutzentrum
Mittiger Hutbereich; Farbe oder Textur können vom Rest der Hutoberfläche abweichen; häufiger Begriff bei der Beschreibung von Schirmpilzen *Lepiota*.

hygrophan
Bei Verlust oder Aufnahme von Wasser verändert sich die Farbe oder Transparenz (z. B. vom Hut, Fleisch etc.). Veränderungen oft zonal.

Hymenium
Fruchtbare Zellschicht mit Sporen erzeugenden Elementen, wie Askus* und Basidien*. Unter Basidiomyzeten* findet sich das Hymenium auf den

Lamellen oder in den Röhren. Bei den Ascomyzeten* kann das Hymenium freiliegen, wie bei Morcheln, am Boden einer becherförmigen Struktur wie bei Becherlingen oder innerhalb des Fruchtkörpers* wie bei den Trüffeln.

Hyphen
Meist mehrzellige (septierte) Pilzfäden, die das Myzel* bilden

Hyphenknäuel
Siehe Knötchen

hypogäisch
Unterirdisch wachsend; z. B. Trüffeln

K

Kalilauge
Kalilauge oder Kaliumhydroxid ist eine weiße, wasserlösliche Substanz; als Reagens zur Bestimmung einiger Pilzarten (z. B. *Cortinarius*) verwendet.

klebrig
Beschaffenheit von Pilzteilen, die durch Feuchtigkeitsaufnahme aufquellen; existiert nicht nur auf der Huthaut (z. B. Schmierlinge, *Gomphidius*) sondern auch auf dem Stiel (z. B. Haarschleierlinge, *Cortinarius*).

Knolle
Verdickte Stielbasis

Knötchen
Dichtere knötchenartige Hyphenverbände, die die embryonalen Fruchtkörperanlagen bilden; später Hut und Stiel unterscheidbar

Konidie
Sporen*, die zur asexuellen Vermehrung beitragen

Konidiosporen
Vegetative Sporen; siehe ungeschlechtliche Vermehrung

koprophil
Pilze, die auf Mist oder Kot wachsen

körnig, mehlig
Das Fleisch der Täublinge *(Russula)* und der Milchlinge *(Lactarius)* ist feinkörnig, spröde und brüchig wie Kreide.

Kragenring
Ring* vieler Pilze, der am oberen Teil des Stiels fixiert ist

Kurzlamelle
Kurze Lamelle*, die nicht den Stiel berührt

L

lakunär
Adjektiv für kleine Hohlräume im Inneren einiger Pilze; lateinisch *lacuna* = lückig, buchtig, höhlenartig, schwammig *(Helvella)*

Lamelle
Dünne, flache Ausbildung unter dem Hut von vielen Basidiomyzeten*. Sie enthalten das Sporen bildende Hymenium* (Fruchtlager).

Lamellenbasis
Lamellengrund; die gegenüberliegende Seite der Lamellenschneide, die mit dem Hutfleisch verwachsen ist

Lamellenfläche
Flanken der Lamelle*

Lamellenschneide
Frei endender Lamellenrand; unterscheidet sich manchmal farblich von den Lamellenseiten. Sie kann glatt, gezahnt, schartig oder gewimpert sein.

Laticiferen oder Safthyphen
Milchsaft führende Hyphen* von Pilzen, z. B. bei Milchlingen

Lebensraum
Charakteristischer Standort (Fundort) einer Pilzart, der durch verschiedene Faktoren bestimmt wird (Klima, Boden, Fauna, Flora …)

M

Manschette
Siehe Armilla

Mykologen
Personen, die sich wissenschaftlich mit Pilzen beschäftigen

Mykologie
Wissenschaft der Pilze

Mykorrhiza
Symbioseform von Pilzen und Pflanzen; das Pilzmyzel ist in Kontakt mit dem Wurzelsystem einer höheren Pflanze. Dieser Pilz kann Fruchtkörper* bilden oder mikroskopisch klein bleiben. Beispiele: Steinpilz, Fliegenpilz.

Myzel
Feinfädiges, meist unterirdisches Hyphengeflecht, repräsentiert den vegetativen Abschnitt des Pilzes, um Ernährung und Wachstum sicherzustellen. Das Myzel ist der eigentliche Pilzorganismus, der beträchtliche Ausmaße erreichen kann. Die »Pilze«, die wir sammeln, sind nur die zeitweise auftauchenden Fruchtkörper*. Wenn die Hyphen* gruppiert zusammenwachsen, sodass sie mit bloßem Auge erkennbar sind, spricht man von Rhizomorphen*.

O

Ostiole
Mehr oder weniger große, porenartige Öffnung an der Spitze einiger Bauchpilze*, welche die Freisetzung von Sporen ermöglicht

P

Parasit
Lebewesen, das auf einem Wirtsorganismus schmarotzt

Peridie
Bezeichnet die Wand eines geschlossenen Sporenbehälters, z. B. bei Bauchpilzen (Gasteromycetes*); die innere Schicht wird Endoperidie, die äußere Schicht Exoperidie genannt. Der Wetterstern (*Astraeus hygrometricus*, siehe S. 90) öffnet die Exoperidie sternförmig. Die zentrale, Sporen tragende Kugel wird aus der Endoperidie gebildet.

Peristom
Eine Öffnung der Endoperidie* bei Erdsternen. Sie kann unterschiedlich ausgeprägt sein und ist ein wichtiges Bestimmungsmerkmal bei dieser Pilzgruppe.

Pigment
Natürliche Farbsubstanz der Pilze

Pilzgift
Unterschiedliche Stoffwechselprodukte einiger Pilze, die zu unterschiedlichen Vergiftungssyndromen führen. Einige können tödlich sein.

polymorph
Unterschiedliche Formen annehmend

Polyporus
Pilzordnung mit holzigem oder zähem Fruchtkörper*; unter dem Hut befinden sich die Poren (auch länglich und manchmal lamellenähnlich wie bei *Cantharellus*). Kurz als Porling bezeichnet.

Porlinge
Siehe *Polyporus*

Pulverartig
Pulverartiges, staubiges auch mehliges Aussehen

R

Reif
Sehr feiner, pulveriger, meist weißer Überzug über einigen Pilzorganen, manchmal an Pflaumenhaut erinnernd.

Rhizomorphe
Wurzelartige, miteinander verwachsene Myzelstränge von einigen Basidienpilzen

Ring
Mehr oder weniger ausgeprägter häutiger Rest des Velum partiale*, in der Regel im oberen Drittel des Stiels* (siehe *Cortinarius*)

Röhre, Pore
Röhren- oder porenförmige, Fruchtschichten enthaltende Gewebeabschnitte auf der Hutunterseite von Röhrenpilzen und Porlingen

Ruderalflächen
Natürliche oder anthropogene Rohböden, etwa in besiedelten Bereichen wie Geröllhalden, Mülldeponien etc. Sie beherbergen speziell angepasste Lebensgemeinschaften aus Pflanzen, Pilzen (Schirmlinge, *Lepiota*) und Tieren.

S

Saprobiont
Ein Organismus, der sich von verrottender, organischer Substanz (morsches Holz, Totholz, Laub, Gras etc.) ernährt

Scheide
Siehe Volva

Schlauchpilze
Siehe Ascomyzeten

Schleier (Cortina)
Ein spinnennetzartiger Vorhang aus feinen, nicht beständigen, häutigen Zellfäden. Neben der Gattung *Cortinarius*, benannt nach *Cortina* (= Schleier), bilden auch andere Gruppen einen Schleier aus.

Sexuelle Fortpflanzung
Erfolgt in den Basidien* bzw. Askus* durch Verschmelzung und Neukombination von zwei einkernigen (haploiden) Geschlechtszellen; es entsteht die diploide, sexuelle Spore.

Spezies
Siehe Art

Sporen
Dienen der Vermehrung und Überdauerung. Bei Pilzen variieren Sporen arttypisch stark in Form, Farbe und Oberflächenausprägung. Einige Pilzarten lassen sich im Mikroskop nur durch Sporenmerkmale eindeutig identifizieren.

Sporenabdruck
Methode zur Beurteilung der Sporenfarbe; dabei wird die Kappe abgetrennt und ein paar Stunden auf ein weißes Blatt Papier gelegt. Die abgesonderten Sporen hinterlassen auf dem Papier einen lamellenartigen Abdruck, der dabei hilft, bestimmte Pilze zu unterscheiden.

Stacheln (Stoppeln)
Flexible kleine, Sporen* produzierende stachel- oder stoppelartige Ausbildungen auf der Hutunterseite einiger Pilzgattungen (wie z. B. bei Stachelpilzen)

Stiel
Unterer Teil des Fruchtkörpers, mehr oder weniger zylindrisch, stützt die Kappe und leitet Nährstoffe und Wasser in den Hut; Synonym: Stipe*

Stipe
Fachbegriff für den stielförmigen Abschnitt des Pilzes. Siehe Stiel*

Stroma
Stroma oder Sammelfruchtkörper: Holzige, ledrige oder fleischige Myzelbildungen, die die eigentlichen Fruchtkörper enthalten (z. B. Holzkeule)

Symptome
Anzeichen, die auf eine Erkrankung hinweisen

Symptomatik
Die Gesamtheit der Symptome ergibt das Krankheitsbild, die sogenannte Symptomatik.

Syndrom
Es liegen verschiedene Krankheitsanzeichen (Symptome*) vor.

T

Trama
Dichtes, vegetatives Hyphengeflecht, das das Fleisch des Fruchtkörpers und nicht des Myzels bildet

U

ungeschlechtliche Vermehrung
Pilzen vermehren sich häufig ungeschlechtlich (asexuell, vegetativ). Die Vermehrung erfolgt hierbei nicht durch die Ausbildung von Geschlechtszellen, sondern durch die Entstehung verschiedener Typen von vegetativen Sporen, z. B. Konidiosporen*, Chlamydosporen*.

V

Velum
Membran, die in der Jugendphase alle Teile oder nur einen Teil des Pilzes oder genauer gesagt den Fruchtkörper* überdeckt. Man unterscheidet zwei Typen des Velums: siehe Velum universale und Velum partiale.

Velum partiale
Membran, die die Sporen tragenden Teile bedeckt. Reste des aufgeplatzten Velums verbleiben am Hutrand als Schleier* (Cortina*), am oberen Stielabschnitt als Ring* (Annulus*), oder hinterlassen eine Ringmarke am Stiel.

Velum universale
Membran, die den jungen Pilz vollständig einhüllt und bei Reife in arttypischer Weise zerreißt. Es kann dünner oder fester, »häutig« oder »zellulär« (pulvrig), trocken oder klebrig sein. Die schüsselförmigen Überreste an der Basis werden in diesem Fall auch Scheide* (Volva*) genannt.

Volva
Schüssel- oder sackähnliche Hüllreste des Velum uniersale* an der Stielbasis werden bei bestimmten Pilzen als Scheide (Volva)* bezeichnet. (Becherähnliche, häutige Scheiden bildet z. B. der Knollenblätterpilz aus, oder es entstehen schuppige Wülste wie bei den Fliegenpilzen.)

W

wachsig
Konsistenz oder Aussehen erinnern an Wachs.

welk, absterbend
Ein Pilz, der trocknet, ohne zu faulen

wurzelnd
Pilz mit wurzelähnlichem Stielfuß

Z

zerfließend
Das Zellgewebe bei Pilzen verflüssigt sich durch Selbstverdauung im Alter. Beispiel: Fleisch der Tintlinge.

Zystiden
Sterile Zellen auf der Huthaut, im Hymenium*, zwischen den Basidien oder am Stiel; sie werden zur mikroskopischen Bestimmung der Pilze verwendet.

REGISTER

Im Register sind die wissenschaftlichen Namen kursiv und die deutschen Trivialnamen in Normalschrift verzeichnet. Die fett gedruckten Bezeichnungen verweisen auf die Titelart der einzelnen Pilzporträts.

A

B

C

D

E

F

G

H

I

J

K

BILDNACHWEIS

Einleitung

Grafiken Seite 11, 12, 14, 15: Gismonde Curiace

Fotos Seite 3, 5, 6, 20, 21: Gilles Trimaille

Fotos Seite 9, 17, 18, 19: Guy Redeuilh

Fotos Seite 13, 16: Guillaume Eyssartier

Pilzporträts

Sämtliche kleinen Fotovignetten auf den Textseiten mit geraden Seitenzahlen von 22 bis 240 sind von Guillaume Eyssartier mit Ausnahme von:

Seite 46, 190: Jean-Jacques Wuilbaut

Seite 100, 116, 162: Jacques Guimberteau

Seite 192: Guy Redeuilh

Seite 228: iStock-photos

Die Fotos von Pilzen im Anschnitt auf den Seiten 22, 48, 64 und 88 stammen von Gilles Trimaille

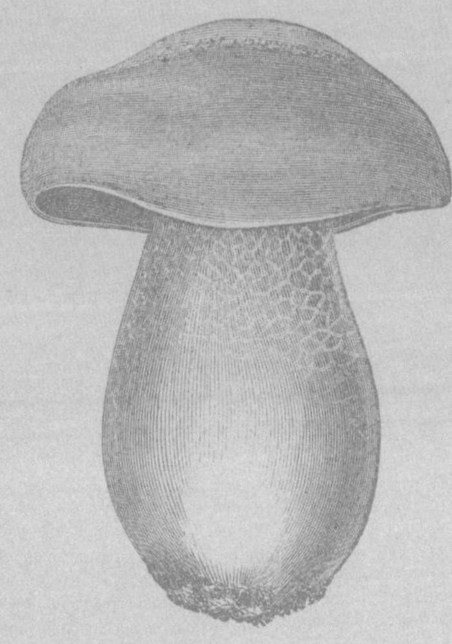

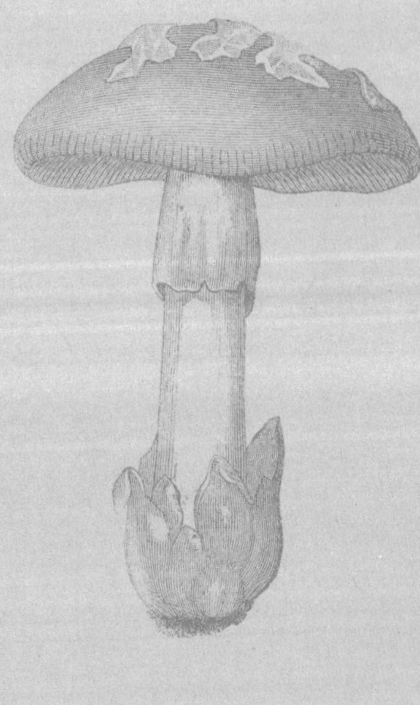